工信精品**网站开发**系列教材

Java Web

应用程序开发教程

（任务驱动式）

龙浩 陈承欢◎主编

杨彪◎副主编

人民邮电出版社

北京

图书在版编目（CIP）数据

Java Web 应用程序开发教程 ： 任务驱动式 / 龙浩，陈承欢主编. -- 北京 ： 人民邮电出版社，2025.（工信精品网站开发系列教材）. -- ISBN 978-7-115-66506-5

Ⅰ. TP312.8

中国国家版本馆 CIP 数据核字第 2025CX5046 号

内 容 提 要

本书构建了模块化、渐进式的教材结构。全书分为基础篇和进阶篇，共 10 个模块，分别是基于 JSP 指令和标签的 Web 应用程序开发、基于 JSP 内置对象的 Web 应用程序开发、基于 JDBC 的 Web 应用程序开发、基于 Servlet 的 Web 应用程序开发、基于 JavaBean 的 Web 应用程序开发、基于 Spring MVC 的 Web 应用程序开发、基于 MyBatis 的 Web 应用程序开发、基于 Spring 的 Web 应用程序开发、基于 SSM 的 Web 应用程序开发、基于 Spring Boot 的 Web 应用程序开发。每个模块都设置了【释疑解惑】【前导知识】【前导操作】【实例探析】【典型应用】【拓展应用】【学习回顾】【模块小结】和【模块习题】9 个部分，遵循规范化、框架式的程序开发过程，带领读者循序渐进地完成 Java Web 理论知识的学习与程序开发的实践。

本书既可作为高校计算机及相关专业的教材，又可作为计算机培训机构的参考资料，还可作为广大 Java Web 应用程序开发爱好者的自学参考书。

◆ 主　　编　龙　浩　陈承欢
副 主 编　杨　彪
责任编辑　王淑月
责任印制　王　郁　焦志炜

◆ 人民邮电出版社出版发行　　北京市丰台区成寿寺路 11 号
邮编　100164　　电子邮件　315@ptpress.com.cn
网址　https://www.ptpress.com.cn
北京市艺辉印刷有限公司印刷

◆ 开本：787×1092　1/16
印张：17.5　　2025 年 6 月第 1 版
字数：512 千字　　2025 年 6 月北京第 1 次印刷

定价：69.80 元

读者服务热线：(010)81055256　印装质量热线：(010)81055316
反盗版热线：(010)81055315

前 言

随着互联网技术的不断发展，Java Web 已经成为 Web 应用程序开发的主流技术之一。本书采用“模块引领、任务驱动”的教学模式，对相关知识进行难度分级，将全书内容分为基础篇和进阶篇，形成渐进式的教材结构。其中，基础篇主要突出 Java Web 应用程序开发的基础技术应用、知识学习与基本技能训练，进阶篇则强调 Java Web 应用程序开发的高级技术应用、知识学习与高级开发技能训练。

本书帮助读者在学习过程中逐渐理解知识点，完成从理论到实践的转化，逐步提高开发能力。

本书的主要特色和创新如下。

1. 教学形式呈现多样化、融合式

本书充分发挥纸质教材、电子教材各自的优势，构建适合线上、线下融合的新教学形式，有利于按需实施“Java Web 应用程序开发”的相关课程教学。本书的部分内容以电子活页方式呈现，读者可通过扫描纸质教材中提供的二维码在线查看。本书的大部分程序代码既可以通过扫描纸质教材中提供的二维码在线查看，又可以下载到本地进行分析与运行。本书各模块的模块习题也以在线测试的形式置于二维码中。

2. 训练任务更加层次化

本书每个模块都设置了【实例探析】【典型应用】【拓展应用】3 个层次的训练任务，全书共优选 40 个程序探析实例，45 个程序开发任务。其中，【实例探析】主要关注基础知识的应用，使读者在探析程序实例过程中理解与掌握基础知识；【典型应用】主要关注软件项目典型功能的实现，使读者在实现典型功能过程中学会运用所学知识解决实际问题，达到学以致用的目的；【拓展应用】则设置进阶的训练任务，进一步提升读者的 Java Web 应用程序开发能力。

3. 知识讲解更加系统化

每个模块的理论知识根据需要分别在【释疑解惑】【前导知识】【知识梳理】部分进行系统阐述。其中，【释疑解惑】主要针对典型问题进行探析，起着承前启后的作用；【前导知识】主要介绍每个模块通用的基础知识，为程序开发提供基本方法支持；【知识梳理】主要针对对应实例或任务中涉及的关键知识和主要方法进行归纳总结。

本书由徐州工业职业技术学院的龙浩和湖南铁道职业技术学院的陈承欢任主编，由上海电子信息职业技术学院的杨彪任副主编，徐州工业职业技术学院的韩永印、吕萍丽、张雪松、张悦欣及徐工汉云技术股份有限公司的郭辉参与了本书的审核与修订工作。由于编者水平有限，书中难免存在不妥之处，敬请读者批评指正，编者的 QQ 号码为 1574819688。

编 者

2024 年 10 月

使用说明

读者在开启基础篇和进阶篇的学习之路前，请先按照附录 A 和附录 B 中的内容，分别完成基础篇和进阶篇的基本操作，其包含的主要内容分别如图 0-1 和图 0-2 所示。

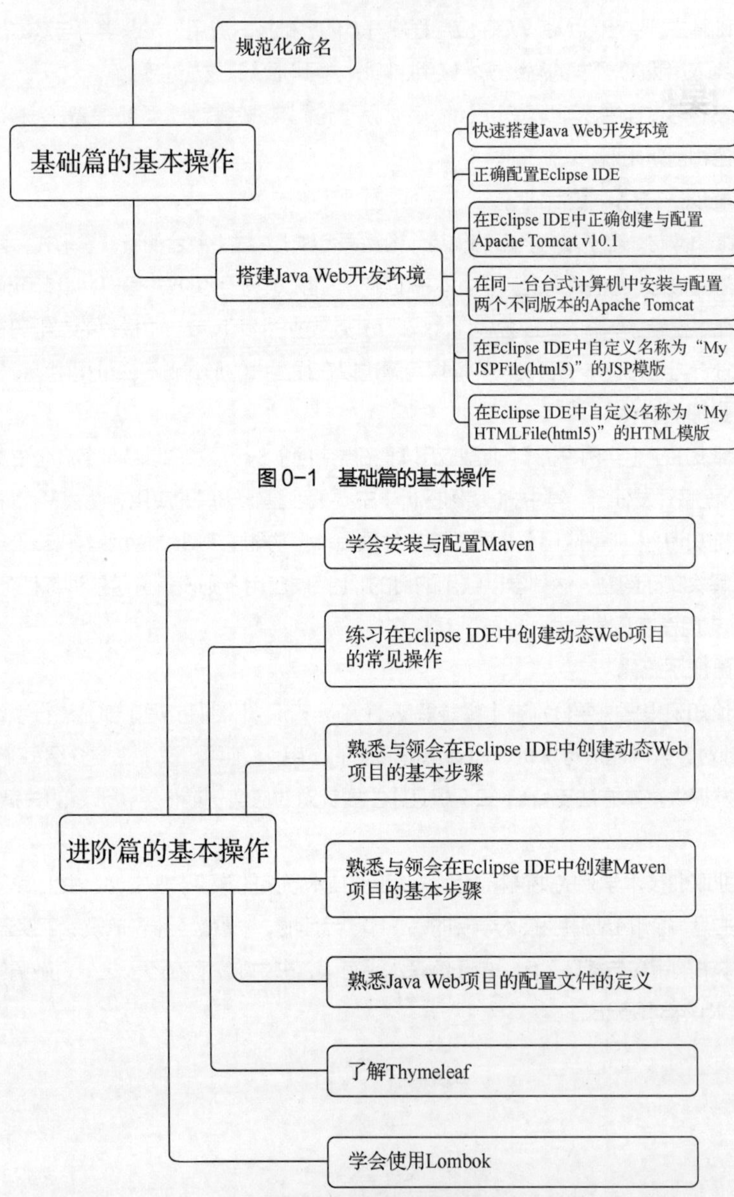

图 0-1 基础篇的基本操作

图 0-2 进阶篇的基本操作

目　录

基础篇

模块 1

基于 JSP 指令和标签的 Web 应用程序开发 ······ 2

释疑解惑 ······ 2

前导知识 ······ 4

前导操作 ······ 5

实例探析 ······ 6

【实例 1-1】使用 Eclipse IDE 创建静态 Web 项目 ······ 6

【实例 1-2】创建显示欢迎信息的 JSP 应用程序 ······ 13

【实例 1-3】在 JSP 页面中显示当前系统日期 ······ 22

典型应用 ······ 26

【任务 1-1】基于 JSP 指令和 HTML 标签创建用户登录页面 ······ 26

【任务 1-2】基于 JSP 指令和 HTML 标签创建用户注册页面 ······ 28

拓展应用 ······ 30

【任务 1-3】在 JSP 页面中截取超长字符串并输出 ······ 30

【任务 1-4】将多个页面组合成一个完整页面 ······ 31

学习回顾 ······ 32

模块小结 ······ 32

模块习题 ······ 32

模块 2

基于 JSP 内置对象的 Web 应用程序开发 ······ 33

释疑解惑 ······ 33

前导知识 ······ 34

前导操作 ······ 36

实例探析 ······ 36

【实例 2-1】使用 request 对象获取表单中的信息 ······ 36

【实例 2-2】使用 session 对象实现页面访问控制与使用 response 对象实现页面选择跳转 ······ 38

【实例 2-3】使用 application 对象统计网站的在线人数 ······ 42

【实例 2-4】使用 application 对象获取数据库的连接信息 ······ 44

【实例 2-5】通过 cookie 实现自动登录 ······ 45

典型应用 ······ 47

【任务 2-1】应用 JSP 内置对象获取用户登录信息 ······ 47

【任务 2-2】应用 JSP 内置对象获取用户注册信息 ······ 48

拓展应用 ······ 49

【任务 2-3】应用 JSP 内置对象获取用户在某网页停留的时间 ······ 49

【任务 2-4】应用 JSP 内置对象防止 HTML 表单在网站外部提交 ······ 49

学习回顾……………………………………50
模块小结……………………………………50
模块习题……………………………………50

模块 3

基于 JDBC 的 Web 应用程序开发……………………51
释疑解惑……………………………………51
前导知识……………………………………52
前导操作……………………………………52
实例探析……………………………………55
【实例 3-1】网页中动态显示商品数据……………………55
【实例 3-2】网页中动态生成商品类型列表……………………57
典型应用……………………………………58
【任务 3-1】基于 JDBC 实现用户登录功能……………………58
【任务 3-2】基于 JDBC 实现用户注册功能……………………60
拓展应用……………………………………62
【任务 3-3】实现修改用户密码功能……62
【任务 3-4】实现删除用户信息功能……63
学习回顾……………………………………64
模块小结……………………………………64
模块习题……………………………………64

模块 4

基于 Servlet 的 Web 应用程序开发……………………65
释疑解惑……………………………………65
前导知识……………………………………66
前导操作……………………………………70
实例探析……………………………………71
【实例 4-1】使用 Servlet 动态生成 HTML 内容，显示欢迎信息……71
【实例 4-2】使用 Servlet 向客户端发送错误提示信息……………………75
【实例 4-3】使用 Servlet 读取 HTML 表单中的数据并输出……………77
【实例 4-4】应用字符编码过滤器避免产生乱码……………………………78
典型应用……………………………………79
【任务 4-1】使用 JSP 与 Servlet 实现用户登录功能……………………79
【任务 4-2】使用 JSP 与 Servlet 实现用户注册功能……………………80
拓展应用……………………………………80
【任务 4-3】使用 Servlet 过滤器统计网站访问量……………………80
【任务 4-4】使用 Servlet 对象统计网站访问量……………………83
学习回顾……………………………………83
模块小结……………………………………83
模块习题……………………………………83

模块 5

基于 JavaBean 的 Web 应用程序开发……………………84
释疑解惑……………………………………84
前导知识……………………………………86
前导操作……………………………………87
实例探析……………………………………87

【实例 5-1】使用<jsp:useBean>动作标签设置与获取数据………87
【实例 5-2】使用<jsp:setProperty>标签对属性赋值与获取数据……90
【实例 5-3】设计计数器测试 JavaBean的作用域……………………92
典型应用………………………………94
【任务 5-1】使用 JSP+Servlet+JavaBean 实现用户登录功能……………………94
【任务 5-2】使用 JSP+Servlet+JavaBean 实现用户注册功能……………………95
拓展应用………………………………96
【任务 5-3】使用 Model1 模式实现商品数据录入功能………………96
【任务 5-4】使用 Model2 模式实现商品数据录入功能………………97
【任务 5-5】在浏览商品数据页面实现页码跳转功能和分页功能………98
学习回顾………………………………100
模块小结………………………………100
模块习题………………………………100

进阶篇

模块 6

基于 Spring MVC 的 Web 应用程序开发………………102
释疑解惑………………………………102
前导知识………………………………106
前导操作………………………………110
实例探析………………………………112
【实例 6-1】尝试 Java Web 应用程序创建时的基本操作………112
【实例 6-2】应用@Controller 和@RequestMapping 注解编程……………………115
【实例 6-3】实现页面的请求转发、重定向和静态页面的访问………118
【实例 6-4】探析 Spring MVC 获取请求参数、表单处理和异常处理的方法…………………………119
【实例 6-5】Spring MVC 通过注解方式实现 RESTful 风格的请求…………………………122
典型应用………………………………124
【任务 6-1】使用 Eclipse IDE 基于 Spring MVC 创建动态 Web 项目…………………124
【任务 6-2】使用 Eclipse IDE 创建基于 Maven 的 Spring MVC 项目……………………125
【任务 6-3】创建实现用户登录与注册功能的动态 Web 项目…………127
拓展应用………………………………128
【任务 6-4】创建实现查看商品列表与商品详情功能的动态 Web 项目…………………………128
【任务 6-5】创建实现用户登录权限验证功能的动态 Web 项目…131
学习回顾………………………………133
模块小结………………………………133
模块习题………………………………133

模块 7

基于 MyBatis 的 Web 应用程序开发……134
释疑解惑……134
前导知识……136
前导操作……139
实例探析……143
【实例 7-1】熟悉 MyBatis 的基本配置与实现数据库访问……143
【实例 7-2】探求基于 MyBatis 获取数据表中全部数据的方法……146
【实例 7-3】探求基于 MyBatis 实现数据检索与新增的方法……147
【实例 7-4】探求基于 MyBatis 实现数据库综合操作的方法……148
【实例 7-5】探求基于 MyBatis 实现一对一映射和多对一映射处理的方法……149
【实例 7-6】探求基于 MyBatis 实现一对多映射处理的方法……151
典型应用……152
【任务 7-1】基于 MyBatis 实现用户信息的增、删、改、查操作……152
【任务 7-2】基于 MyBatis 实现用户登录与注册功能……153
【任务 7-3】基于 MyBatis 分层实现用户登录功能……155
拓展应用……158
【任务 7-4】基于 MyBatis 实现员工管理功能……158
【任务 7-5】在具有一对多关系的数据表中增加相关数据……159
学习回顾……160
模块小结……160
模块习题……160

模块 8

基于 Spring 的 Web 应用程序开发……161
释疑解惑……161
前导知识……165
前导操作……171
实例探析……172
【实例 8-1】创建动态 Web 项目验证 Spring 的使用……172
【实例 8-2】使用 XML 配置文件中的标签和属性给 Spring 对象的属性赋值……178
【实例 8-3】使用注解给 Spring 对象的属性赋值……180
【实例 8-4】实现 Spring AOP 编程……182
【实例 8-5】探析 AOP 通知如何获取数据……185
【实例 8-6】实现 MyBatis+Spring 的整合……186
典型应用……187
【任务 8-1】多方式编程查询银行账户数据……187
【任务 8-2】百度网盘密码数据兼容处理……189

【任务 8-3】使用 Spring 的 IoC 实现银行账户的 CURD 操作……190
【任务 8-4】Spring 整合 MyBatis 实现用户登录功能……190
拓展应用……192
【任务 8-5】使用 Spring 的 IoC 结合注解实现银行账户的 CURD 操作……192
【任务 8-6】使用 Spring 的 AOP 分析业务层接口执行效率……193
【任务 8-7】使用 Spring 事务管理功能实现任意两个账户间的转账操作……194
学习回顾……196
模块小结……196
模块习题……197

模块 9

基于 SSM 的 Web 应用程序开发……198
释疑解惑……198
前导知识……199
前导操作……200
实例探析……201
【实例 9-1】SSM 整合环境下获取用户表中全部用户的信息……201
【实例 9-2】SSM 整合环境下应用“接口+实现类”的方式以列表方式输出用户表中全部用户的信息……202
【实例 9-3】SSM 整合环境下灵活应用 Spring 注解实现数据表中数据的 CRUD 操作……204
典型应用……210
【任务 9-1】基于 SSM 实现用户注册与登录功能……210
【任务 9-2】基于 SSM 实现用户登录与文件上传功能……212
拓展应用……216
【任务 9-3】基于 SSM 实现图书的 CRUD 操作与注册、登录功能……216
学习回顾……219
模块小结……219
模块习题……219

模块 10

基于 Spring Boot 的 Web 应用程序开发……220
释疑解惑……220
前导知识……224
前导操作……230
实例探析……236
【实例 10-1】导入 Spring Boot 项目与实现输出文字内容功能……236
【实例 10-2】基于 Thymeleaf 模板创建 Spring Boot 应用程序……237
【实例 10-3】使用 Spring Boot 开发 RESTful 接口风格的 Web 项目……239
典型应用……242
【任务 10-1】创建 Spring Boot 项目访问数据库并实现用户登录功能……242

【任务 10-2】Spring Boot+Spring MVC+MyBatis 实现用户登录与注册功能…………243
【任务 10-3】Spring Boot 整合 MyBatis+HTML 实现用户登录与注册功能…………246
拓展应用……………………………249
【任务 10-4】基于 Spring Boot+MyBatis 开发员工管理系统 ………249
学习回顾……………………………254
模块小结……………………………254
模块习题……………………………254

附录

附录 A　基础篇的基本操作 …………255
附录 B　进阶篇的基本操作 …………256
附录 C　Java Web 开发技术或模式常用的缩写 ……………………269
附录 D　任务考核情况评分表 ………270

基础篇

模块 1 基于JSP指令和标签的Web应用程序开发

01

JSP（Java Server Pages，Java 服务器页面）是使用 Java 开发 Web 应用程序的基础，属于 Java EE 技术范畴。本模块将走进 JSP 开发领域，学习基于 Java 的 Web 开发技术，通过几个简单的 Web 应用程序学会 Java Web 开发环境的搭建、了解 JSP 程序的开发过程。本模块需重点熟悉 JSP 程序的基本构成、JSP 标签和指令的应用、Java 代码片段的嵌入及注释的使用。

释疑解惑

【问题 1-1】HTML 静态网页的访问过程是怎样的？

早期的 Web 应用全部是静态的 HTML 页面，用于将一些文本信息呈现给用户，但这些信息是固定写在 HTML 页面中的，不具备与用户交互的能力，用户只能被动地浏览网页内容。当 Web 服务器接收到静态网页的请求时，服务器直接将该网页发送给客户端的浏览器，而不能根据用户的选择调整返回给用户的内容。HTML 静态网页的访问过程如图 1-1 所示。

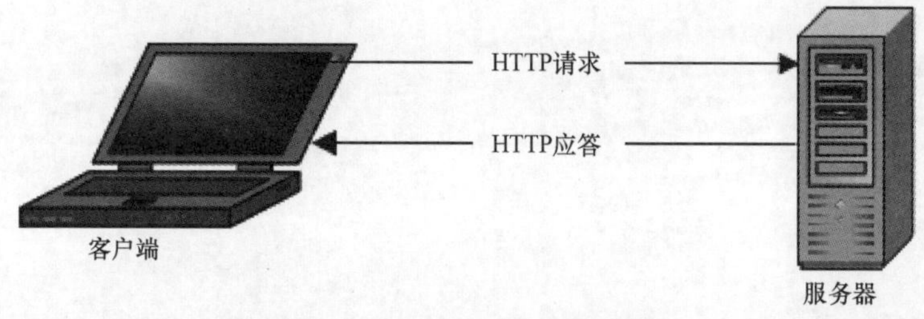

图 1-1　HTML 静态网页的访问过程

【问题 1-2】JSP 动态网页的访问过程是怎样的？

随着 Web 技术的发展，动态网页迅速替代静态网页，成为 Internet 的主流。动态网页具有与客户端浏览器交互的能力，当 Web 服务器接收到动态网页的请求时，服务器会找到相应文件并生成对客户端的响应，将执行结果以 HTML 格式传递给客户端的浏览器。JSP 程序采用典型的 Browser/Server（浏览器/服务器）结构，其访问过程如图 1-2 所示。

【问题 1-3】网页中的汉字乱码如何解决？

在 Eclipse IDE 主界面的项目资源管理器中右击出现中文乱码的网页文件，在弹出的快捷菜单中选择“属性”命令，弹出网页的属性对话框，在“文本文件编码”区域中选中“其他”单选按钮，在对应的下拉列表中选择“UTF-8”选项，如图 1-3 所示，单击【应用并关闭】按钮。

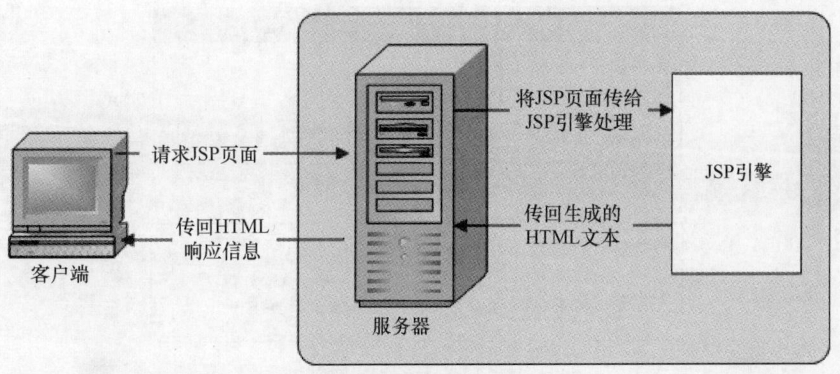

图 1-2　JSP 动态网页的访问过程

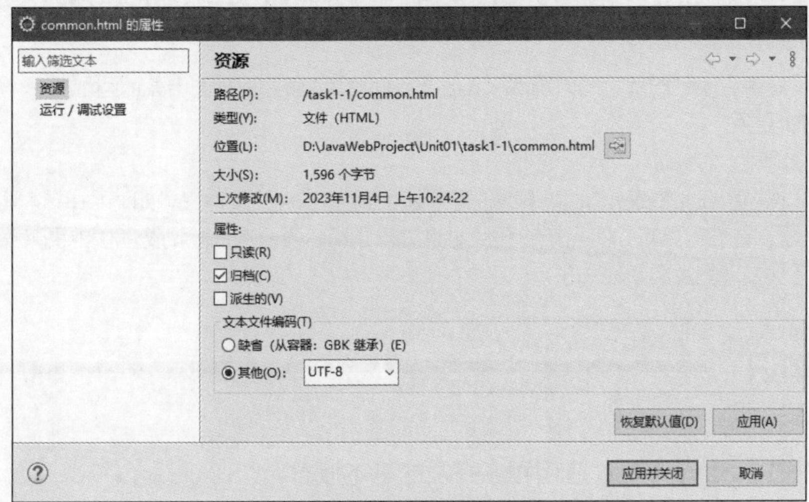

图 1-3　在【属性】对话框中设置文本文件编码

将文本文件编码设置为“UTF-8”后，在网页中输入汉字就不会乱码了。

【问题 1-4】启动 Tomcat 服务器时发生问题如何解决?

有时启动 Tomcat 服务器时会弹出图 1-4 所示的对话框，出现“由于一个或多个端口无效，不能启动服务器。打开服务器编辑器并更正无效的端口。”的提示信息。

解决方法如下。

在 Eclipse IDE 主界面中找到“服务器”视图，双击 Tomcat 服务器更改无效端口，将“Tomcat 管理端口”设置为“8005”，如图 1-5 所示。

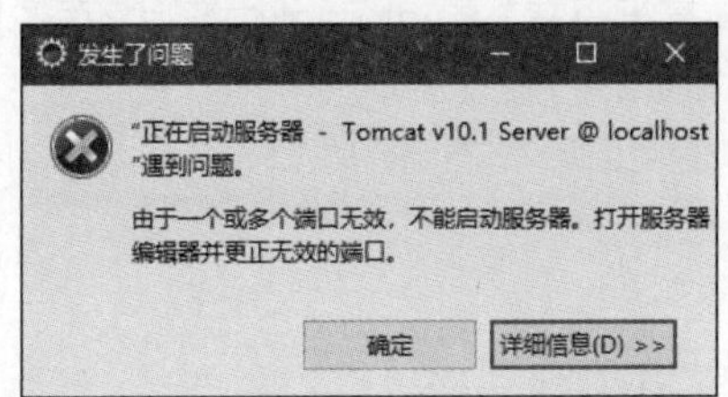

图 1-4　启动 Tomcat 服务器时发生问题

端口名	端口号
Tomcat 管理端口	8005
HTTP/1.1	8080

图 1-5　将“Tomcat 管理端口”设置为“8005”

端口更改完成后，关闭“服务器”视图，此时弹出【保存资源】对话框，如图 1-6 所示，单击【保存】按钮，重新启动 Tomcat 服务器。Tomcat 服务器成功启动后，“服务器”视图如图 1-7 所示。

图 1-6 【保存资源】对话框

图 1-7 “服务器”视图

【问题 1-5】在 JSP 程序中更换图片后，在服务器上运行 JSP 程序时还是显示原来的图片，如何解决该问题?

在 JSP 程序中更换了图片，同时清除了浏览器中的图片缓存，在服务器上运行 JSP 程序时，发现图片并没有同步更新。

解决方法如下。

找到 JSP 程序所在文件夹，如 demo1-1，再找到存储图片的文件夹，如\images，可以发现之前的图片还在这里，并没有更新，使用新的图片对其进行替换，再一次清除浏览器中的图片缓存，重新运行 JSP 程序就会发现图片更新成功了。

前导知识

【知识 1-1】Java Web 应用程序开发的基本概念

1. Server 与 Browser

Server 即服务器，Browser 即浏览器。用户必须通过浏览器访问 Web 服务器，才能阅读 Web 服务器上的文件。信息的提供者建立好 Web 服务器后，用户使用浏览器可以取得该服务器中的文件及其他信息。

2. HTTP

HTTP（Hypertext Transfer Protocol，超文本传送协议）是一种网络上传输数据的协议，专门用于传输万维网中的信息资源。

3. HTML

HTML（Hypertext Markup Language，超文本标记语言）是 Internet 中编写网页的主要标识语言。网页文件也可以称为 HTML 文件，其扩展名为“.html”或“.htm”。HTML 文件是纯文本文件，一个 HTML 网页文件包含许多 HTML 标签，可以使用记事本之类的文本编辑工具查看网页文件的 HTML 源代码。

4. HTML5

HTML5 是万维网的核心语言，是标准通用标记语言中 HTML 的第 5 次重大修改。HTML5 的第一份正式草案于 2008 年 1 月 22 日公布。2013 年 5 月 6 日，HTML5.1 正式草案公布，该规范定义了第 5 次重大版本。在这个版本中，新功能不断推出，帮助 Web 应用程序的开发者努力提高新元素的互操作性。大部分现代浏览器已经提供了某些 HTML5 支持。

5. CSS

CSS（Cascading Style Sheet，串联样式表）用于实现对网页布局、字体、颜色、背景和其他图文效果更加精确的控制。CSS 的主要作用是控制网页的布局和美化网页元素，可以控制许多仅使用 HTML 无法控制的属性。除了文本格式，CSS 还可以控制网页中“块”级别元素的格式和定位。同时，CSS 弥补了 HTML 对网页格式化功能的不足，如 CSS 可以控制段落间距、行距等。

6. CSS3

CSS3 是 CSS 技术的升级版本，其开发是朝着模块化的方向发展的。CSS3 完全向后兼容。CSS3 带来的主要变化是可以使用新的选择器和属性，从而实现新的设计效果（如动态效果和渐变效果），而且可以很简单地设计出较复杂的设计效果（如分栏）。

7. JavaScript

JavaScript 是一种脚本语言，可以和 HTML 混合使用，用来在 Web 页面中与用户交互。

8. JSP

JSP 是由 Sun Microsystems 公司倡导、众多公司一起参与建立的动态网页技术标准，该技术为创建显示动态生成内容的 Web 页面提供了一种简捷的方法。在 HTML 文件中嵌入 Java 代码片段（Scriptlet）和 JSP 标签，构成 JSP 网页。在接收到客户端的用户请求时，服务器会处理 Java 代码片段，然后将生成处理结果的 HTML 页面返回给客户端的浏览器，浏览器将呈现最终的页面效果。

【知识 1-2】静态网页与 HTML 文件

静态网页是使用 HTML 编写的超文本文档，也称为 HTML 文件。一个 HTML 静态网页包含许多 HTML 标签。HTML 是一种纯文本的标记语言，定义了网页结构和网页元素，能够满足网页普通格式要求。

制作网页时，不管采用哪一种方法，最后得到的都是一个 HTML 文件，它可以在 Web 服务器上发布。一个 HTML 文件包含出现在网页中的文字和一些 HTML 标签。这些 HTML 标签是 HTML 文件中特定的代码，它告诉浏览器应该做什么事情。

例如，HTML 文件中出现了一句这样的代码：<strong>欢迎你光临本网站</strong>。这句代码表示在浏览器中显示文字“欢迎你光临本网站”，并且这些文字以粗体显示。

【操作 1-1】创建 Web 应用程序的基本操作

（1）准备开发 Web 应用程序所需的图片文件。

（2）启动 Eclipse IDE，设置工作空间为 Unit01。

【操作 1-2】在 Dreamweaver 中创建 3 个 CSS 样式文件

启动 Dreamweaver，在 Dreamweaver 开发环境中创建 3 个样式文件，分别将其命名为 common.css、header.css、footer.css，分别定义网页的通用样式、网页顶部导航栏的样式和网页底部导航栏的样式。

打开这些样式文件，在这些样式文件中分别使用【新建 CSS 规则】对话框和【CSS 规则定义】对话框定义所需的 CSS 样式。

扫描二维码，打开电子活页 1-1，在线浏览样式文件 common.css、header.css、footer.css 的代码。

电子活页 1-1

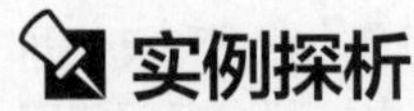

实例探析

【实例 1-1】使用 Eclipse IDE 创建静态 Web 项目

【操作要求】

（1）搭建 HTML 静态页面的开发环境。

（2）在工作空间“D:\JavaWebProject\Unit01”中创建静态 Web 项目 demo1-1。

（3）复制并应用 3 个 CSS 样式文件 common.css、header.css、footer.css，分别作为网页的通用样式、网页顶部导航栏的样式和网页底部导航栏的样式。

（4）创建静态网页 common.html，该网页为上、中、下三段式结构。顶部为导航栏，该顶部导航栏左侧依次为欢迎信息、【登录】和【注册】超链接，右侧依次为【我的订单】【资讯中心】【帮助中心】【快递查询】超链接；中间暂为空，用于插入网页的主体内容；底部为导航栏，其包含多个超链接。该网页的浏览效果如图 1-8 所示。

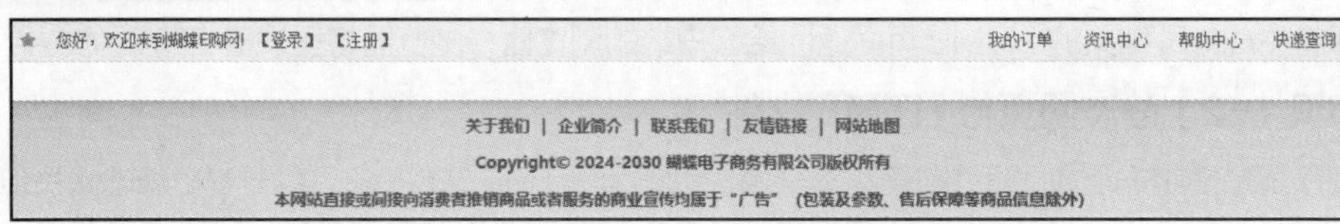

图 1-8 静态网页 common.html 的浏览效果

静态网页 common.html 将作为创建动态网页的基础网页。

【实现过程】

1. 在 Windows 操作系统的文件资源管理器中创建必要的文件夹

在 D 盘创建文件夹 JavaWebProject，然后在该文件夹中创建子文件夹 Unit01，模块 1 将以文件夹 Unit01 作为 Web 应用程序的工作空间。

2. 启动 Eclipse IDE 进入 Eclipse IDE 主界面

Eclipse IDE 安装完成后，就可以启动了。

双击 Eclipse IDE 安装文件夹中的可执行文件 eclipse.exe 即可启动 Eclipse IDE（如果桌面上有 Eclipse IDE 的快捷方式，则双击该快捷方式也能启动 Eclipse IDE），首先进入图 1-9 所示的 Eclipse IDE 的启动界面。

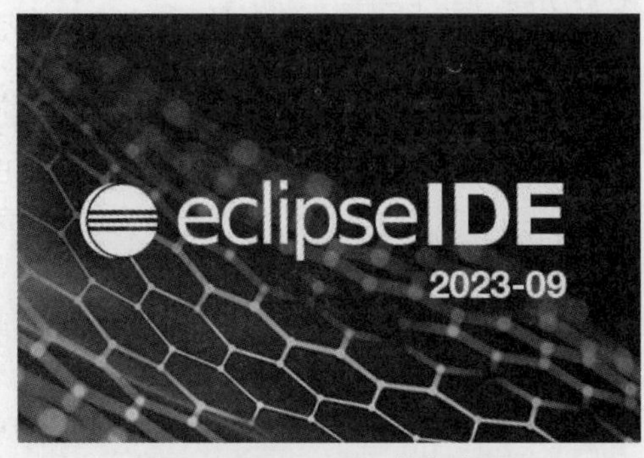

图 1-9 Eclipse IDE 的启动界面

初次启动 Eclipse IDE 时，会弹出选择工作空间的对话框，一般默认的工作空间为 Eclipse IDE 根目录的 workspace 目录，这里设置了“D:\JavaWebProject\Unit01”为默认工作空间。

如果想在以后启动时不再重复选择工作空间，则可以勾选“将此值用作缺省值并且不再询问”复选框。单击【启动】按钮，进入图 1-10 所示的 Eclipse IDE 的欢迎界面。

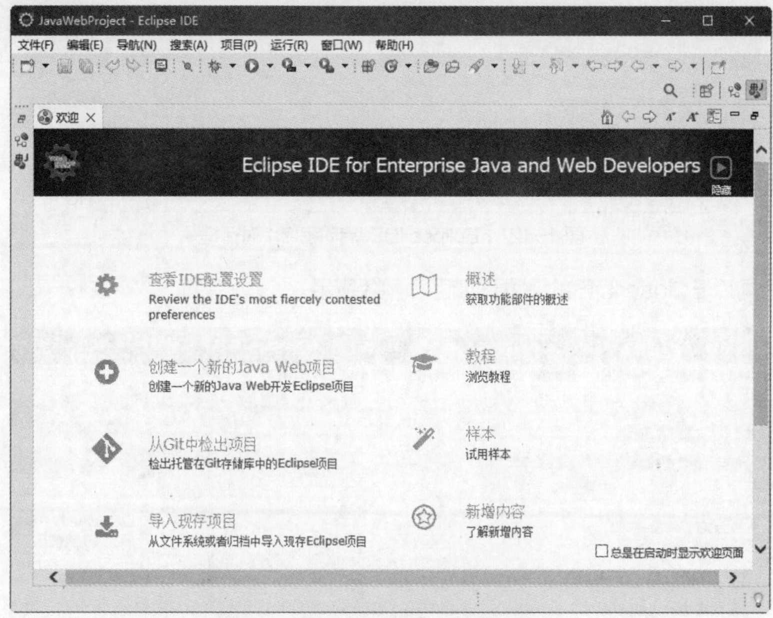

图 1-10　Eclipse IDE 的欢迎界面

关闭欢迎界面，进入 Eclipse IDE 的主界面，如图 1-11 所示。

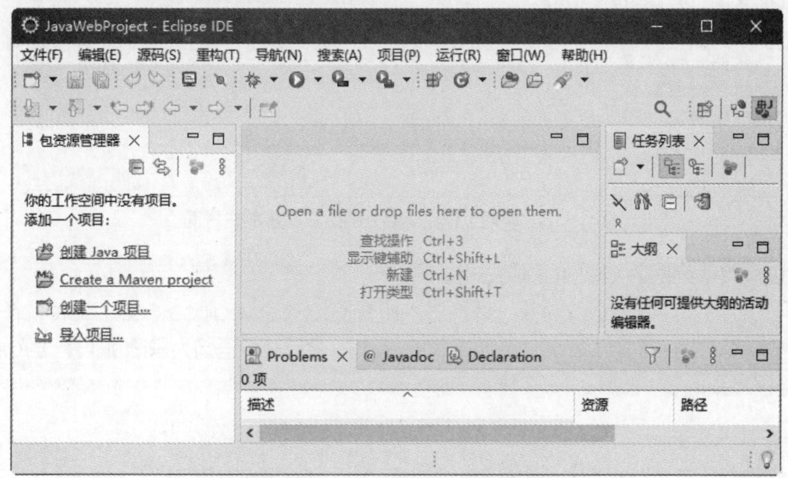

图 1-11　Eclipse IDE 的主界面

Eclipse IDE 的主界面由标题栏、菜单栏、工具栏、资源管理器、编辑器、“大纲”视图和其他视图组成。打开一个 JSP 文件后，在“大纲”视图中将显示该 JSP 文件的节点树。

3. 切换工作空间

在 Eclipse IDE 主界面的“文件”菜单中选择“切换工作空间”→“其他”命令，弹出图 1-12 所示的【Eclipse IDE 启动程序】对话框，在工作空间路径下拉列表中选择一个已有的路径或者输入新的路径，如 D:\JavaWebProject\Unit01，然后单击【启动】按钮重新启动 Eclipse IDE。

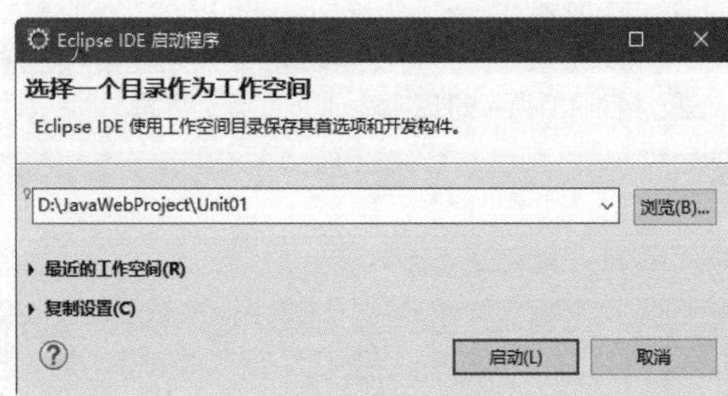

图 1-12 【Eclipse IDE 启动程序】对话框

切换工作空间后 Eclipse IDE 的主界面如图 1-13 所示。

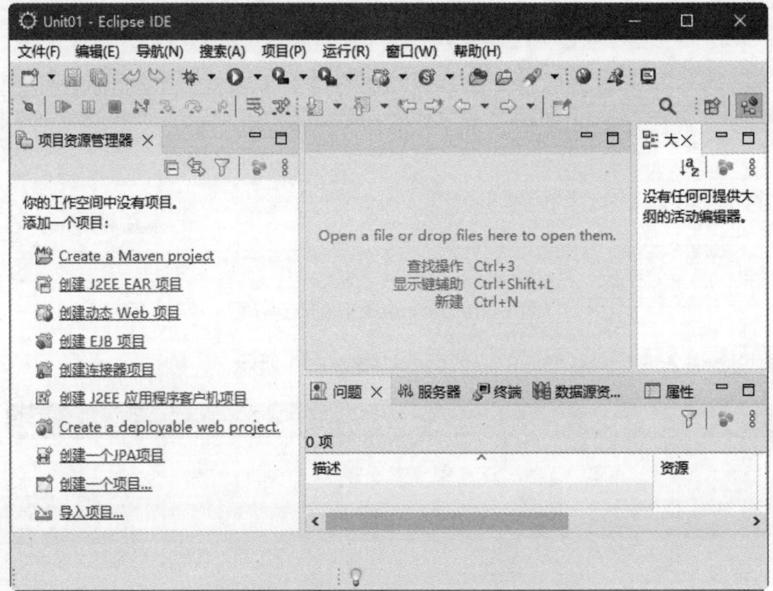

图 1-13 切换工作空间后 Eclipse IDE 的主界面

也可以通过修改代码的方法设置工作空间。

（1）打开 Eclipse IDE 的安装文件夹，逐次进入如下子文件夹：eclipse→configuration→.settings。

（2）使用“记事本”打开文件 org.eclipse.ui.ide.prefs，然后修改语句为 RECENT_WORKSPACES =D\:\\JavaWebProject\\Unit01，设置默认工作空间。

> **注意** 设置默认工作空间的语句中盘符标识使用“\:”，分隔符使用“\\”。

4. 新建静态 Web 项目 demo1-1

（1）在 Eclipse IDE 主界面的“文件”菜单中选择“新建”→“静态 Web 项目”命令，如图 1-14 所示，弹出【New Static Web Project】对话框。

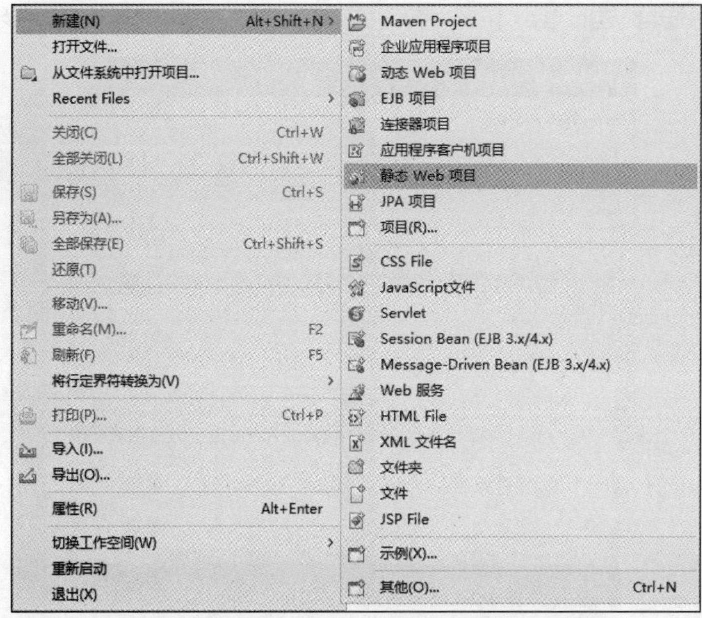

图 1-14 选择“新建”→“静态 Web 项目”命令

（2）在“Project name”文本框中输入静态 Web 项目名称，这里输入“demo1-1”，其他采用默认设置，如图 1-15 所示。

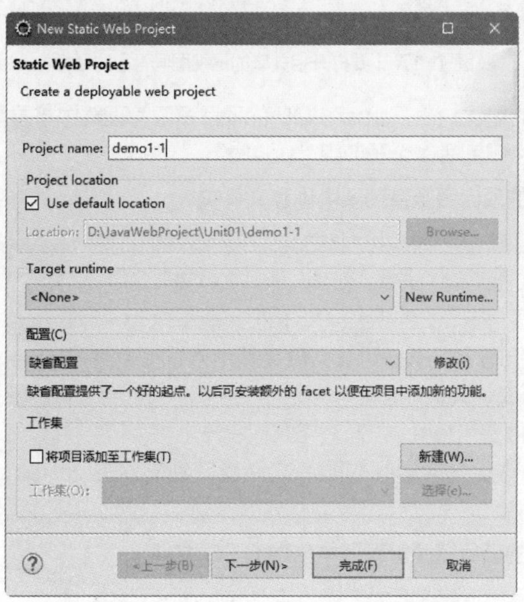

图 1-15 【New Static Web Project】对话框

提 示 这里也可以更改项目位置，方法如下。

取消勾选“Use default location”复选框，单击【Browse】按钮，在弹出的【选择文件夹】对话框中选择已有的子文件夹，单击【确定】按钮，返回【New Static Web Project】对话框。

（3）单击【下一步】按钮，进入下一个界面进行相关设置，这里采用默认设置，如图 1-16 所示。

图 1-16　在【New Static Web Project】对话框中进行相关设置

单击【完成】按钮，弹出【要打开相关联的透视图吗？】对话框，如图 1-17 所示，这里单击【否】按钮。

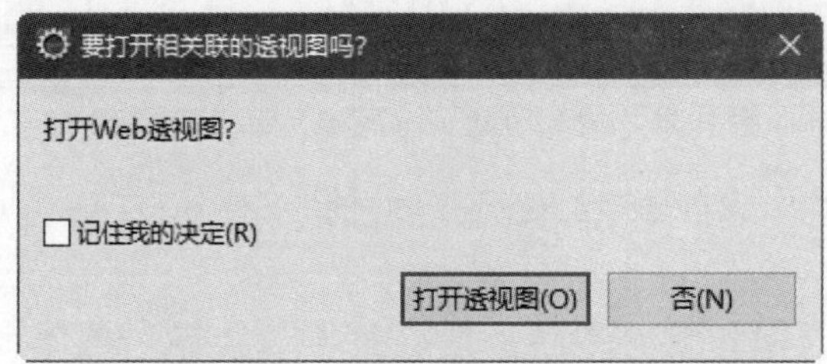

图 1-17 【要打开相关联的透视图吗？】对话框

完成项目 demo1-1 的创建，在 Eclipse IDE 的项目资源管理器中将显示新创建的静态 Web 项目节点“demo1-1”，该节点还包括 1 个子节点“public”。

5. 在 Eclipse IDE 的项目资源管理器中创建文件夹

在 Eclipse IDE 的项目资源管理器中选择节点“demo1-1”，并单击鼠标右键，在弹出的快捷菜单中选择“新建”→“文件夹”命令，弹出【新建文件夹】对话框，在“文件夹名”文本框中输入“css”，如图 1-18 所示，单击【完成】按钮，即可在文件夹 demo1-1 中创建一个名称为“css”的子文件夹。

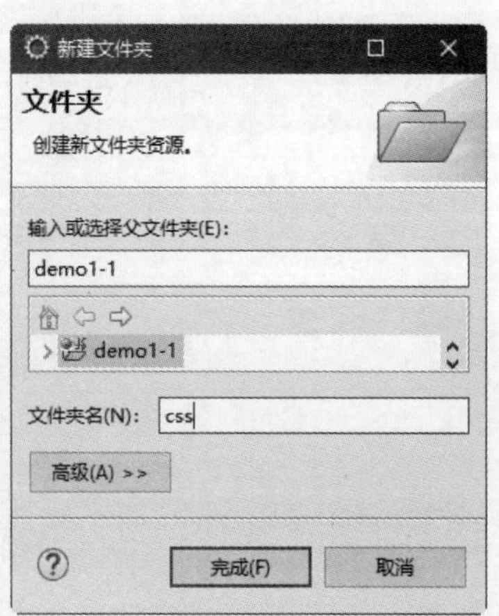

图 1-18 【新建文件夹】对话框

以同样的方法在文件夹 demo1-1 中创建另一个名称为“images”的子文件夹。将事先准备好的图片文件复制到文件夹 images 中。

6. 在 Eclipse IDE 的项目资源管理器中创建 CSS 文件

在 Eclipse IDE 的项目资源管理器中选择节点“demo1-1”中的子节点“css”，并单击鼠标右键，在弹出的快捷菜单中选择“新建”→“其他”命令，弹出【选择向导】对话框，在该对话框中展开节点“Web”，然后选择“CSS File”选项，如图 1-19 所示。

单击【下一步】按钮，弹出【新建 CSS 文件】对话框，在父文件夹列表框中选择文件夹“demo1-1”中的子文件夹“css”，在“文件名”文本框中输入 CSS 样式文件的名称“common.css”，如图 1-20 所示。

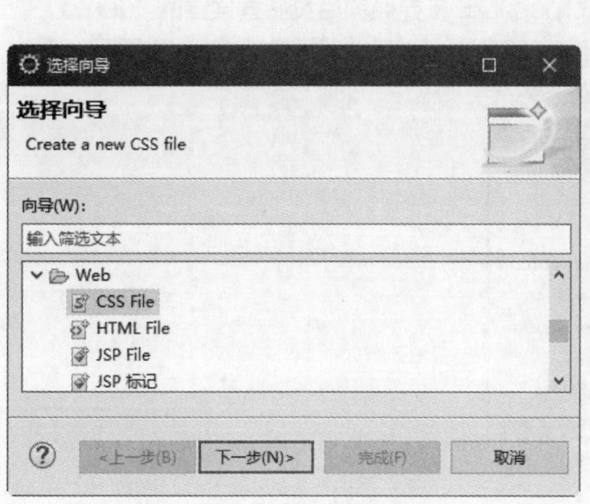

图 1-19 【选择向导】对话框

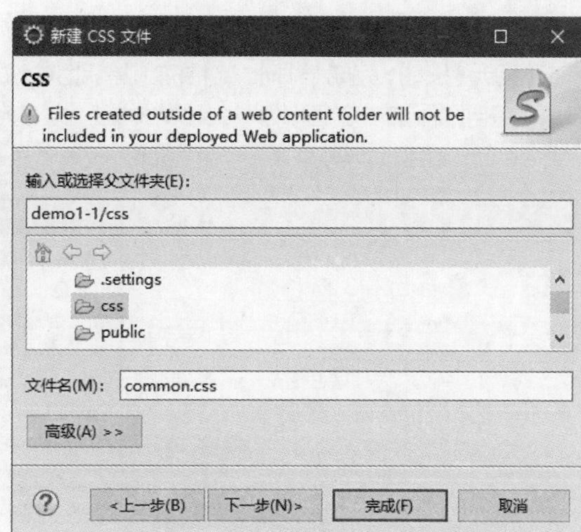

图 1-20 【新建 CSS 文件】对话框

单击【完成】按钮，完成 CSS 样式文件 common.css 的创建。

由于前面已在 Dreamweaver 中创建好了 3 个 CSS 样式文件，直接打开相应的 CSS 样式文件，将其中的 CSS 代码复制并粘贴即可。header.css 和 footer.css 的创建方法类似。

说明 也可以在 Windows 操作系统的文件资源管理器中将 3 个 CSS 样式文件 common.css、header.css 和 footer.css 直接复制到文件夹 css 中。

7. 在 Eclipse IDE 的项目资源管理器中创建静态网页

在 Eclipse IDE 的项目资源管理器中选择节点“demo1-1”，并单击鼠标右键，在弹出的快捷菜单中选择“新建”→“HTML File”命令，如图 1-21 所示。弹出【New HTML File】对话框，选中“demo1-1”节点，在“文件名”文本框中输入文件名“common.html”，如图 1-22 所示。

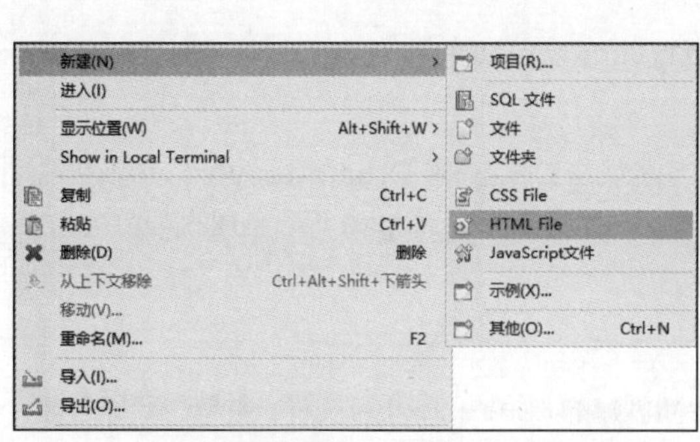

图 1-21 选择“新建”→“HTML File”命令

图 1-22 【New HTML File】对话框

单击【下一步】按钮，在【选择 HTML 模块】界面中取消勾选“使用 HTML 模板”复选框，然后单击【完成】按钮，完成 HTML 文件的创建。此时，Eclipse IDE 主界面项目资源管理器的“demo1-1”节点下将自动添加一个名称为“common.html”的节点，“demo1-1”的结构如图 1-23 所示。同时，Eclipse IDE 会自动以默认的 HTML 文件关联的编辑器将文件打开。

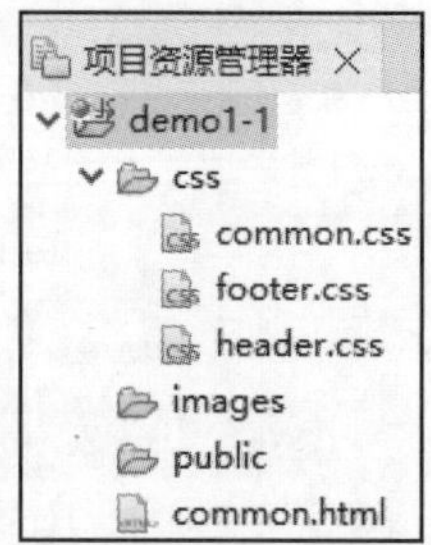

图 1-23　项目资源管理器中项目“demo1-1”的结构

在网页 common.html 中输入初始代码，如表 1-1 所示。

表 1-1　common.html 的初始代码

```
<!DOCTYPE html>
<html>
<head>
<meta charset="UTF-8">
<title>Insert title here</title>
</head>
<body>

</body>
</html>
```

在网页 common.html 中的标签<head>和</head>之间输入如下代码，引入所需的 CSS 样式文件。

```
<link rel="stylesheet" type="text/css" href="css/common.css">
<link rel="stylesheet" type="text/css" href="css/header.css">
<link rel="stylesheet" type="text/css" href="css/footer.css">
```

在网页 common.html 中的标签<body>和</body>之间输入 HTML 代码，实现所需的布局和内容。

扫描二维码，打开电子活页 1-2，在线浏览网页 common.html 的主体代码。

注意　**编辑和修改 HTML 代码及 CSS 样式代码的最佳工具之一是 Dreamweaver，可以在 Dreamweaver 环境中编写 HTML 代码，然后将代码复制到 Eclipse IDE 创建的网页中。**

8. 浏览静态网页 common.html

在 Eclipse IDE 主界面的项目资源管理器中选择新创建的 common.html 文件，并单击鼠标右键，在弹出的快捷菜单中选择“打开方式”→“Web 浏览器”命令，如图 1-24 所示。

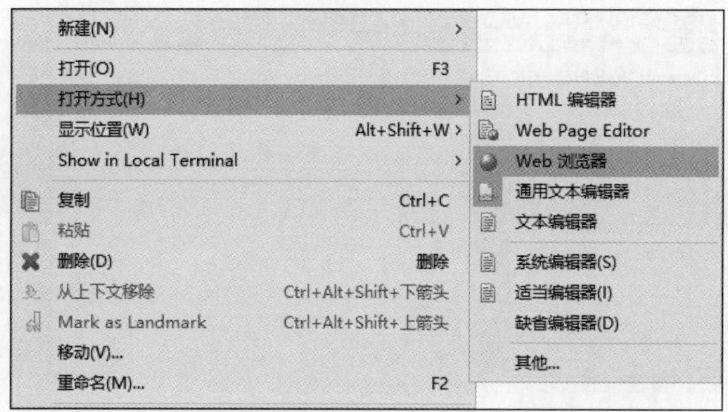

图 1-24 在快捷菜单中选择“打开方式”→“Web 浏览器”命令

在 Web 浏览器中浏览网页，common.html 网页在浏览器中的运行结果如图 1-8 所示。

【实例 1-2】创建显示欢迎信息的 JSP 应用程序

【操作要求】

（1）搭建 JSP 应用程序开发环境。为了提高 Web 应用程序的开发效率，将 Tomcat 服务器配置到 Eclipse IDE 中，为 Web 项目指定一个 Web 应用服务器，然后在 Eclipse IDE 中操作 Tomcat 并部署和运行 Web 项目。同时，指定 Web 浏览器和 JSP 程序的编码格式。

（2）在工作空间“D:\JavaWebProject\Unit01”中新建动态 Web 项目 demo1-2。

（3）使用 Eclipse IDE 在动态 Web 项目 demo1-2 中创建一个 JSP 应用程序 demo1-2.jsp，该 JSP 应用程序在浏览器中输出“您好，欢迎来到蝴蝶 E 购网!”的欢迎信息。

（4）在动态 Web 项目 demo1-2 中创建另一个 JSP 应用程序 welcome.jsp，在该 JSP 应用程序中添加必要的 HTML 标签和应用所定义的样式。

【实现过程】

1. 启动 Eclipse IDE 进入 Eclipse IDE 主界面

双击桌面上的 Eclipse IDE 快捷方式，启动 Eclipse IDE。

2. 在 Eclipse IDE 中配置与启动 Tomcat 服务器

（1）指定 Web 浏览器。在【首选项】对话框中指定“外部 Web 浏览器”为“Microsoft Edge”。

（2）设置 JSP 程序的编码格式。在【首选项】对话框中展开左侧列表框中的“Web”节点，然后选择“JSP 文件”选项。在右侧“编码”下拉列表中选择“ISO 10646/Unicode(UTF-8)”选项，单击【应用并关闭】按钮。

3. 新建动态 Web 项目 demo1-2

（1）在 Eclipse IDE 主界面的“文件”菜单中选择“新建”→“动态 Web 项目”命令，弹出【New Dynamic Web Project】对话框，进入【Dynamic Web Project】界面，即新建动态 Web 项目的界面。

（2）在“Project name”文本框中输入项目名称，这里输入“demo1-2”；在“Dynamic web module version”下拉列表中选择“5.0”选项，在“配置”下拉列表中选择“缺省配置”选项，其他采用默认设置，如图 1-25 所示。

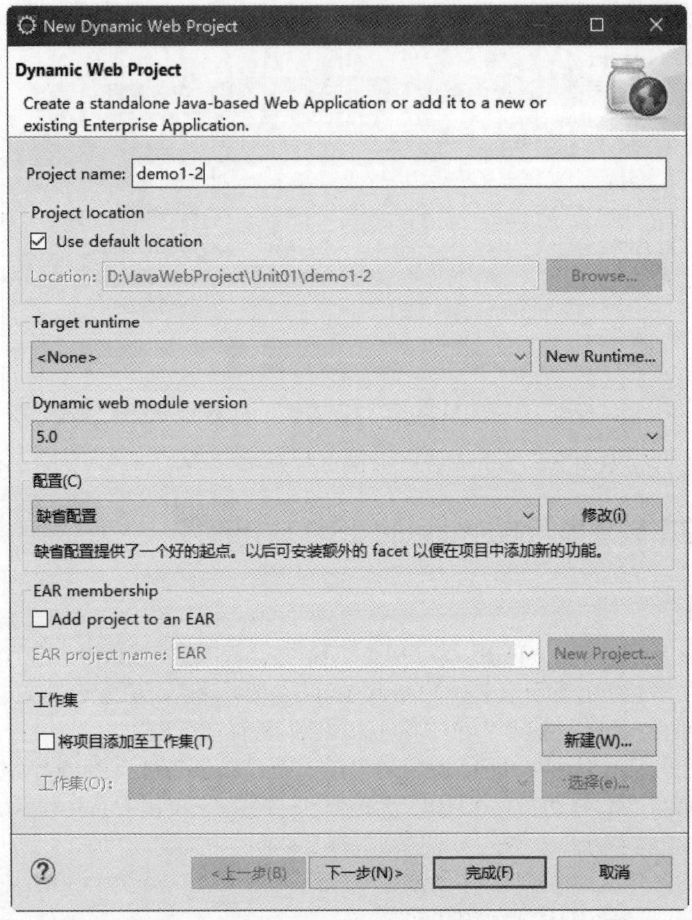

图 1-25 【New Dynamic Web Project】对话框的【Dynamic Web Project】界面

（3）单击【下一步】按钮，进入【Java】界面，这里采用默认设置，如图 1-26 所示。

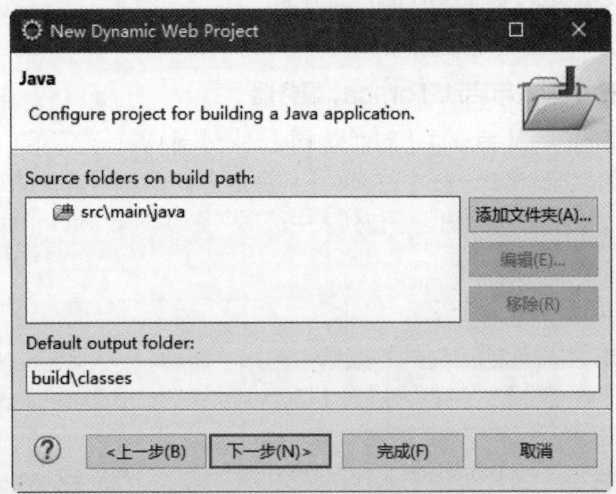

图 1-26 【New Dynamic Web Project】对话框的【Java】界面

（4）单击【下一步】按钮，进入【Web 模块】界面，勾选“Generate web.xml deployment descriptor”复选框，如图 1-27 所示，新创建的 Web 项目将自动创建 web.xml 文件。

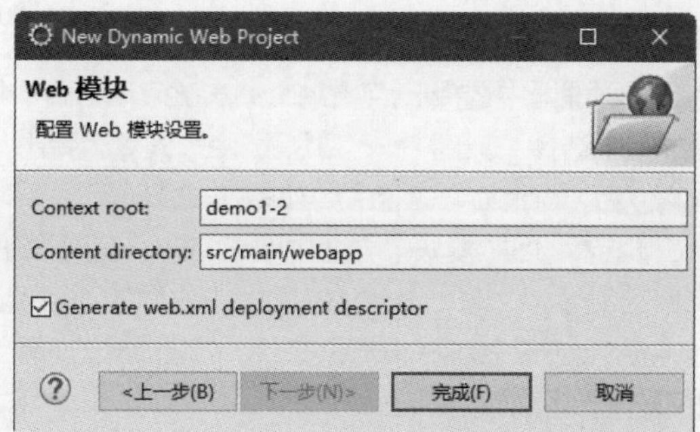

图 1-27 【New Dynamic Web Project】对话框的【Web 模块】界面

单击【完成】按钮，完成项目 demo1-2 的创建，Eclipse IDE 的项目资源管理器中将显示新创建的 Web 项目。

4. 设置动态 Web 项目的文本文件编码

选择项目 demo1-2 并单击鼠标右键，在弹出的快捷菜单中选择“属性”命令，弹出项目的【demo1-2 的属性】对话框，在左侧列表框中选择“资源”选项，在右侧“文本文件编码”区域中选中“其他”单选按钮，然后在其右侧下拉列表中选择“UTF-8”选项，如图 1-28 所示，单击【应用并关闭】按钮。

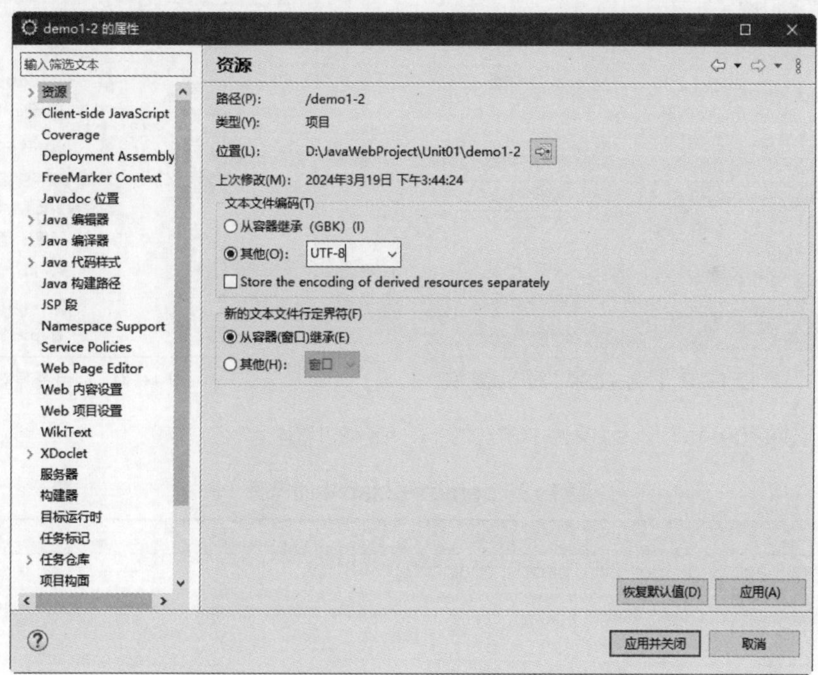

图 1-28 设置动态 Web 项目的文本文件编码

5. 在项目文件夹中创建必要的子文件夹

在项目文件夹“demo1-2\src\main\webapp”中创建子文件夹 css 和 images。

6. 复制 CSS 样式文件和图片文件

将所需的 CSS 样式文件 common.css、header.css、footer.css 复制到文件夹 css 中，将所需的图片文件复制到文件夹 images 中。

7. 创建 JSP 程序 demo1-2.jsp

在 Eclipse IDE 的项目资源管理器中选择节点“demo1-2/src/main”中的子节点“webapp”，单击鼠标右键，在弹出的快捷菜单中选择“新建”→“JSP File”命令，弹出【New JSP File】对话框，在“文件名”文本框中输入文件名“demo1-2.jsp”，如图 1-29 所示。

单击【下一步】按钮，在【选择 JSP 模块】界面中取消勾选“使用 JSP 模板”复选框，然后单击【完成】按钮，完成 JSP 文件的创建。此时，Eclipse IDE 主界面的项目资源管理器的“webapp”节点下将自动添加一个名称为“demo1-2.jsp”的 JSP 文件，如图 1-30 所示。同时，Eclipse IDE 会自动以默认的 JSP 文件关联的编辑器将文件打开。

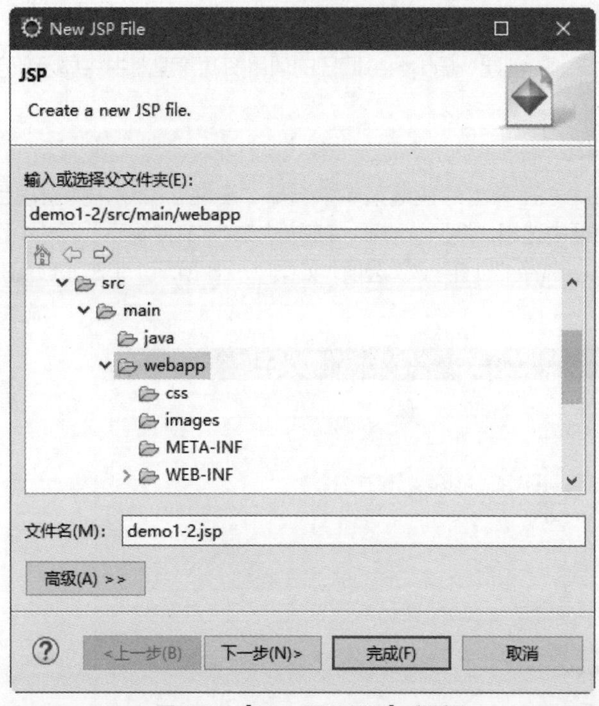

图 1-29 【New JSP File】对话框

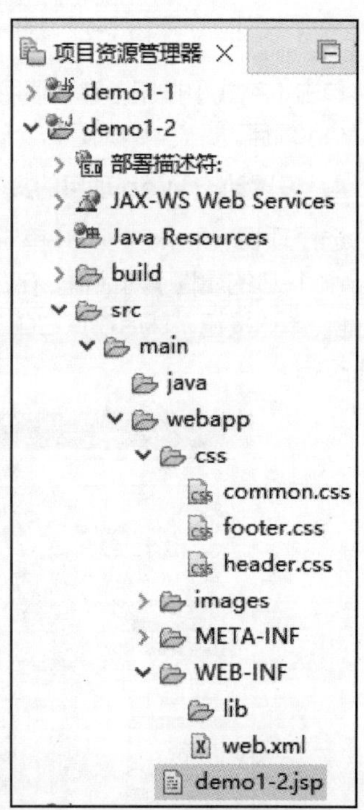

图 1-30 项目资源管理器

在刚才创建的 demo1-2.jsp 文件中输入表 1-2 所示的代码。

表 1-2 demo1-2.jsp 中的代码

```
<%@ page language="java" pageEncoding="UTF-8"%>
<!DOCTYPE html>
<html>
<head>
    <meta charset="UTF-8">
    <title>蝴蝶 E 购网</title>
</head>
<body>
<p>您好，欢迎来到蝴蝶 E 购网！</p>
</body>
</html>
```

8. 配置构建路径

在 Eclipse IDE 的 Web 项目中创建 JSP 文件时，代码中会出现错误信息“The default superclass, "jakarta.servlet.http.HttpServlet", according to the project's Dynamic Web Module facet version (5.0), was not found on the Java Build Path.”，如图 1–31 所示。解决方法如下。

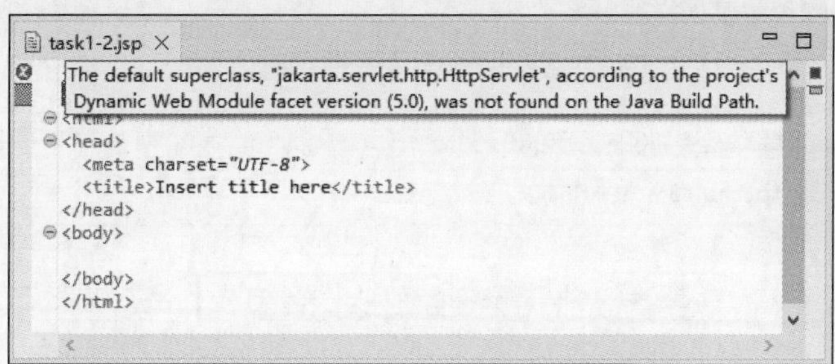

图 1–31　JSP 文件代码中出现错误信息

（1）选择 Web 项目文件夹并单击鼠标右键，在弹出的快捷菜单中依次选择“构建路径”→“配置构建路径”命令，如图 1–32 所示。

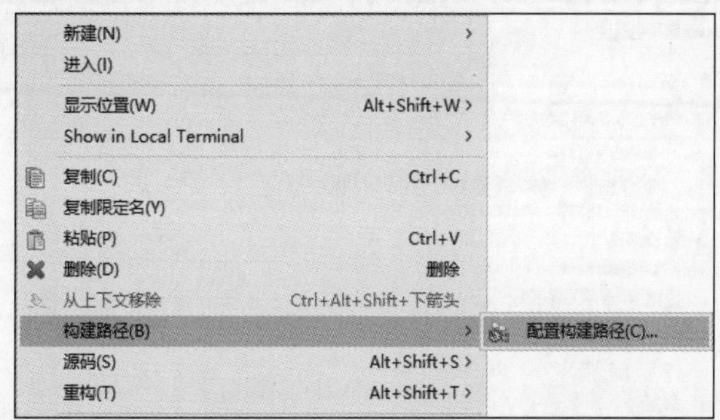

图 1–32　在弹出的快捷菜单中选择“构建路径”→“配置构建路径”命令

（2）添加库文件。在弹出的【task1–2 的属性】对话框的左侧列表框中选择“Java 构建路径”选项，右侧切换到【库】选项卡，单击右侧的【添加库】按钮，弹出【添加库】对话框，在该对话框的【添加库】界面中选择要添加的库类型“服务器运行时”，如图 1–33 所示。

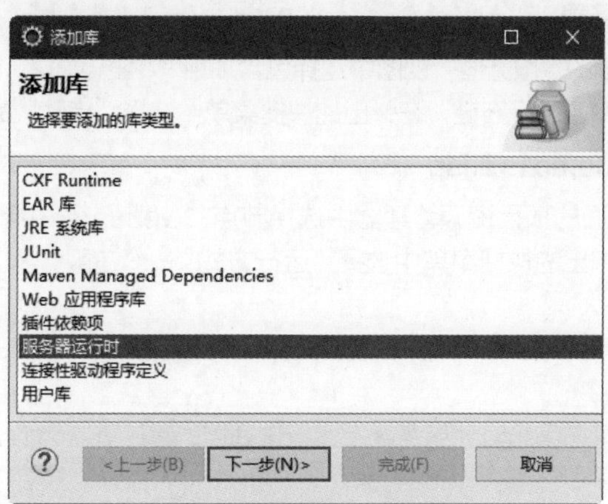

图 1–33 【添加库】对话框

单击【下一步】按钮，在【添加库】对话框的【服务器类路径容器】界面中选择启动项目的 Tomcat 服务器“Apache Tomcat v10.1”，如图 1-34 所示。

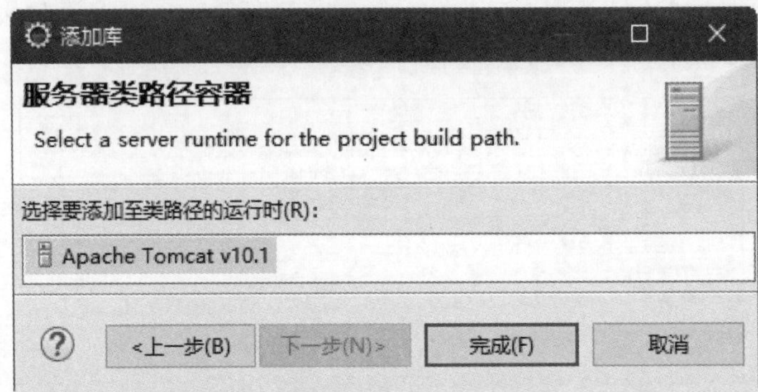

图 1-34　在【添加库】对话框的【服务器类路径容器】界面中选择“Apache Tomcat v10.1”

单击【完成】按钮，添加新的模块路径后的【task1-2 的属性】对话框如图 1-35 所示。

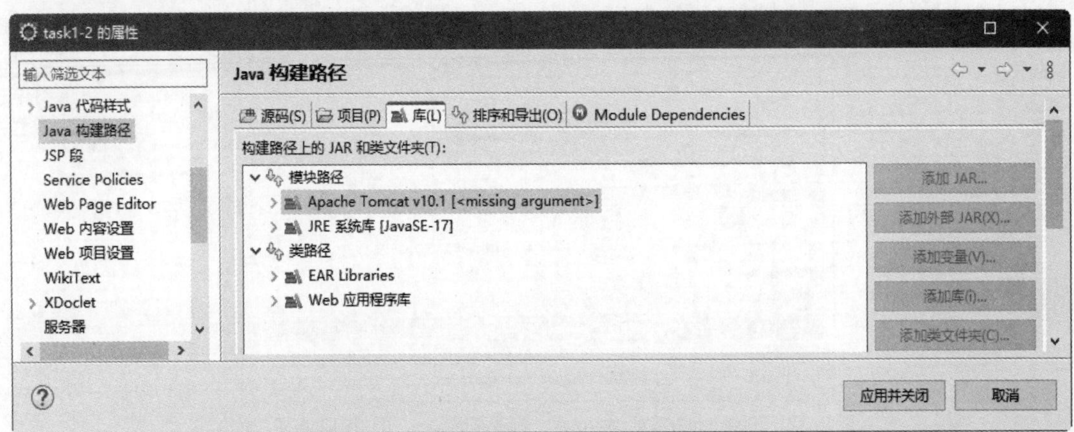

图 1-35　添加新的模块路径后的【task1-2 的属性】对话框

单击【应用并关闭】按钮。

重启 Eclipse IDE 并打开文件，若还是有错误信息，则重新创建 JSP 文件即可。

9. 启动 Tomcat 服务器

在 Eclipse IDE 主界面的“服务器”视图中选择包含项目“demo1-2”的服务器“Tomcat v10.1 Server @ localhost”并单击鼠标右键，在弹出的快捷菜单中选择“启动”命令即可启动该服务器。

10. 运行 JSP 程序 demo1-2.jsp

在 Eclipse IDE 主界面的项目资源管理器中选择节点“webapp”中新创建的 demo1-2.jsp 文件，并单击鼠标右键，在弹出的快捷菜单中选择“运行方式”→“在服务器上运行”命令，如图 1-36 所示。

弹出【在服务器上运行】对话框，选中“选择一个现有服务器”单选按钮，其他采用默认设置，如图 1-37 所示。

单击【完成】按钮即可在 Tomcat 服务器上运行该项目，程序 demo1-2.jsp 在 Edge 浏览器中的运行结果如图 1-38 所示。

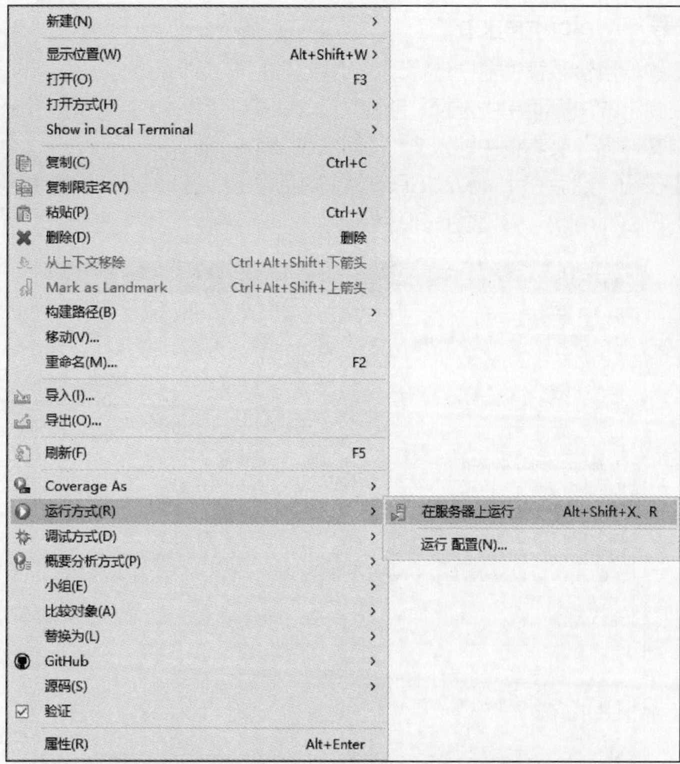

图 1-36　在快捷菜单中选择“运行方式”→“在服务器上运行”命令

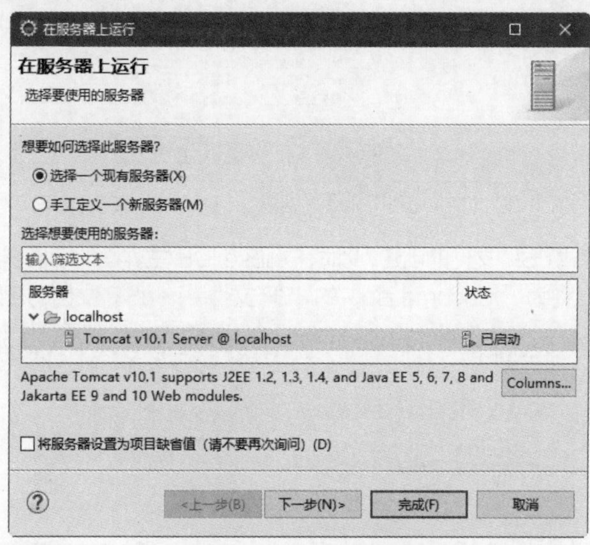

图 1-37　在【在服务器上运行】对话框中选择要使用的服务器

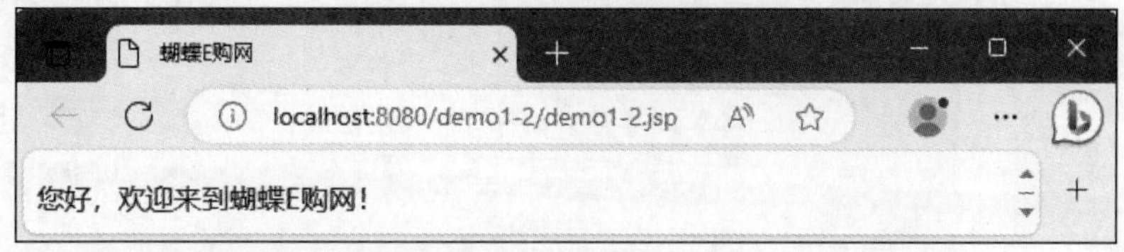

图 1-38　程序 demo1-2.jsp 在 Edge 浏览器中的运行结果

11. 创建 JSP 程序 welcome.jsp

在 Eclipse IDE 的项目资源管理器中选择动态 Web 项目节点“demo1-2”中的子节点“webapp”，并单击鼠标右键，在弹出的快捷菜单中选择“新建”→“JSP File”命令，弹出【New JSP File】对话框，在该对话框的“文件名”文本框中输入文件名“welcome.jsp”。

单击【下一步】按钮，然后在【New JSP File】对话框的【选择 JSP 模板】界面中选择自定义的 JSP 模板“My JSPFile(html5)”，如图 1-39 所示。

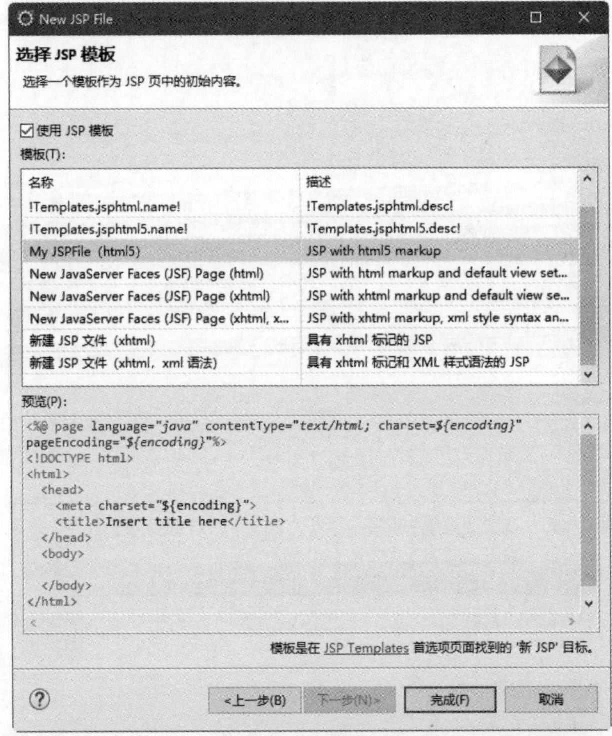

图 1-39 【New JSP File】对话框的【选择 JSP 模板】界面

单击【完成】按钮，完成 JSP 文件的创建，此时，Eclipse IDE 主界面的项目资源管理器的“webapp”节点下将自动添加一个名称为“welcome.jsp”的 JSP 文件，该 JSP 文件的初始代码如下。

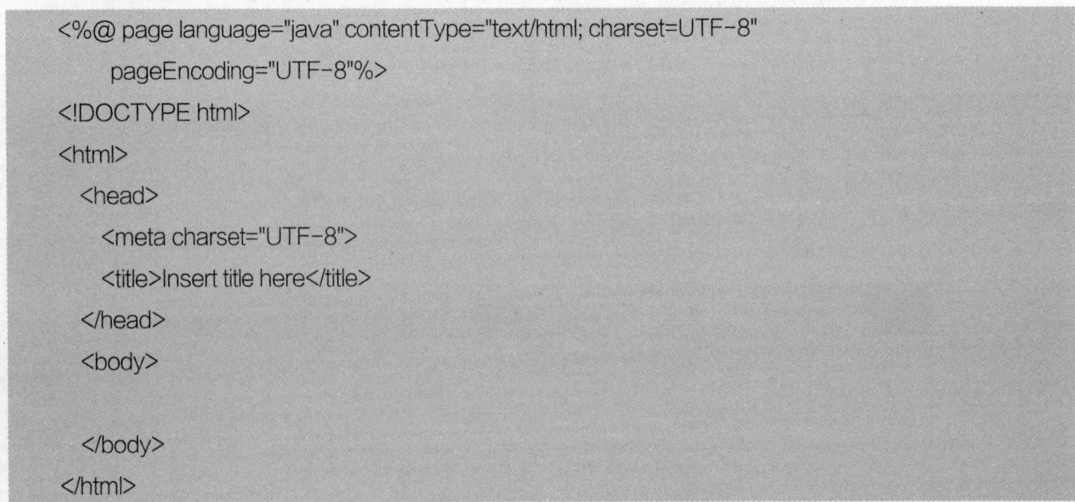

```
<%@ page language="java" contentType="text/html; charset=UTF-8"
    pageEncoding="UTF-8"%>
<!DOCTYPE html>
<html>
  <head>
    <meta charset="UTF-8">
    <title>Insert title here</title>
  </head>
  <body>

  </body>
</html>
```

将文件 welcome.jsp 中的标签<title>与</title>之间的"Insert title here"替换为"蝴蝶 E 购网"，在标签</head>之前输入以下代码导入所需的 CSS 文件。

```
<link rel="stylesheet" type="text/css" href="css/common.css">
<link rel="stylesheet" type="text/css" href="css/header.css">
```

在标签<body>与</body>之间添加表 1-3 所示的代码。

表 1-3　文件 welcome.jsp 中标签<body>与</body>之间添加的代码

```
<div class="header">
    <div class="xdh">
      <div class="w">
        <ul class="fl ld">
          <li class="shoucang" style="padding-right:0px"><b></b></li>
          <li class="menusp">您好，欢迎来到蝴蝶 E 购网! </li>
        </ul>
      </div>
    </div>
</div>
```

12. 运行 JSP 程序 welcome.jsp

在 Edge 浏览器中运行 JSP 程序 welcome.jsp，其运行结果如图 1-40 所示。

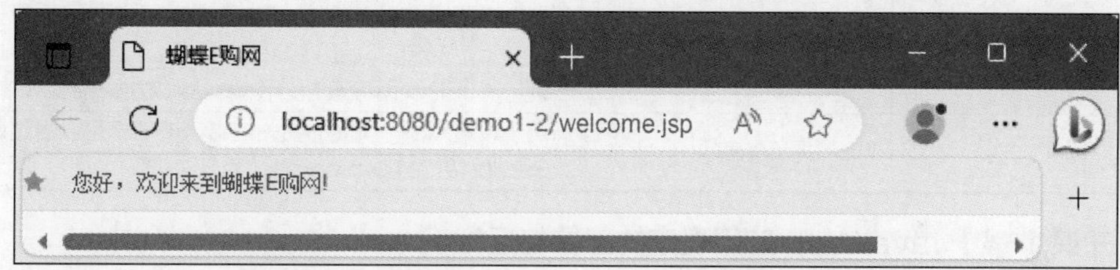

图 1-40　JSP 程序 welcome.jsp 在 Edge 浏览器中的运行结果

【知识梳理】

【知识 1-3】page 指令

【实例 1-2】在项目 demo1-2 中创建了两个 JSP 程序 demo1-2.jsp 和 welcome.jsp，这两个 JSP 程序属于动态网页。在没有添加功能代码的前提下，其基本代码与【实例 1-1】所创建的静态网页 common.html 相比，主要区别是使用了页面指令 page，对应的代码如下。

```
<%@ page language="java"  contentType="text/html ; charset=UTF-8"
    pageEncoding="UTF-8"%>
```

以下代码增加了使用 page 指令指定页面出现错误时对应的错误处理页面和导入相关包的代码。

```
<%@  page language="java"  import="java.util.* "  errorPage="error.jsp"
     contentType="text/html ; charset= UTF-8"  pageEncoding="UTF-8"% >
```

page 指令作用于整个 JSP 页面，定义了许多与页面相关的属性，这些属性在 JSP 被服务器解析成 Servlet 时会转换成相应的 Java 程序代码。page 指令常用的属性如表 1-4 所示，这些属性被用于和 JSP 容器通信，描述了和页面相关的指令信息。在一个 JSP 页面中，page 指令可以出现多次，但是该指令中的属性只能出现一次，重复的属性设置将覆盖前面的属性设置。

表 1-4 page 指令常用的属性

序号	属性名称	使用样例	使用说明
1	language	language="java"	用于设置 JSP 页面使用的语言，其默认值是 java
2	contentType	contentType="text/html ; charset= UTF-8"	用于设置 JSP 页面发送到客户端的文档的响应报头的 MIME 类型和字符编码，浏览器据此显示网页内容
3	pageEncoding	pageEncoding="UTF-8"	用于定义 JSP 页面的编码格式，也就是指定文件编码。如果没有设置该属性，则 JSP 页面使用 contentType 属性指定的字符编码。如果两个属性都没有设置，则 JSP 页面使用“ISO-8859-1”字符编码
4	import	import="java.util.* "	用于设置 JSP 导入的包，如果需要导入多个包，则使用半角逗号“,”分隔。JSP 页面可以嵌入 Java 代码片段，这些 Java 代码在调用 API（Application Program Interface，应用程序接口）时需要导入相应的包
5	errorPage	errorPage="error.jsp"	用于指定处理当前 JSP 页面异常错误的另一个 JSP 页面，指定的 JSP 错误处理页面必须设置 isErrorPage 属性的值为 true。errorPage 属性的值是一个 URL 字符串。如果该属性在 page 指令中已经设置，那么在 web.xml 文件中定义的任何错误处理页面都将被忽略，而优先使用该属性定义的错误处理页面
6	isErrorPage	isErrorPage="true"	该属性可以将当前 JSP 页面设置成错误处理页面来处理另一个 JSP 页面的错误，也就是异常处理
7	session	session="false"	用于指定 JSP 页面是否使用 HTTP 的 session 对象。其属性值是 boolean 类型，可选值为 true 和 false。默认值是 true，表示可以使用 session 对象。如果设置为 false，则当前 JSP 页面将无法使用 session 对象
8	info	info="提示信息"	用于设置 JSP 页面的相关信息，该信息可以通过调用 Servlet 接口的 getServletInfo()方法获取

【知识 1-4】Java Web 应用程序的部署与运行

1. 对 Java Web 应用程序进行部署

将 Java Web 应用程序所在文件夹（这里为 demo1-2）及其子文件夹和 JSP 文件复制到 Tomcat 安装文件夹下的 webapp 文件夹中，然后重新启动 Tomcat 服务器。

2. 运行 Java Web 应用程序

打开 Edge 浏览器，在其地址栏中输入“http://服务器 IP 地址:端口号/路径/应用程序名称”形式的 URL 地址，这里在地址栏中输入“http://localhost:8080/demo1-2/demo1-2.jsp”，就可以运行 Java Web 应用程序了。

【实例 1-3】在 JSP 页面中显示当前系统日期

【操作要求】

（1）在工作空间“D:\JavaWebProject\Unit01”中新建动态 Web 项目 demo1-3。

（2）在动态 Web 项目 demo1-3 中分别创建 JSP 文件 demo1-3.jsp、getDate.jsp、printDate1.jsp 和 printDate2.jsp，实现在 JSP 页面中显示当前系统日期的功能，各个 JSP 文件的要求如下。

① demo1-3.jsp 文件中使用 Java 代码片段获取当前系统日期，使用 JSP 表达式在 JSP 页面中输出当前系统日期。该文件的运行结果如图 1-41 所示。

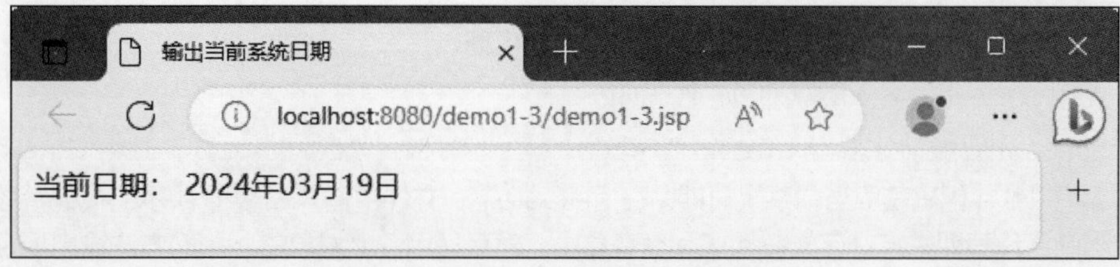

图 1-41 demo1-3.jsp 文件的运行结果

② getDate.jsp 文件中只包含 Java 代码片段，其功能是获取并输出当前系统日期。

③ printDate1.jsp 文件中使用 include 指令将 getDate.jsp 文件的内容包含到当前 JSP 页面中。

④ printDate2.jsp 文件中使用 jsp:include 动作标签将 getDate.jsp 文件的内容包含到当前 JSP 页面中。

【实现过程】

1. 新建动态 Web 项目 demo1-3

在 Eclipse IDE 工作空间“D:\JavaWebProject\Unit01”中创建动态 Web 项目，将其命名为“demo1-3”。

2. 创建 JSP 程序 demo1-3.jsp

在项目 demo1-3 的子节点“src\main\webapp”中创建一个 JSP 文件，将其命名为“demo1-3.jsp”。

3. 在 demo1-3.jsp 文件中编写程序，实现所需的功能

（1）使用 page 指令导入所需的包，代码如下。

```
<%@ page import="java.util.*,java.text.*" %>
```

（2）编写 Java 代码获取当前系统日期。在 demo1-3.jsp 文件中的标签<body>与</body>之间输入表 1-5 所示的代码片段，其功能是获取当前系统日期并将其存放在 strDate 变量中，然后使用 JSP 表达式在 JSP 页面中输出规定格式的日期。

表 1-5 demo1-3.jsp 文件中的标签<body>与</body>之间输入的代码片段

代码片段

```
<!-- 获取当前日期的 Java 代码片段 -->
<%
    //声明规定日期格式的变量
    SimpleDateFormat formatDate=new SimpleDateFormat("yyyy 年 mm 月 dd 日");
    //声明存放日期的变量
    String strDate;
    strDate=formatDate.format(new Date());
%>
<%--使用 JSP 表达式在页面上显示当前日期 --%>
<span>当前日期：</span>
<%=strDate%>
```

（3）demo1-3.jsp 文件的运行结果如图 1-41 所示。

4. 创建 JSP 程序 getDate.jsp

在项目 demo1-3 中创建一个 JSP 文件，将其命名为“getDate.jsp”。

5. 在 getDate.jsp 文件中编写程序，实现所需的功能

（1）使用 page 指令导入所需的包，代码如下。

```
<%@ page import="java.util.*,java.text.*" %>
```

（2）编写 Java 代码获取当前系统日期。在 getDate.jsp 文件中输入表 1-6 所示的代码片段，其功能是获取当前系统日期并将其存放在 strDate 变量中，然后使用 out 对象的 print()方法输出规定格式的日期。

表 1-6　getDate.jsp 文件中获取并输出当前系统日期的代码片段

```
<!-- 获取当前日期的 Java 代码片段 -->
<%
    SimpleDateFormat formatDate=new SimpleDateFormat("yyyy 年 mm 月 dd 日");
    String strDate;
    strDate=formatDate.format(new Date());
    out.print("当前日期为："+strDate);
%>
```

注意　被 include 指令包含的 JSP 文件 getDate.jsp 中不要使用<html>和<body>标签，它们是 HTML 页面的结构标签，被包含到其他 JSP 页面中时可能会破坏页面格式。另外，源文件和被包含文件中的变量及方法的名称不要产生冲突，因为最终只会生成一个文件，重名将导致错误产生。

6. 创建 JSP 程序 printDate1.jsp 并编写代码

创建 JSP 文件 printDate1.jsp，在该文件中的标签<body>与</body>之间输入如下代码，使用 include 指令在当前页面中包含另一个 JSP 文件的内容。

```
<%@include file="getDate.jsp" %>
```

在服务器上运行 JSP 文件 printDate1.jsp，页面中会输出当前系统日期。

7. 创建 JSP 程序 printDate2.jsp 与编写代码

创建 JSP 文件 printDate2.jsp，在该文件中的标签<body>与</body>之间输入如下代码，使用 jsp:include 动作标签在当前页面中包含另一个 JSP 文件的内容。

```
<jsp:include page="getDate.jsp" />
```

在服务器上运行 JSP 文件 printDate2.jsp，页面中会输出当前系统日期。

【知识梳理】

【实例 1-3】中创建的各个 JSP 文件主要使用了代码片段、JSP 表达式、include 指令、jsp:include 动作标签，还使用了多种注释格式。这些内容的说明如下。

【知识 1-5】Java 代码片段

在 JSP 页面中可以嵌入 Java 代码片段来完成业务处理，例如，demo1-3.jsp 文件在页面中输出当前系统日期的功能就是通过嵌入 Java 代码片段实现的。Java 代码片段是指在 JSP 页面中嵌入的 Java 代码，代码片段将在页面请求的处理期间被执行。

Java 代码片段被包含在“<%”和“%>”标记之间。可以编写单行或多行 Java 代码，语句以“;”结尾，其格式与 Java 程序中的代码格式相同。

【知识 1-6】JSP 表达式

JSP 表达式可以直接把 Java 的表达式结果输出到 JSP 页面中。表达式的最终运算结果将被转换为字符串类型，因为在网页中显示的文字都是字符串。

JSP 表达式的语法格式如下。

```
<%=表达式%>
```

其中，表达式可以是任何 Java 的完整表达式。例如，<%=strDate%>表示在 JSP 页面中输出变量的值。

【知识 1-7】include 指令

include 指令用于文件包含，该指令可以在 JSP 页面中包含另一个文件的内容，但是它仅支持静态包含，也就是说被包含文件中的所有内容会原样包含到该 JSP 页面中。被包含文件的内容可以是一段 Java 代码、HTML 代码或者是另一个 JSP 页面。如果将 JSP 的动态内容使用 include 指令包含，则会被当作静态内容包含到当前 JSP 页面中。被包含的文件内容与当前 JSP 页面是一个整体。

例如，以下代码表示将与当前文件位置相同的 getDate.jsp 文件包含进来，其中 file 属性用于指定被包含的文件，其值是当前 JSP 页面文件的相对 URL 路径。被包含的 getDate.jsp 文件中的 Java 代码以静态方式导入 printDate1.jsp 文件，然后才被服务器编译、执行。

```
<%@include file="getDate.jsp" %>
```

由于 getDate.jsp 文件被包含在 printDate1.jsp 文件中，因此 getDate.jsp 文件中的 page 指令代码可以省略不写，在被包含到 printDate1.jsp 文件中后会直接使用 printDate1.jsp 文件的设置。

【知识 1-8】jsp:include 动作标签

jsp:include 动作标签用于将另一个文件的内容包含到当前 JSP 页面中，被包含的文件内容可以是静态文本，也可以是动态代码。当前 JSP 页面和被包含的页面是两个独立的实体，被包含的页面会对包含它的 JSP 页面中的请求对象进行处理，然后将处理结果作为当前 JSP 页面的包含内容，与当前 JSP 页面内容一起发送到客户端。

例如，以下代码表示将与当前文件位置相同的 getDate.jsp 文件包含进来。

```
<jsp:include page="getDate.jsp"  flush="true"  />
```

属性 page 用于指定被包含文件的相对路径，例如，"getDate.jsp"是指将与当前 JSP 文件在同一文件夹中的 getDate.jsp 文件包含到当前 JSP 页面中。

属性 flush 为可选项，用于设置是否刷新缓冲区，默认值为 false。如果设置为 true，则在当前 JSP 页面使用了缓冲区的情况下，先刷新缓冲区，再执行包含操作。

【知识 1-9】JSP 注释

由于 JSP 页面由 HTML 代码、JSP 脚本和 Java 代码等组成，因此在 JSP 文件中可以使用 HTML 注释、JSP 注释和 Java 注释。

demo1-3.jsp 文件中使用了多种注释格式。

1. HTML 注释

“<!-- 获取当前日期的 Java 代码片段 -->”为 HTML 注释，这种注释不会被显示在网页中，但在浏览器中查看网页源代码时能够看到注释内容。

2. Java 注释

“<% //声明规定日期格式的变量 %>”为 Java 中的单行注释。

3. JSP 注释

“<%--使用 JSP 表达式在页面上显示当前日期 --%>”为 JSP 注释，JSP 注释只会被服务器编译、执行，不会发送到客户端，在浏览器中查看网页源代码时看不到注释内容。

【知识 1-10】JSP 的<% %>标记

JSP 的<% %>标记是 JSP 文件中最常用的标记之一，并且有多种相似的形式，但其功能有所区别，小结如下。

（1）<% %> 之间可以添加 Java 代码片段。

（2）<%= %> 可以将变量或表达式值输出到页面中。

（3）<%-- --%> 是 JSP 注释。

（4）<%@ %>是 JSP 的指令标签。

（5）<%! %>是声明标签，例如，<%! int count=0 ; %>声明了一个全局变量 count，该全局变量可以在整个 JSP 页面中使用。

声明标签对将要在 JSP 程序中用到的变量和方法进行声明，在声明语句中，可以一次性声明多个变量和方法，必须以半角分号“;”结尾。在 JSP 程序中，变量和方法必须先声明后使用，否则会报错。因为 JSP 页面被送到 Tomcat 服务器时会被编译为 Java 文件，JSP 页面中的所有内容都会包含在一个方法中，如果不用声明标签去声明这是一个变量或方法，则会报错。被包含文件中已经声明的变量和方法不需要重新进行声明。

典型应用

【任务 1-1】基于 JSP 指令和 HTML 标签创建用户登录页面

【任务描述】

微课 1-1

在工作空间“D:\JavaWebProject\Unit01”中新建动态 Web 项目 task1-1，然后在动态 Web 项目 task1-1 中创建 JSP 程序 login1-1.jsp。该程序主要由 HTML 代码组成，主体代码为用户登录页面的静态代码，主要包括一个表单及多个表单控件。同时，使用 JavaScript 代码验证用户登录时的用户名、密码是否不为空，所输入用户名的长度是否为 4～20 个字符。该 JSP 程序的运行结果如图 1-42 所示。

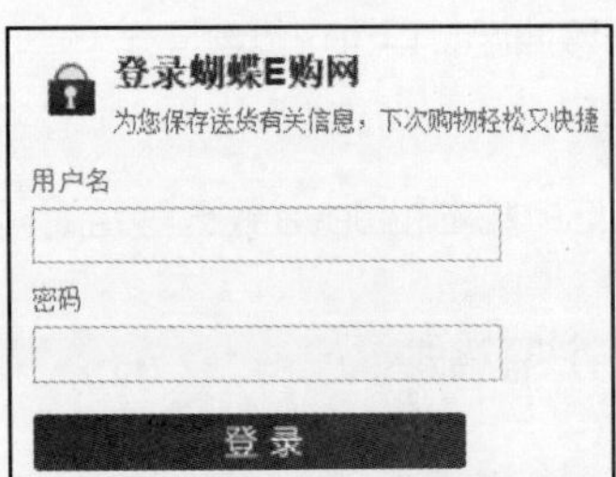

图 1-42 JSP 程序 login1-1.jsp 的运行结果

【任务实施】

1. 新建动态 Web 项目 task1-1

在工作空间“D:\JavaWebProject\Unit01”中新建动态 Web 项目，将其命名为“task1-1”。

2. 创建 JavaScript 文件 loginValidate.js

在项目 task1-1 的节点“src\main\webapp”中创建一个子文件夹 js，然后在 js 子文件夹中创建一个 JavaScript 文件，将其命名为“loginValidate.js”。

3. 在 JavaScript 文件 loginValidate.js 中编写代码

JavaScript 文件 loginValidate.js 用于验证用户登录时用户名、密码是否不为空，所输入用户名的长度是否为 4～20 个字符，其代码如表 1-7 所示。

表 1-7　JavaScript 文件 loginValidate.js 的代码

```
function fmLogin_check(myform){
  var name=myform.login_username.value;
  var password=myform.login_password.value;
  if(name=="")  //用户名不能为空
  {
      alert("请输入用户名！");
      return false;
  }
  if(name.length<4 || name.length>20)  //验证所输入用户名的长度
  {
      alert("用户名必须是 4～20 个字符");
      return false;
  }
  if(password=="")  //密码不能为空
  {
      alert("请输入密码！");
      return false;
  }
}
```

4. 在项目文件夹中创建必要的子文件夹

在项目文件夹“task1-1\src\main\webapp”中创建子文件夹 css 和 images。

5. 复制 CSS 样式文件和图片文件

将所需的 CSS 样式文件 common.css、login.css 复制到文件夹 css 中，将所需的图片文件复制到文件夹 images 中。

6. 创建 JSP 程序 login1-1.jsp

在项目 task1-1 中创建一个 JSP 文件，将其命名为“login1-1.jsp”。

7. 在 login1-1.jsp 文件中编写代码，实现所需功能

在 JSP 程序 login1-1.jsp 的标签<head>与</head>之间输入以下代码，引入 CSS 样式文件和 JavaScript 文件。

```
<link rel="stylesheet" type="text/css" href="css/common.css">
<link rel="stylesheet" type="text/css" href="css/login.css">
<script type="text/javascript" src="js/loginValidate.js" ></script>
```

在标签<body>与</body>之间输入表 1-8 所示的 HTML 代码，添加 form 表单及多个表单控件。

表 1-8　login1-1.jsp 文件中的 HTML 代码

```
<div class="logincon">
  <div class="login_title">
    <h2>登录蝴蝶 E 购网 </h2>
    <p>为您保存送货有关信息，下次购物轻松又快捷 </p>
  </div>
  <div class="denglu">
  <form id="form1" name="form1" method="post" action=""
                                    onsubmit="return fmLogin_check(this)">
      <div class="biaodani"><label>用户名 </label>
        <div class="inputi"><input id="login_username" class="denglui"
            type="text"   name="login_username">
        </div>
      </div>
      <div class="biaodani"><label>密码 </label>
        <div class="inputi"><input id="login_password" class="denglui"
            type="password" name="login_password">
        </div>
      </div>
      <div class="login_btn"><input name="login" type="submit"
          class="input-B" value=""/></div>
  </form>
 </div>
</div>
```

8. 运行 JSP 程序 login1-1.jsp

JSP 程序 login1-1.jsp 的运行结果如图 1-42 所示。

如果没有输入用户名或密码，则会弹出提示信息对话框，提示“请输入用户名！”或“请输入密码！”。如果输入的用户名长度小于 4 个字符或大于 20 个字符，则也会弹出提示信息对话框，提示“用户名必须是 4～20 个字符”。

【任务 1-2】基于 JSP 指令和 HTML 标签创建用户注册页面

【任务描述】

微课 1-2

在工作空间“D:\JavaWebProject\Unit01”中新建动态 Web 项目 task1-2，在动态 Web 项目 task1-2 中创建 JSP 程序 register1-2.jsp，该程序主要由 HTML 代码组成，主体代码为用户注册页面的静态代码，主要包括一个表单及多个表单控件。同时，使用 JavaScript 代码验证用户注册时用户名、密码、邮箱地址是否不为空，所输入用户名的长度是否为 4～20 个字符，还要验证两次输入的密码是否相同。该 JSP 程序的运行结果如图 1-43 所示。

【任务实施】

1. 新建动态 Web 项目 task1-2

在工作空间“D:\JavaWebProject\Unit01”中新建动态 Web 项目，将其命名为“task1-2”。

2. 创建 JavaScript 文件 registerValidate.js

在项目 task1-2 的节点“src\main\webapp”中创建一个子文件夹 js，然后在 js 子文件夹中创建一个 JavaScript 文件，将其命名为“registerValidate.js”。

注册蝴蝶E购网账户
注册成为蝴蝶E购网会员，即可享受会员专享优惠！
用户名：
4-20个字符，可由中英文、数字和下画线组成
设置密码：
6-16个字符，可由中英文、数字和下画线组成
确认密码：
邮箱地址：123456@qq.com
验证过的邮箱可用来找回密码、接收订单
验证码：　看不清？换一张
我已阅读并同意《蝴蝶E购网用户协议》
注册

图 1-43　JSP 程序 register1-2.jsp 的运行结果

3. 在 JavaScript 文件 registerValidate.js 中编写程序，实现所需功能

JavaScript 文件 registerValidate.js 用于验证用户注册时用户名、密码、邮箱地址是否不为空，所输入用户名的长度是否为 4～20 个字符，还要验证两次输入的密码是否相同。

电子活页 1-3

扫描二维码，打开电子活页 1-3，在线浏览 JavaScript 文件 registerValidate.js 的代码。

4. 在项目文件夹中创建必要的子文件夹

在项目文件夹“task1-2\src\main\webapp”中创建子文件夹 css 和 images。

5. 复制 CSS 样式文件和图片文件

将所需的 CSS 样式文件 common.css、user.css 复制到文件夹 css 中，将所需的图片文件复制到文件夹 images 中。

6. 创建 JSP 程序 register1-2.jsp

在项目 task1-2 中创建一个 JSP 文件，将其命名为“register1-2.jsp”。

7. 在 register1-2.jsp 文件中编写代码，实现所需功能

在 JSP 程序 register1-2.jsp 的标签<head>与</head>之间输入以下代码，引入 CSS 样式文件和 JavaScript 文件。

```
<link rel="stylesheet" type="text/css" href="css/common.css">
<link rel="stylesheet" type="text/css" href="css/user.css">
<script type="text/javascript" src="registerValidate.js" ></script>
```

电子活页 1-4

在标签<body>与</body>之间输入 HTML 代码，添加 form 表单及多个表单控件。

扫描二维码，打开电子活页 1-4，在线浏览 register1-2.jsp 文件中的主体代码。

8. 运行 JSP 程序 register1-2.jsp

JSP 程序 register1-2.jsp 的运行结果如图 1-43 所示。

如果注册页面相关信息没有输入或者输入的内容不符合要求，则会弹出提示信息对话框。

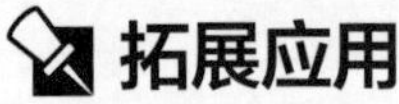

拓展应用

【任务 1-3】在 JSP 页面中截取超长字符串并输出

【任务描述】

在工作空间“D:\JavaWebProject\Unit01”中新建动态 Web 项目 task1-3，在动态 Web 项目 task1-3 中创建 JSP 程序 task1-3.jsp。该程序使用 JSP 声明标签定义一个全局变量 strLong 和一个全局方法 subStr()，该方法用于对超长字符串进行截取操作。长度超过 15 个字符的字符串在网页中显示时，应限制其有效长度，将其超过有效长度的部分截断，并在字符串尾部添加“…”符号表示被截掉部分的字符。

【任务实施】

1. 新建动态 Web 项目 task1-3

在工作空间“D:\JavaWebProject\Unit01”中新建动态 Web 项目，将其命名为“task1-3”。

2. 创建 JSP 程序 task1-3.jsp

在项目 task1-3 的节点“src\main\webapp”中创建一个 JSP 文件，将其命名为“task1-3.jsp”。

3. 在 task1-3.jsp 文件中编写代码，实现所需功能

在 JSP 程序 task1-3.jsp 的标签<body>与</body>之间输入表 1-9 所示的代码，分别声明一个全局变量 strLong 和一个全局方法 subStr()。同时，使用 JSP 表达式调用方法 subStr()，在 JSP 页面中输出截取后的字符串。

表 1-9　task1-3.jsp 文件的代码

```
<%!
   String strLong="华为 mate60pro+ 手机 砚黑 16+1TB";      //声明一个变量
%>
<%!
//声明一个截取字符串的方法
public String subStr(String str){
      if(str==null || "".equals(str))
            return "";
      if (str.length()>15)
            return str.substring(0,15)+"…";
      else
            return str;
}
%>
<div>商品名称：<%=subStr(strLong) %></div>
```

4. 运行 JSP 程序 task1-3.jsp

JSP 程序 task1-3.jsp 的运行结果如下。

```
商品名称：华为 mate60pro+ 手机…
```

【任务 1-4】将多个页面组合成一个完整页面

【任务描述】

本任务主要将 3 个页面组合成一个完整的页面，具体要求如下。

（1）在工作空间“D:\JavaWebProject\Unit01”中新建动态 Web 项目 task1-4。

（2）在动态 Web 项目 task1-4 的节点“src\main\webapp\html”中分别创建 top.jsp、content.jsp 和 bottom.jsp 这 3 个 JSP 文件，分别为页面顶部、主体部分和底部的内容。

（3）在动态 Web 项目 task1-4 的节点“src\main\webapp”中创建另一个 JSP 程序 task1-4.jsp，该文件分别使用 include 指令和 jsp:include 动作标签将前面创建的 3 个 JSP 页面 top.jsp、content.jsp 和 bottom.jsp 组合在一起，形成一个新的页面。JSP 程序 task1-4.jsp 的运行结果如图 1-44 所示。

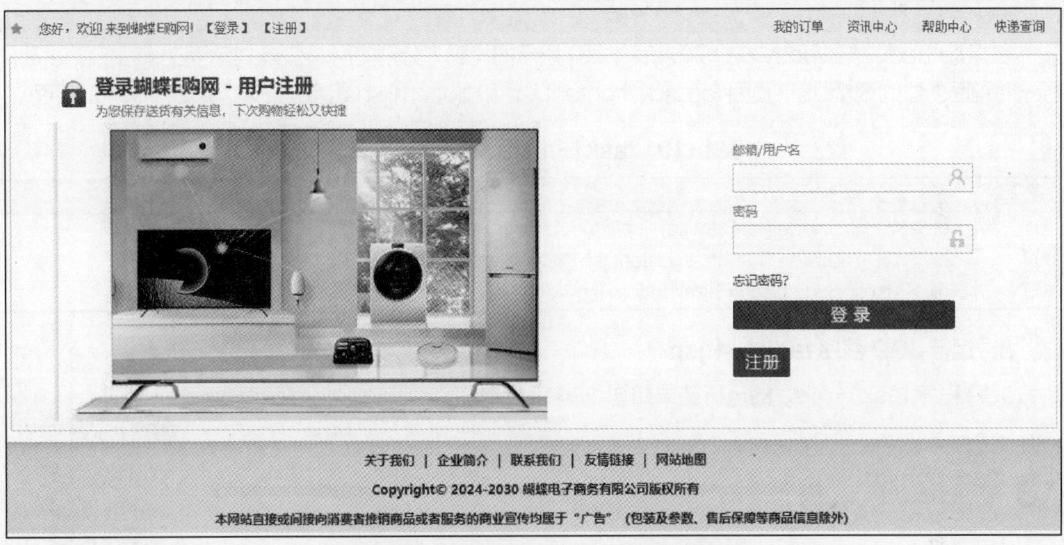

图 1-44　JSP 程序 task1-4.jsp 的运行结果

【任务实施】

1. 新建动态 Web 项目 task1-4

在工作空间“D:\JavaWebProject\Unit01”中新建动态 Web 项目，将其命名为“task1-4”。

2. 在项目文件夹中创建必要的子文件夹

在项目文件夹“task1-4\src\main\webapp”中创建子文件夹 css、images 和 html。

3. 复制 CSS 样式文件和图片文件

将所需的 CSS 样式文件 common.css、header.css、footer.css、login.css 复制到文件夹 css 中，将所需的图片文件复制到文件夹 images 中。

4. 分别创建 3 个 JSP 程序 top.jsp、content.jsp 和 bottom.jsp

在项目 task1-4 的节点“src\main\webapp\html”中创建 3 个 JSP 文件，分别将其命名为“top.jsp”“content.jsp”“bottom.jsp”。

5. 在 JSP 文件 top.jsp、content.jsp 和 bottom.jsp 中编写代码

在 Eclipse IDE 的编辑器中分别输入 JSP 文件 top.jsp、content.jsp、bottom.jsp 的代码。

扫描二维码，打开电子活页 1-5，在线浏览 JSP 文件 top.jsp、content.jsp、bottom.jsp 的代码。

电子活页 1-5

6. 创建 JSP 程序 task1-4.jsp

在项目 task1-4 的节点“src\main\webapp”中创建另一个 JSP 文件，将其命名为“task1-4.jsp”。

7. 在 task1-4.jsp 文件中编写代码，实现所需功能

在 JSP 程序 task1-4.jsp 的标签<head>与</head>之间输入以下代码，引入多个 CSS 样式文件。

```
<link rel="stylesheet" type="text/css" href="css/common.css">
<link rel="stylesheet" type="text/css" href="css/header.css">
<link rel="stylesheet" type="text/css" href="css/footer.css">
<link rel="stylesheet" type="text/css" href="css/login.css">
```

在标签<body>与</body>之间输入表 1-10 所示的代码，分别使用 include 指令和 jsp:include 动作标签将前面创建的 3 个 JSP 页面 top.jsp、content.jsp 和 bottom.jsp 组合在一起，形成一个新的页面。

表 1-10　task1-4.jsp 文件的主体代码

行号	代码
01	`<div> <%@ include file="html/top.jsp" %></div>`
02	`<div> <%@ include file="html/content.jsp" %></div>`
03	`<div> <jsp:include page="html/bottom.jsp" /></div>`

8. 运行 JSP 程序 task1-4.jsp

JSP 程序 task1-4.jsp 的运行结果如图 1-44 所示。

模块 1　思维导图

学习回顾

扫描二维码，打开模块 1 思维导图，回顾本模块的学习内容。

模块小结

JSP 程序是在 HTML 代码中嵌入各种 JSP 标签和指令、Java 代码片段及注释，能够动态生成 HTML 页面。本模块主要介绍了 JSP 指令标签、HTML 代码、Java 代码片段、注释和 JSP 动作标签。通过几个简单 Web 应用程序的分析与实现介绍了 Java Web 开发环境的搭建、JSP 程序的基本构成及其开发过程。

模块 1　在线测试

模块习题

扫描二维码，完成模块 1 的在线测试，检验学习成效。

模块 2 基于JSP内置对象的Web应用程序开发

02

JSP 程序采用 Java 作为脚本编程语言，这样不仅能使系统具有强大的对象处理能力，还可以动态创建 Web 页面的内容。但 Java 在使用一个对象之前需要通过关键字 new 将这个对象实例化。为了简化编程人员的操作，JSP 提供了 9 个内置对象，这些内置对象也是 JSP 的预定义变量，可以将其称为隐含对象或固有对象，它们都由系统容器进行实例化和统一管理，在 JSP 页面中不需要使用 new 进行实例化就可以直接使用。

释疑解惑

【问题 2-1】JSP 与 Servlet 有何关系?

早期 CGI（Common Gateway Interface，通用网关接口）技术开启了动态 Web 应用的时代，但使用 CGI 开发动态 Web 应用难度非常大。1997 年，随着 Java 的广泛使用，Servlet 技术迅速成为动态 Web 应用的主要开发技术。Servlet 是基于 Java 创建的，充分利用了 Java 的优势，大大提高了动态 Web 应用的性能。Servlet 运行在 Web 服务器中，当浏览器向 Web 服务器内指定的 Servlet 发送请求时，Web 服务器会根据 Servlet 生成对客户端的响应。

JSP 是 1999 年推出的基于 Servlet 的 Web 开发技术，它在更高的层次上抽象 Servlet，可以让常规静态 HTML 代码与动态产生的内容有机结合，看起来像一个普通静态 HTML 网页，却作为 Servlet 来运行。它使用.jsp 作为扩展名，用来告诉服务器这个文件需要特殊处理。

当用户第一次访问一个 JSP 页面的时候，这个 JSP 文件首先会被 JSP 引擎转换为 Java 代码，JSP 引擎把生成的 Java 源文件编译成 Servlet 类文件（.class）。Servlet 引擎装载这个编译后的 class 对象，根据用户的请求生成 HTML 格式的响应页面，并把结果返回给客户端的浏览器。调用 JSP 页面的过程如图 2-1 所示。下一次用户请求该页面的时候，JSP 引擎会执行早就装载的 Servlet，除非 JSP 页面发生更改。

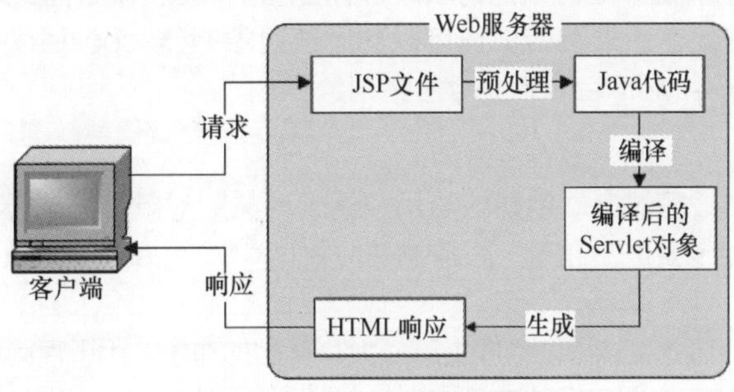

图 2-1　调用 JSP 页面的过程

由图 2-1 可知，JSP 文件执行过程一般分为两个时期：转译时期和请求时期。在转译时期，JSP 文件被转译成 Servlet 对象，然后被编译成类文件；在请求时期，Servlet 对象执行后响应结果至客户端。

【问题 2-2】JSP 页面的 HTML 文本代码转译成 Servlet 类代码时有何变化?

JSP 页面的 HTML 文本代码转译成 Servlet 类代码时会将 HTML 文本代码使用 out.write()方法包裹起来。例如，在图 2-2 中，左边的 HTML 文本代码可被转译成右边的 Servlet 类代码。

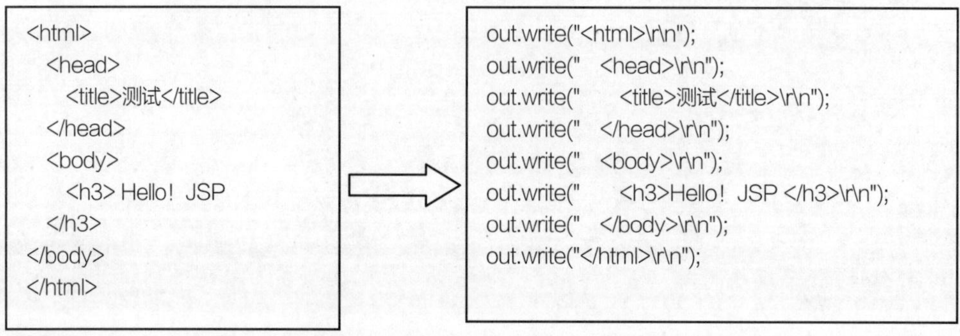
<html>
<head>
<title>测试</title>
</head>
<body>
<h3> Hello！ JSP
</h3>
</body>
</html>
out.write("<html>\r\n");
out.write("   <head>\r\n");
out.write("   <title>测试</title>\r\n");
out.write("   </head>\r\n");
out.write("   <body>\r\n");
out.write("   <h3>Hello！ JSP </h3>\r\n");
out.write("   </body>\r\n");
out.write("</html>\r\n");

图 2-2　JSP 页面的 HTML 文本代码转译成 Servlet 类代码

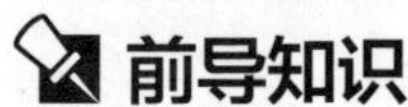

前导知识

【知识 2-1】JSP 的内置对象

JSP 提供的 9 个内置对象分别为 request、response、session、application、out、page、pageContext、config 和 exception。JSP 页面的内置对象被广泛应用于 JSP 的各种操作，如使用 request 对象获取客户端的请求信息，使用 response 对象向客户端返回服务器的响应信息，使用 session 对象保存每一个用户的信息，使用 application 对象保存所有用户的共享信息，使用 out 对象向页面输出信息。

1. request 对象

request 对象的作用是获取客户端的请求信息，主要用于接收通过 HTTP 传送到服务器端的数据，包括页面头信息、客户端主机 IP 地址、端口号、客户信息请求方式及请求参数等，客户端可以通过表单提交或者地址重定向来发送参数。request 对象是 javax.servlet.http.HttpServletRequest 类型的对象。

2. response 对象

response 对象的作用是对客户端的请求做出响应，将 Web 服务器的处理结果返回给客户端。response 对象可以实现客户端跳转，也可以利用该对象操作 cookie 对象。response 对象是 javax.servlet.http.HttpServletResponse 类型的对象。

3. session 对象

session 对象是由服务器自动创建的与用户请求相关的对象，服务器为每一个用户生成一个 session 对象，用于保存该用户的信息，跟踪用户的操作状态。session 对象内部使用 Map 类来保存信息。

session 对象是 javax.servlet.http.HttpSession 类型的对象，用于存储页面的请求信息。它是与请求有关的会话对象。从一个用户打开浏览器并连接到服务器开始，到用户关闭浏览器断开与这个服务器的连接结束，这个过程被称为一个会话。

每一个 session 对象表示不同的访问用户，session 对象保存的信息在关闭浏览器时会丢失。当一个用户首次访问服务器上的一个 JSP 页面时，JSP 引擎会生成一个 session 对象，同时分配一个不重复的 ID，服务器依靠这些不同的 session ID 来区分不同的用户。JSP 引擎同时将这个 ID 发送到客户端，并将其存放在 cookie 中，这样 session 对象和用户之间就建立了一一对应的关系。当用户访问连接服务器的其他页面时，不再分配给用户新的 session 对象，用户关闭浏览器后，服务器将该用户的 session 对象取消，服务器与该用户的会话对应关系消失。当用户重新打开浏览器再一次连接到服务器时，服务器会为该用户重新创建一个新的 session 对象。

4. application 对象

application 对象可以将所有用户的共享信息保存在服务器中，直到服务器关闭，在服务器关闭之前，application 对象中保存的信息在整个应用中都有效，使得每个用户都能访问该对象。与 session 对象相比，application 对象的生命周期更长，类似于系统的全局变量。

application 对象是 javax.servlet.ServletContext 类型的对象，服务器启动后，当用户访问网站的各个页面时，使用的是同一个 application 对象，直到服务器关闭。

5. out 对象

out 对象用于在 Web 浏览器内输出信息，以及管理服务器上的输出缓冲区。在使用 out 对象输出数据时，可以对数据缓冲区进行操作，及时清除缓冲区中的残余数据，为其他的输出让出缓冲空间。数据输出完毕后要及时关闭输出流。

6. page 对象

page 对象代表 JSP 本身，只有在 JSP 页面内才是有效的。page 隐含对象本质上包含当前 Servlet 接口引用的变量，类似于 Java 中的 this 指针。

7. pageContext 对象

pageContext 对象主要用于取得任何范围的参数，通过它可以获取 JSP 页面的 request、response、session、application、out 等对象。pageContext 对象的创建和初始化都是由容器来完成的，在 JSP 页面中可以直接使用 pageContext 对象。

8. config 对象

config 对象主要用于获取服务器的配置信息，通过 pageContext 对象的 getServletConfig()方法可以获取 config 对象。

9. exception 对象

exception 对象用于显示异常信息，如果要在页面中使用 exception 对象，则必须将该页面 page 指令的 isErrorPage 属性值设置为 true。如果在 JSP 页面中出现没有捕捉到的异常，则会生成 exception 对象，并把 exception 对象传送到 page 指令设定的错误处理页面中，然后在错误处理页面中处理相应的 exception 对象。

【知识 2-2】JSP 主要内置对象有效作用范围比较

（1）page 对象只在同一个 JSP 页面内有效。

（2）response 对象只在 JSP 页面（包括当前 JSP 页面中使用<%@ include>标签、<jsp:include>标签和<forward>标签包含的其他 JSP 页面）内有效。

（3）request 对象在一次访问请求内有效，服务器跳转后依然有效，但客户端跳转后无效。request 表示的是客户端的请求，正常情况下，一次请求服务器只会给予一次响应，那么此时如果服务器端跳转，请求的地址没有改变，则相当于响应了一次；而如果请求的地址改变了，则相当于发出了第二次请求，第一次请求的内容肯定已经消失了，所以无法获取。

（4）session 对象在一次会话范围内有效，无论是客户端跳转还是服务器端跳转都有效，但浏览器关闭后无效。

（5）application 对象在服务器中保存着所有用户的共享信息，该对象中保存的信息在整个应用中都有效，使得每个用户都能访问该对象。

前导操作

【操作 2-1】创建 Web 应用程序的基本操作

（1）准备开发 Web 应用程序所需的图片文件、CSS 样式文件和 JavaScript 文件。

（2）启动 Eclipse IDE，进入 Eclipse IDE 主界面，设置工作空间为 Unit02。

（3）新建动态 Web 项目 unit2-1、unit2-2。

（4）在 Eclipse IDE 中配置与启动 Tomcat 服务器。

【操作 2-2】在 Eclipse IDE 中自定义 HTML 模板和 JSP 模板

（1）在 Eclipse IDE 中自定义名称为“My HTML File（html5）”的 HTML 模板。

（2）在 Eclipse IDE 中自定义名称为“My JSP File（html5）”的 JSP 模板。

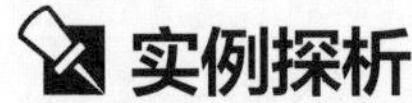

实例探析

【实例 2-1】使用 request 对象获取表单中的信息

【操作要求】

Web 应用程序最重要的特点之一是交互性，而实现交互性的重要内置对象是 request 对象。将客户端表单中输入的信息提交给服务器后，可以通过 request 对象获取表单中的信息。创建一个有关旅游信息的调查网页 tourInfo2-1.html，然后使用 request 对象获取表单中的信息，并在另一个 JSP 页面 demo2-1.jsp 中输出这些旅游信息。

【实现过程】

1. 创建网页 tourInfo2-1.html

在动态 Web 项目 unit2-1 的 src/main/webapp 文件夹中创建一个网页 tourInfo2-1.html，该网页的基本 HTML 代码如下。

```
<!DOCTYPE html>
<html>
  <head>
    <meta charset="UTF-8">
    <title>有关旅游信息的调查问卷</title>
    <link rel="stylesheet" type="text/css" href="css/info.css">
  </head>
```

```
    <body>
    </body>
</html>
```

在网页 tourInfo2-1.html 中添加一个 form 表单，在该表单中分别添加文本框、单选按钮、下拉列表、复选框和提交按钮，在该页面中的标签<body>与</body>之间输入 HTML 代码。

扫描二维码，打开电子活页 2-1，在线浏览网页 tourInfo2-1.html 的主体代码。

电子活页 2-1

2. 新建 JSP 文件 demo2-1.jsp

在项目 unit2-1 的 src/main/webapp 文件夹中新建一个 JSP 文件 demo2-1.jsp，该文件用于接收 tourInfo2-1.html 页面中表单提交的内容，并将表单中的信息显示在页面中。该文件的主体代码如表 2-1 所示。

表 2-1　demo2-1.jsp 文件的主体代码

```
<%
    request.setCharacterEncoding("UTF-8");
    String name=request.getParameter("username");
    String sex=request.getParameter("sex");
    String profession=request.getParameter("profession");
    String[] netName =request.getParameterValues("tournet");
 %>
 <ul style="list-style:none; line-height:30px">
    <li>用户提交的信息：</li>
    <li>姓名：<%=name %></li>
    <li>性别：<%=sex %></li>
    <li>职业属于：<%=profession %></li>
    <li>
        平常经常会上的旅游网站：
        <%   for(int i=0;i<netName.length;i++){    %>
        <%= netName[i]+"  " %>
        <%    }     %>
    </li>
</ul>
```

3. 运行程序与输出结果

首先在服务器上运行网页 tourInfo2-1.html，然后在该网页的表单中输入姓名“李明”，选择性别为“男”、职业所属类型为“时间规律稳定型”、平常会上的旅游网站为“携程网”和“百度旅游”，如图 2-3 所示。

图 2-3　网页 tourInfo2-1.html 的表单中的信息

在网页 tourInfo2-1.html 中单击【提交】按钮，在 demo2-1.jsp 页面中显示的提交信息如图 2-4 所示。

用户提交的信息：
姓名：李明
性别：男
职业属于：时间规律稳定型
平常经常会上的旅游网站：携程网　百度旅游

图 2-4　在 demo2-1.jsp 页面中显示的提交信息

【知识梳理】

在项目 unit2-1 的 src/main/webapp 文件夹中创建静态网页 test2-1.html，该网页的主体结构和内容与网页 tourInfo2-1.html 相同，后面会根据需要增加几个测试链接。

【知识 2-3】getParameter()方法和 getParameterValues()方法

使用 request 对象可以获取表单提交的信息，一个表单中会有不同的表单控件元素，文本框、单选按钮、下拉列表都可以使用 getParameter()方法获取其值，该方法接收的是一个参数的内容，参数的名称就是表单控件的名称。

复选框、多选列表框被选定的内容要使用 getParameterValues()方法获取，该方法返回一个字符串数组，数组的大小和内容取决于用户的选择，通过循环遍历这个数组就可以得到用户选定的所有内容。

在进行表单参数接收时，如果用户没有在文本框中输入内容或者没有勾选复选框，那么在使用 getParameter()方法和 getParameterValues()方法接收参数时，返回的内容为 null，此时有可能会产生 NullPointerException 异常，所以在使用时应判断接收的参数是否为 null。

【知识 2-4】使用地址重写的方法进行参数传递

在开发 Web 应用程序时，参数不一定由表单传递，也可以使用地址重写的方法进行参数传递，然后同样通过 request 对象的 getParameter()方法获取参数的值。

地址重写方法传递参数的格式如下。

```
页面地址?参数名称 1=参数值 1&参数名称 2=参数值 2……
```

示例如下。

```
<a href="test2-1.jsp?name=LiMing&sex=Man">测试 1</a>
```

【实例 2-2】使用 session 对象实现页面访问控制与使用 response 对象实现页面选择跳转

【操作要求】

（1）创建 JSP 页面 demo2-2.jsp，当用户浏览该页面时，首先验证用户是否为已经登录的合法用户。如果已成功登录，则在页面中显示欢迎信息，并且可以正常浏览网页，同时显示【退出】超链接。如果用户没有登录，则会显示提示信息和相应的【登录】超链接。

（2）在 JSP 页面 demo2-2.jsp 中单击【登录】超链接，进入登录页面，在登录页面中输入登录信息，并向 JSP 页面 validation2-2.jsp 提交数据，由 JSP 页面 validation2-2.jsp 验证登录数据。如果验证通过，则保存用户的登录信息，并跳转到 JSP 页面 demo2-2.jsp；如果验证未通过，则跳转到显示错误提示信息的 JSP 页面 error2-2.jsp。

（3）在 JSP 页面 demo2-2.jsp 中单击【退出】超链接，进入 JSP 页面 logout2-2.jsp，该页面具备定时跳转功能。

【实现过程】

1. 创建 JSP 页面 demo2-2.jsp

在项目 unit2-1 的 src/main/webapp 文件夹中基于自定义模板“My JSP File（html5）”创建一个 JSP 页面 demo2-2.jsp，在该页面的标签</head>之前输入以下代码，链接 CSS 文件。

```
<link rel="stylesheet" type="text/css" href="css/common.css">
<link rel="stylesheet" type="text/css" href="css/header.css">
```

在标签<body>与</body>之间输入表 2-2 所示的代码。

表 2-2 JSP 页面 demo2-2.jsp 的主体代码

```
<%
    String strName=(String)session.getAttribute("username");
%>
<div class="header">
  <div class="xdh">
    <div class="w">
      <ul class="fl ld">
        <li class="shoucang" > <b></b></li>
        <li class="menusp">
          <%   if (strName!=null){     %>
          <span>您好！欢迎 </span>
                <%=strName%>
          <span>来到蝴蝶 E 购网！   </span>
          <a href="logout2-2.jsp">【退出】</a>
          <%}
            else{
          %>
          <span>
            请单击【登录】超链接进行登录  
            <a href="login2-2.jsp">【登录】</a>
            <a href="">【注册】</a>
          </span>
         <%} %>
        </li>
      </ul>
    </div>
  </div>
</div>
```

2. 创建 JSP 页面 login2-2.jsp

在项目 unit2-1 的 src/main/webapp 文件夹中基于 JSP 模板创建一个 JSP 页面 login2-2.jsp，在该页面的标签</head>之前输入以下代码，链接 CSS 文件。

```
<link rel="stylesheet" type="text/css" href="css/header.css">
```

```
<link rel="stylesheet" type="text/css" href="css/common.css">
<link rel="stylesheet" type="text/css" href="css/login.css">
```

在标签<body>与</body>之间输入代码，将表单的 action 属性设置为 validation2-2.jsp。

电子活页 2-2

扫描二维码，打开电子活页 2-2，在线浏览 JSP 页面 login2-2.jsp 的主体代码。

3. 创建 JSP 页面 validation2-2.jsp

在项目 unit2-1 的 src/main/webapp 文件夹中基于 JSP 模板创建一个 JSP 页面 validation2-2.jsp，其主体代码如表 2-3 所示。

表 2-3 JSP 页面 validation2-2.jsp 的主体代码

```
<%
  request.setCharacterEncoding("UTF-8");
  String strName=request.getParameter("login_username");
  String strPassword=request.getParameter("login_password");
  if (!("".equals(strName) || strName==null))
  {
      if(strName.equals("admin") && strPassword.equals("123456"))
      {
          session.setAttribute("username",strName);
          response.sendRedirect("demo2-2.jsp");
      }
  }
  else
  {
%>
  <jsp:forward page="error2-2.jsp"></jsp:forward>;
<%   }   %>
```

4. 创建 JSP 页面 logout2-2.jsp

在项目 unit2-1 的 src/main/webapp 文件夹中基于 JSP 模板创建一个 JSP 页面 logout2-2.jsp，其主体代码如表 2-4 所示。

表 2-4 JSP 页面 logout2-2.jsp 的主体代码

```
<%
   response.setHeader("refresh","3;URL=demo2-2.jsp");
   session.invalidate();
 %>
<span>您已经成功退出，3 秒后跳转回首页。</span>
<span>如果没有正常跳转回首页，请单击<a href="demo2-2.jsp">这里</a></span>
```

5. 创建 JSP 页面 error2-2.jsp

在项目 unit2-1 中创建一个 JSP 页面 error2-2.jsp，其主体代码如下。

```
<div class="logosearch w">
```

```
    <img alt="页面出错"  src="images/wrong_img.gif">
</div>
```

6. 运行程序与输出结果

运行 JSP 页面 demo2-2.jsp，其运行结果如图 2-5 所示。

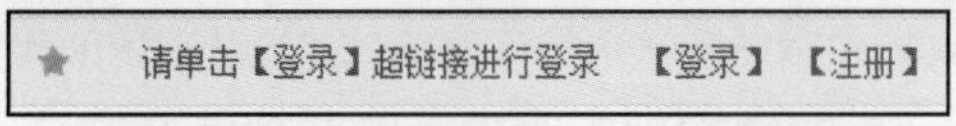

请单击【登录】超链接进行登录
【登录】
【注册】

图 2-5　JSP 页面 demo2-2.jsp 的运行结果

在 JSP 页面 demo2-2.jsp 中单击【登录】超链接，进入用户登录页面，在该登录页面中输入邮箱/用户名和密码，如图 2-6 所示。单击【登录】按钮，如果成功登录，则跳转到 JSP 页面 demo2-2.jsp，如图 2-7 所示。

登录蝴蝶E购网
为您保存送货有关信息，下次购物轻松又快捷
邮箱/用户名
admin
密码
••••••
忘记密码?
登 录

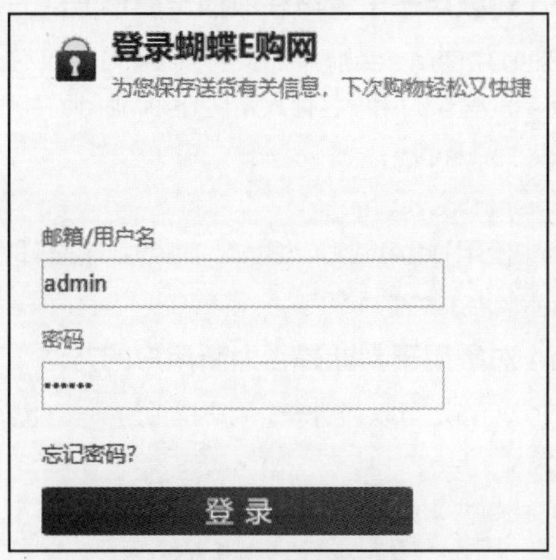

图 2-6　用户登录页面

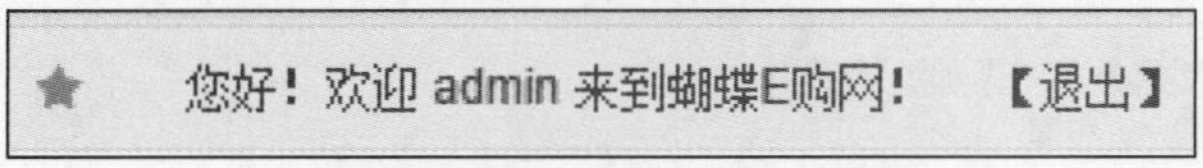

您好！欢迎 admin 来到蝴蝶E购网！
【退出】

图 2-7　JSP 页面 demo2-2.jsp

在 JSP 页面 demo2-2.jsp 中单击【退出】超链接，进入 JSP 页面 logout2-2.jsp，显示图 2-8 所示的提示信息，3 秒后自动跳转到 JSP 页面 demo2-2.jsp。

您已经成功退出，3秒后跳转回首页。如果没有正常跳转回首页，请单击这里

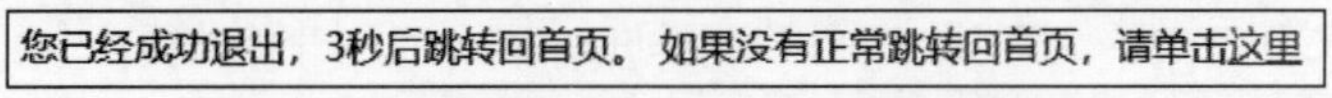

图 2-8　JSP 页面 logout2-2.jsp 中显示的提示信息

【知识梳理】

【知识 2-5】response.sendRedirect()跳转方法与<jsp:forward>标签跳转指令

JSP 页面 validation2-2.jsp 中使用了两种不同的页面跳转方法，代码分别为“response.send Redirect("demo2-2.jsp");”和“<jsp:forward page="error2-2.jsp"> </jsp:forward>;”。这两种方法都可以实现页面跳转，但有所区别，具体如下。

（1）response.sendRedirect()方法可以实现页面跳转，该跳转属于客户端跳转，跳转后地址栏中的地址会发生改变，变为跳转之后的页面地址。<jsp:forward>跳转属于服务器端跳转，跳转之后地址栏中的地址不会发生改变。

（2）客户端跳转是在整个页面都执行完成后才进行跳转，而服务器端跳转则是执行到跳转语句时立刻进行跳转。

（3）使用 response.sendRedirect()方法时，可以通过地址重写的方式完成参数的传递；使用<jsp:forward>时，可以通过<jsp:param>方式进行参数的传递。

（4）使用 request 对象时，如果是客户端跳转，则 request 对象中的属性值全部失效，并且进入一个新 request 对象的作用域，只有服务器端跳转才能将 request 对象的属性值保存到跳转页面中。

【知识 2-6】response 对象实现定时自动跳转功能的方法

使用 response 对象的 setHeader()方法可以实现定时自动跳转至指定页面，以下代码用于设置 3 秒后自动跳转至 demo2-2.jsp 页面。

```
response.setHeader("refresh","3 ; URL=demo2-2.jsp");
```

【知识 2-7】session 对象用于设置与获取指定属性值的方法

JSP 页面 validation2-2.jsp 中使用 session 对象的 setAttribute(String name , Object obj)方法添加一个指定名称的属性，将当前登录的用户名存入属性 username 中，代码如下。

```
String strName=request.getParameter("login_username");
session.setAttribute("username" , strName);
```

JSP 页面 demo2-2.jsp 中使用 getAttribute(String name)方法获取指定的属性值，代码如下。

```
String strName=(String)session.getAttribute("username");
```

【知识 2-8】session 对象用于判断是否为新用户的方法

使用 session 对象的 isNew()方法可以判断一个用户是否为第一次访问页面，代码如下。

```
<% if (session.isNew()){ %>
   <span>欢迎您第一次光临蝴蝶 E 购网！ </span>
<%  }
 else{   %>
     <span>欢迎您再次光临蝴蝶 E 购网! </span>
<% } %>
```

【知识 2-9】session 对象用于区分每一个不同用户的方法

用户访问服务器上的一个 JSP 页面时，服务器会自动生成一个 session 对象，同时为该 session 对象分配一个不会重复的 ID，并将该 ID 发送到客户端，存放在 cookie 中，这样 session 对象和用户之间就建立了一一对应的关系。服务器依靠这些不同的 session ID 来区分每一个不同的用户，在 Web 应用程序中可以使用 getId()方法获取该 ID。

【实例 2-3】使用 application 对象统计网站的在线人数

【操作要求】

application 对象可以将信息保存在服务器中，并且保存的信息在整个应用中都有效，直到服务器关闭。创建应用程序，使用 application 对象统计网站的在线人数。

【实现过程】

1. 创建 JSP 页面 index2-3.jsp

在项目 unit2-1 的 src/main/webapp 文件夹中基于 JSP 模板创建一个 JSP 页面 index2-3.jsp，

在该页面的标签</head>之前输入以下代码，链接 CSS 文件。

```
<link rel="stylesheet" type="text/css" href="css/header.css">
<link rel="stylesheet" type="text/css" href="css/common.css">
<link rel="stylesheet" type="text/css" href="css/login.css">
```

在标签<body>与</body>之间输入代码，这里将表单的 action 属性值设置为“index2-3.jsp”，即向页面本身提交数据。

电子活页 2-3

扫描二维码，打开电子活页 2-3，在线浏览 JSP 页面 index2-3.jsp 的主体代码。

这里使用一种新的数据获取与传递方法，JSP 页面 index2-3.jsp 中实现数据获取与传递的代码如表 2-5 所示。

表 2-5　JSP 页面 index2-3.jsp 中实现数据获取与传递的代码

```
<%
    String strName=request.getParameter("login_username");
    if (!("".equals(strName) || strName==null)){
        request.setAttribute("name", strName );
%>
  <script type="text/javascript">
        window.location.href="demo2-3.jsp?username=${name}" ;
  </script>
<%
  }
%>
```

2. 创建 JSP 页面 demo2-3.jsp

在项目 unit2-1 的 src/main/webapp 文件夹中创建一个 JSP 页面 demo2-3.jsp，在该页面的标签</head>之前输入以下代码，链接 CSS 文件。

```
<link rel="stylesheet" type="text/css" href="css/common.css">
<link rel="stylesheet" type="text/css" href="css/header.css">
```

在标签<body>与</body>之间输入代码。

电子活页 2-4

扫描二维码，打开电子活页 2-4，在线浏览 JSP 页面 demo2-3.jsp 的主体代码。

由于服务器启动时是第 1 次浏览网页，application 对象的属性 newnum 的值为 null，因此在 demo2-3.jsp 的代码中要判断属性值是否为空。如果同一个用户多次刷新网页，则应不再进行在线人数的计数，因此要使用 session 对象的 isNew() 方法判断是否为新用户。

3. 运行程序与输出结果

运行 JSP 页面 index2-3.jsp，进入登录页面，在该页面中单击【登录】按钮，其运行结果如图 2-9 所示。

★　欢迎 admin 来到蝴蝶E购网! 您是第 1 个访问者　【登录】　【注册】

图 2-9　页面 demo2-3.jsp 的运行结果

【知识梳理】

【知识 2-10】application 对象及其属性的应用

（1）将网站的当前在线人数保存在 application 对象中，每个用户访问网站时，将保存在 application 对象中的值加 1，从而实现统计网站的在线人数的功能。

（2）与 session 对象一样，可以在 application 对象中设置属性，使用 setAttribute(String name , Object obj)方法设置指定属性的值，使用 getAttribute(String name)方法获取指定属性的值。session 对象只是在当前用户的会话期内有效，当超过保存时间后，session 对象就会被收回，而 application 对象在整个应用中都有效。

（3）在 JavaScript 代码中获取 JSP 内置对象设置的属性值时可以使用“${属性名称}”的方式，如 ${name}。

【实例 2-4】使用 application 对象获取数据库的连接信息

【操作要求】

创建应用程序实现以下功能。

（1）在 web.xml 文件中通过配置<context-param>元素初始化数据库的连接参数。

（2）使用 application 对象的方法访问 web.xml，获取数据库的连接参数。

【实现过程】

1. 在动态 Web 项目 unit2-2 的 web.xml 文件中配置<context-param>元素

打开项目 unit2-2 中节点“src\main\webapp\WEB-INF”下的 web.xml 文件，添加多个<context-param>元素，通过配置该元素初始化数据库的连接参数，代码如表 2-6 所示。

表 2-6　配置<context-param>元素的代码

```
<context-param>                <!-- 定义连接数据库 URL -->
    <param-name>url</param-name>
    <param-value>jdbc:mysql://localhost:3306</param-value>
</context-param>
<context-param>                <!-- 定义连接数据库用户名 -->
    <param-name>userName</param-name>
    <param-value>root</param-value>
</context-param>
<context-param>                <!-- 定义连接数据库密码 -->
    <param-name>userPassword</param-name>
    <param-value>123456</param-value>
</context-param>
```

2. 创建 JSP 页面 index2-4.jsp

在项目 unit2-2 的 src/main/webapp 文件夹中基于 JSP 模板创建一个 JSP 页面 index2-4.jsp，其主体代码如表 2-7 所示。

表 2-7　JSP 页面 index2-4.jsp 的主体代码

```
<%
    String url = application.getInitParameter("url");
    String name = application.getInitParameter("userName");
    String password = application.getInitParameter("userPassword");
    out.println("URL: "+url+"<br>");
    out.println("name: "+name+"<br>");
    out.println("password: "+password+"<br>");
%>
```

3. 运行程序与输出结果

在服务器上运行 JSP 页面 index2-4.jsp，页面中显示的内容如下。

URL: jdbc:mysql://localhost:3306

name: root

password: 123456

说明　application 对象提供了访问应用程序环境属性的方法，getInitParameter(String name)方法用于返回 web.xml 文件中已命名的参数值。在 web.xml 文件中通过配置<context-param>元素初始化数据库的连接参数，可以为应用程序提供连接数据库的 URL、用户名和密码。

【实例 2-5】通过 cookie 实现自动登录

【操作要求】

创建应用程序实现以下功能。

（1）当用户第一次登录时，登录页面表单中用户名和密码为空。

（2）当用户提交过一次登录表单后，将其登录信息保存到客户端本机的 cookie 中，用户再次登录时，会从 cookie 中获取用户的用户名和密码并自动填入表单控件。

【任务实施】

1. 创建 JSP 页面 login2-5.jsp

在项目 unit2-1 中基于 JSP 模板创建一个 JSP 页面 login2-5.jsp，在该页面中添加表单及表单控件，以供用户输入用户名和密码，同时在该 JSP 页面中输入代码。

电子活页 2-5

扫描二维码，打开电子活页 2-5，在线浏览 JSP 页面 login2-5.jsp 的主体代码。

2. 创建 JSP 页面 demo2-5.jsp

在项目 unit2-1 中基于 JSP 模板创建一个 JSP 页面 demo2-5.jsp，该页面通过 request 对象将用户输入的用户名和密码提取出来，创建一个 cookie 对象，并通过 response 对象的 addCookie()方法将其发送到客户端，其主体代码如表 2-8 所示。

表 2-8 JSP 页面 demo2-5.jsp 的主体代码

```
<%
   request.setCharacterEncoding("UTF-8");
   String strName=request.getParameter("login_username");
   String strPassword=request.getParameter("login_password");
   Cookie cookInfo=new Cookie("userCookInfo" , strName+"#"+strPassword);
   cookInfo.setMaxAge(60*60*24*365);
   response.addCookie(cookInfo);
%>
<div class="header">
      <div class="xdh">
        <div class="w">
          <ul class="fl ld">
            <li class="shoucang" style="padding-right:0px"><b></b></li>
            <li class="menusp">您好，欢迎
                <%=strName%>
                来到蝴蝶 E 购网!
              <span>
                <a href="login2-5.jsp">【登录】</a>
                <a href="">【注册】</a>
              </span>
            </li>
          </ul>
        </div>
      </div>
</div>
```

3. 运行程序与输出结果

运行 JSP 页面 login2-5.jsp，第一次登录时，在该页面中输入用户名“admin”和密码“123456”，如图 2-10 所示，单击【登录】按钮进行登录。

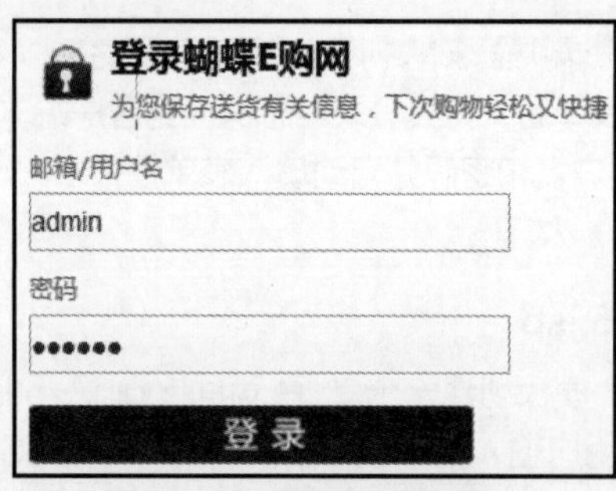

图 2-10 输入用户名和密码

用户再次登录时，用户名和密码自动显示在表单对应的控件中。

【知识梳理】

【知识 2-11】cookie 及相关方法

1. 关于 cookie

cookie 是浏览器提供的一种技术，这种技术让服务器端的程序能将一些只需保存在客户端或者在客

户端进行处理的数据存放在客户端的计算机中，而不需要通过网络传输，从而提高网页的处理效率，同时能够减少服务器端的负载。

cookie 是保存在客户端计算机硬盘中的一段文本信息，允许 Web 站点在用户的计算机上保存信息并随后将其取回。通过 cookie 可以标识用户身份、记录用户名及密码等用户信息、跟踪重复用户。cookie 在服务器端生成并发送给客户端的浏览器后，浏览器将 cookie 的“键/值”信息保存到某个指定的文件夹中。cookie 的名称和值可以由服务器端定义。

2. 与 cookie 相关的方法

与 cookie 相关的方法有多个，其功能如下。

（1）request 对象的 getCookies()方法：用于获取客户端设置的全部 cookie 对象集合。

（2）response 对象的 addCookie()方法：用于将 cookie 对象发送到客户端。

（3）cookie 对象的构造方法 Cookie(String name , String value)：用于实例化 cookie 对象。

（4）cookie 对象的 setMaxAge()方法：用于设置 cookie 对象的有效作用时间，单位为秒。

（5）cookie 对象的 getName()方法：用于获取客户端 cookie 对象的名称。

（6）cookie 对象的 getValue()方法：用于获取客户端 cookie 对象的值。

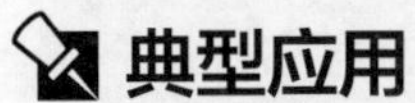

典型应用

【任务 2-1】应用 JSP 内置对象获取用户登录信息

【任务描述】

微课 2-1

电子活页 2-6

（1）创建 JavaScript 文件 loginValidate.js，在该文件中编写 JavaScript 代码，在用户登录时进行非空验证和用户名长度验证。

（2）创建一个用户登录页面 tasklogin2-1.jsp，在该页面中添加一个表单，并在表单中添加用于输入用户名的文本框、用于输入密码的密码框和【登录】按钮等多个表单控件，其外观效果如图 1-42 所示。

（3）用户登录时，输入登录信息并单击【登录】按钮提交登录信息，若用户名和密码经验证为合法用户，则在另一个 JSP 页面 task2-1.jsp 中获取并显示用户的登录信息。

【任务实施】

扫描二维码，打开电子活页 2-6，在线浏览【任务 2-1】的相关代码。

【任务 2-1】的实现过程如表 2-9 所示。需要说明的是，表中“对应代码或图片”所指内容位于电子活页，后文不再进行特别说明。

表 2-9 【任务 2-1】的实现过程

序号	步骤名称	相关内容	对应代码或图片
1	编写 JavaScript 代码	文件位置：src/main/webapp/js。 JavaScript 文件：loginValidate.js。 在该文件中编写代码，在用户登录时进行非空验证和用户名长度验证	如【代码 1】所示
2	创建页面文件	文件位置：src/main/webapp。 文件名称：tasklogin2-1.jsp	如【代码 2】所示
		文件名称：task2-1.jsp	如【代码 3】所示

续表

序号	步骤名称	相关内容	对应代码或图片
3	运行程序	运行 JSP 页面 tasklogin2-1.jsp，在登录页面的表单控件中分别输入用户名为“admin”，密码为“123456”，单击【登录】按钮提交登录信息，并在页面 task2-1.jsp 中显示用户输入的用户名和密码	—
4	输出结果	当前登录用户的用户名为 admin，密码为 123456	—

【任务 2-2】应用 JSP 内置对象获取用户注册信息

【任务描述】

微课 2-2

（1）创建一个用户注册页面 taskregister2-2.jsp，在该页面中添加一个表单，并在表单中添加用于输入用户名的文本框、用于设置密码及确认密码的密码框、用于输入邮箱地址的文本框、用于输入验证码的文本框和【注册】按钮等多个表单控件，其外观效果如图 1-43 所示。

（2）用户注册时，在注册页面中输入注册信息，然后单击【注册】按钮，若注册信息经验证为合法信息，则在另一个 JSP 页面 task2-2.jsp 中获取并显示这些信息。

（3）在 JSP 页面 task2-2.jsp 中使用 request 对象的 getParameter()方法获取用户提交的注册信息。

（4）在 JSP 页面 task2-2.jsp 中使用 request 对象的 setAttribute()方法在其属性列表中添加一个属性，然后在 request 对象的作用域内使用 getAttribute()方法获取所添加属性的值。

电子活页 2-7

（5）编写 JavaScript 代码，分别使用不同的方法获取用户名、密码和邮箱地址等用户信息。

【任务实施】

扫描二维码，打开电子活页 2-7，在线浏览【任务 2-2】的相关代码。

【任务 2-2】的实现过程如表 2-10 所示。

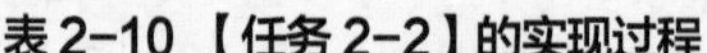

表 2-10 【任务 2-2】的实现过程

序号	步骤名称	相关内容	对应代码或图片
1	编写 JavaScript 代码	文件位置：src/main/webapp/js。 JavaScript 文件：registerValidate.js。 在该文件中编写代码，验证用户注册时用户名、密码是否不为空，所输入用户名的长度是否为 4～20 个字符，并验证两次输入的密码是否相同	如【代码 1】所示
2	创建页面文件	文件位置：src/main/webapp。 文件名称：taskregister2-2.jsp	如【代码 2】所示
		文件名称：task2-2.jsp	如【代码 3】所示
3	运行程序与输出结果	运行 JSP 页面 taskregister2-2.jsp，在注册页面的表单控件中输入用户名“admin”、密码“123456”和邮箱地址“123456@qq.com”，单击【注册】按钮，提交注册信息，弹出提示信息对话框，显示该用户注册信息	如图 2-11 所示
		在页面 task2-2.jsp 中显示用户输入的用户名、密码和邮箱地址，输出结果如下：当前登录用户的用户名为 admin，密码为 123456，邮箱地址为 123456@qq.com	—

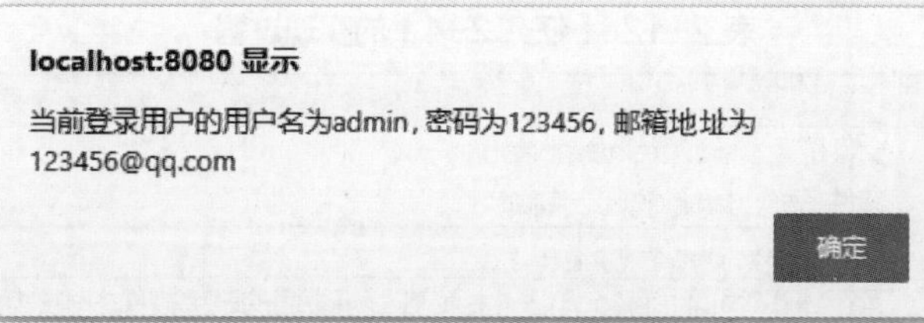

图 2-11　显示用户注册信息

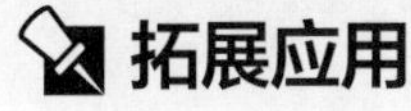

拓展应用

【任务 2-3】应用 JSP 内置对象获取用户在某网页停留的时间

【任务描述】

应用 session 对象的 setAttribute()方法和 getAttribute()方法统计用户在某一页停留的时间，并且要求每隔 10 秒刷新一次页面，以显示用户停留的时间。

电子活页 2-8

【任务实施】

扫描二维码，打开电子活页 2-8，在线浏览【任务 2-3】的相关代码。

【任务 2-3】的实现过程如表 2-11 所示。

表 2-11 【任务 2-3】的实现过程

序号	步骤名称	相关内容	对应代码或图片
1	创建页面文件	文件位置：src/main/webapp。 文件名称：task2-3.jsp	如【代码 1】所示
2	运行程序与输出结果	运行 JSP 页面 task2-3.jsp，网页每隔 10 秒自动刷新一次，以显示用户停留的时间	如图 2-12 所示

• 欢迎 您来到蝴蝶E购网！ 您登录的时间为： 2024年3月19日 下午5:59:31， 您在本页的停留时间为： 0小时1分15秒

图 2-12　JSP 页面 task2-3.jsp 的运行结果

【任务 2-4】应用 JSP 内置对象防止 HTML 表单在网站外部提交

【任务描述】

通过 request 对象的 getHeader("referer")方法获取客户端的请求地址，通过 request 对象的 getRequestURL()方法获取当前网页的访问地址，通过 URL 对象的 getHost()方法获取服务器主机，通过比较请求页面的服务器主机和当前网页的服务器主机是否相同来判断 HTML 表单是否为在网站外部提交的。

电子活页 2-9

【任务实施】

扫描二维码，打开电子活页 2-9，在线浏览【任务 2-4】的相关代码。

【任务 2-4】的实现过程如表 2-12 所示。

表 2-12 【任务 2-4】的实现过程

序号	步骤名称	相关内容	对应代码或图片
1	创建页面文件	文件位置：src/main/webapp。 文件名称：tasklogin2-4.jsp	如【代码 1】所示
		文件名称：task2-4.jsp	如【代码 2】所示
2	运行程序与输出结果	运行 JSP 页面 tasklogin2-4.jsp，在登录页面的表单控件中输入用户名和密码，单击【登录】按钮，提交登录信息，并在页面 task2-4.jsp 中显示相关信息，如果请求页面的服务器主机和当前网页的服务器主机相同，则会正确显示相关信息	—
		输出结果： 客户端的请求地址为 http://localhost:8080/unit2-1/tasklogin2-4.jsp 当前网页的地址为 http://localhost:8080/unit2-1/task2-4.jsp 客户端请求页面的服务器主机为 localhost 当前网页的服务器主机为 localhost	—

学习回顾

模块 2 思维导图

扫描二维码，打开模块 2 思维导图，回顾本模块的学习内容。

模块小结

JSP 提供了由容器实现和管理的内置对象，这些内置对象在所有的 JSP 页面中都可以直接使用，不需要 JSP 页面编写者来实例化。JSP 页面的内置对象被广泛用于 JSP 页面的各种操作，例如，应用 request 对象来处理请求、应用 out 对象向页面输出信息、应用 session 对象来保存数据等。熟练地掌握和应用这些内置对象对 Web 应用程序开发者来说至关重要。本模块通过实例程序的分析与实现介绍了 JSP 的 9 个内置对象的基本应用，重点介绍了 request、response、session、application 对象，对 out、page、pageContext、config、exception 对象进行了简单介绍，并重点介绍了 cookie 及相关方法，读者应熟悉这些内置对象的使用方法。

模块习题

扫描二维码，完成模块 2 的在线测试，检验学习成效。

模块 3 基于JDBC的Web应用程序开发

对于一个基于数据库的 Web 应用系统，通常将与系统相关的数据存放在后台数据库中，Web 页面都需要访问数据库，即从数据表中读取数据、向数据表中新增记录或者修改、删除数据表中的记录。

Web 应用程序要想访问数据库，首先需要建立 JSP 应用程序与数据库的连接。JDBC（Java Database Connectivity，Java 数据库互连）是 Java 程序连接关系数据库的标准，由一组用 Java 编写的类和接口组成。对 Java 程序开发者来说，JDBC 是一套用于执行 SQL 语句的 Java API，通过调用 JDBC 就可以在独立于后台数据库的基础上完成对数据库的操作；对数据库厂商而言，JDBC 只是接口模型，数据库厂商开发相应的 JDBC 驱动程序就可以使数据库通过 Java 进行操作了。

释疑解惑

【问题 3-1】Web 应用程序如何访问后台数据库?

用户在客户端向 Web 服务器请求访问 JSP 页面时，Web 服务器的 JSP 应用程序通过 JDBC 访问数据库，并从数据库获取数据，然后由 Web 服务器生成对客户端的响应，将执行结果送到客户端，这个过程如图 3-1 所示。

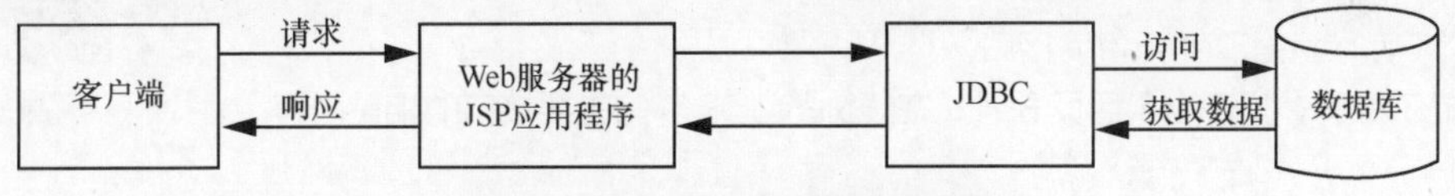

图 3-1　JSP 页面访问数据库的过程

【问题 3-2】JDBC 访问后台数据库通常需要哪些步骤?

JDBC 访问后台数据库的步骤如下。

（1）注册与加载连接数据库的驱动程序。

使用 Class.forName("JDBC 驱动程序类")的方式显式加载驱动程序类。

（2）创建与数据库的连接。使用 getConnection()方法创建与数据库的连接。

创建与数据库的连接要用到 java.sql.DriverManager 类和 java.sql.Connection 接口。

（3）使用指令对象发送与执行 SQL 语句。JDBC 提供了 3 个用于向数据库发送 SQL 语句的类，Connection 接口中的 3 个方法可以用于创建这些类的实例，它们分别是 Statement、PreparedStatement 和 CallableStatement。

（4）获取结果集，且对结果集做相应处理。

（5）关闭连接与释放资源。

前导知识

【知识 3-1】JDBC 的实现原理

JDBC 主要通过 java.sql 包提供的 API 供 Java 程序开发者使用，驱动程序厂商则通过实现这些接口封装各种对数据库的操作。JDBC 为多种关系数据库提供了统一访问接口，它可以向相应数据库发送 SQL 调用，将 Java 和 JDBC 结合起来，程序员只需编写一次程序就可以让它在任何平台上运行。JDBC 可以说是 Java 程序开发者和数据库厂商之间的桥梁，Java 程序开发者和数据库厂商可以在统一的 JDBC 标准下负责各自的工作，同时，任何一方的改变对另一方都不会造成显著的影响。

JDBC 的作用包括以下几方面。

（1）建立与数据库的连接。

（2）向数据库发出查询请求。

（3）处理数据库的返回结果。

【知识 3-2】JDBC 的 DriverManager 类

DriverManager 类是 java.sql 包中用于管理数据库驱动程序的类，数据库不同，注册、装载的 JDBC 驱动程序也不同，JDBC 驱动程序负责直接连接相应的数据库。在 DriverManager 类中存有已注册的驱动程序清单，当调用 DriverManager 类的方法 getConnection()时，它将检查清单中的所有驱动程序，直到找到可与 URL 中指定的数据库进行连接的驱动程序为止。只要加载了合适的驱动程序，DriverManager 类就开始管理连接。

【知识 3-3】JDBC 的主要接口

JDBC 的主要接口如下。

（1）Connection 接口。

（2）Statement 接口。

（3）ResultSet 接口。

（4）PreparedStatement 接口。

扫描二维码，打开电子活页 3-1，在线浏览 JDBC 的主要接口的相关内容。

电子活页 3-1

前导操作

【操作 3-1】下载与安装数据库管理系统、JDBC 驱动程序

（1）下载并安装好数据库管理系统 MySQL Server 8.0。

（2）下载连接与访问 MySQL 数据库的 JDBC 驱动程序。

连接与访问 MySQL 数据库的 JDBC 驱动程序主要有 5.0 版本的 JAR 包（如 mysql-connector-java-5.1.49.jar）和 8.0 版本的 JAR 包（如 mysql-connector-java-8.0.29.jar），可以从网上下载所需的 JDBC 驱动程序。

【操作 3-2】创建数据库与数据表

（1）创建数据库 ECommerce。在 MySQL Server 8.0 中创建数据库 ECommerce。

（2）创建多个数据表。在数据库 ECommerce 中创建数据表“商品数据表”“商品类型表”“用户

表”“用户类型表”，其结构信息分别如表 3-1、表 3-2、表 3-3 和表 3-4 所示。

表 3-1 “商品数据表”的结构信息

字段名称	数据类型	字段名称	数据类型
商品 ID	int	售出数量	int
商品编码	varchar(15)	货币单位	char(3)
商品名称	varchar(50)	商品说明	varchar(255)
类型编码	varchar(10)	图片地址	varchar(30)
价格	float(15,2)	上架时间	date
优惠价格	float(15,2)	是否推荐	bit
折扣	float(6,2)	上传文件	int
库存数量	int	—	—

表 3-2 “商品类型表”的结构信息

字段名称	数据类型	字段名称	数据类型
类型 ID	int	父类编号	varchar(10)
类型编号	varchar(10)	显示顺序	int
类型名称	varchar(20)	类型说明	text

表 3-3 “用户表”的结构信息

字段名称	数据类型	字段名称	数据类型
用户 ID	int	密码	varchar(20)
用户编号	char(6)	邮件地址	varchar(50)
用户名	varchar(20)	用户类型	int

表 3-4 “用户类型表”的结构信息

字段名称	数据类型	字段名称	数据类型
用户类型 ID	int	类型名称	varchar(10)

【操作 3-3】创建基于 JDBC 的 Web 应用程序的基本操作

（1）准备开发 Web 应用程序所需的图片文件、CSS 样式文件和 JavaScript 文件。

（2）启动 Eclipse IDE，进入 Eclipse IDE 的主界面，设置工作空间为 Unit03。

（3）新建动态 Web 项目 unit3。

（4）创建包 package3。在动态 Web 项目 unit3 中创建一个包，将其命名为“package3”。

（5）在 Eclipse IDE 中自定义名称为“My HTMLFile（html5）”的 HTML 模板。

（6）在 Eclipse IDE 中自定义名称为“My JSPFile（html5）”的 JSP 模板。

（7）在动态 Web 项目 unit3 中添加 JAR 包。

将 MySQL 驱动程序包（如 mysql-connector-java-8.0.29.jar）复制到动态 Web 项目 unit3 的文件夹 src\main\webapp\WEB-INF\lib 中。

在 Eclipse IDE 的项目资源管理器中刷新动态 Web 项目 unit3，此时在“Libraries”节点中自动添加子节点“Web 应用程序库”，刚才复制的 MySQL 驱动程序包就会出现在“Web 应用程序库”子节点中。

选择项目名称“unit3”并单击鼠标右键，在弹出的快捷菜单中选择“构建路径”→“配置构建路径”命令，如图 3-2 所示。

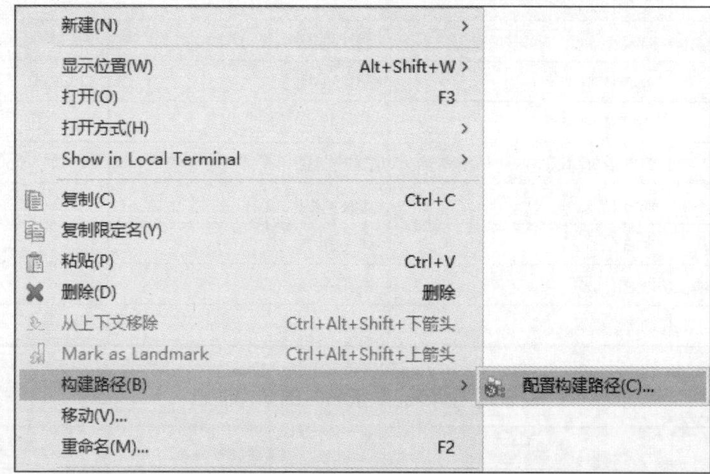

图 3-2　在快捷菜单中选择“构建路径”→“配置构建路径”命令

此时弹出【unit3 的属性】对话框，并进入【Java 构建路径】界面，在该界面中切换到【库】选项卡，在下方的列表框中选择“模块路径”选项，单击右侧的【添加外部 JAR】按钮，在弹出的【选择 JAR】对话框中选择文件夹 src\main\webapp\WEB-INF\lib 中的 JAR 包 mysql-connector-java-8.0.29.jar，如图 3-3 所示。

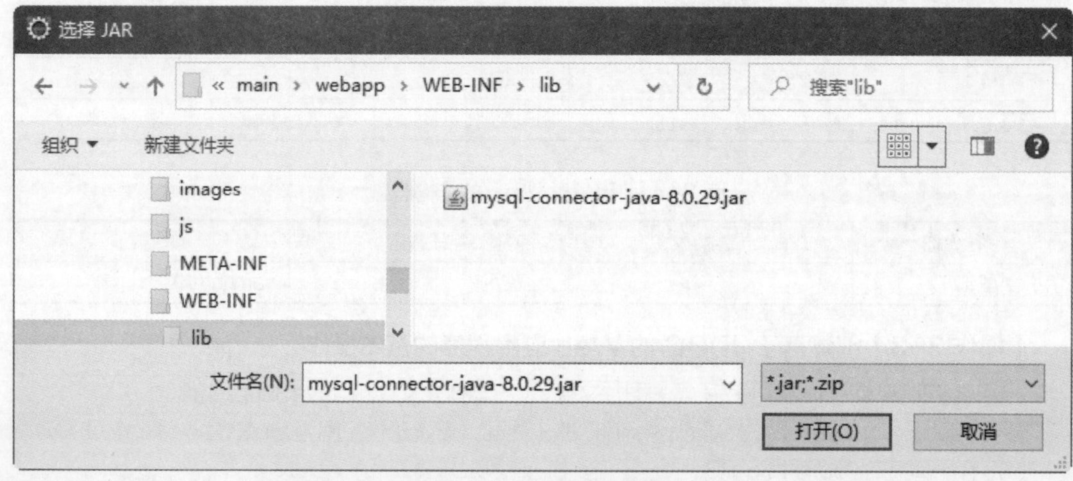

图 3-3　【选择 JAR】对话框

在【选择 JAR】对话框中单击【打开】按钮，返回【unit3 的属性】对话框，此时 JAR 包 mysql-connector-java-8.0.29.jar 添加到“模拟路径”节点中，如图 3-4 所示。

在【unit3 的属性】对话框中单击【应用并关闭】按钮，完成 JAR 包 mysql-connector-java-8.0.29.jar 的添加。

（8）在 Eclipse IDE 中配置与启动 Tomcat 服务器。

（9）在【unit3 的属性】对话框的【Java 构建路径】界面的【库】选项卡中添加“apache-tomcat-10.1.12”库。

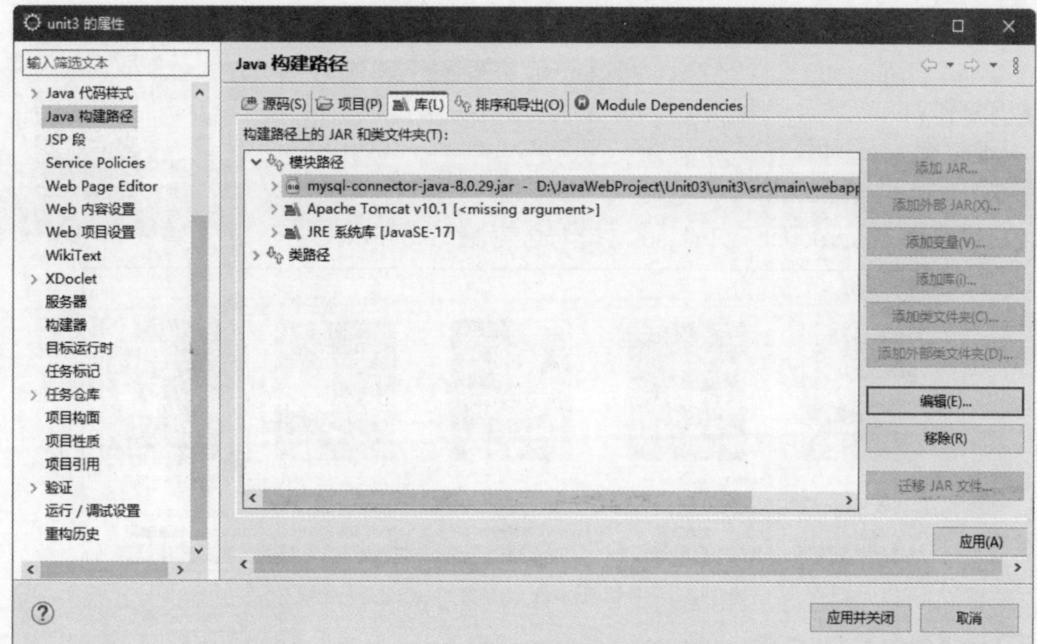

图 3-4 【unit3 的属性】对话框

实例探析

【实例 3-1】网页中动态显示商品数据

【操作要求】

（1）在 JSP 页面中通过 JDBC 连接 MySQL Server 8.0 数据库 ECommerce。

（2）将“商品数据表”中前 5 条记录的商品名称、价格、优惠价格及图片显示在页面中。

【实现过程】

1. 创建 JSP 页面 productList3-1.jsp

在项目 unit3 的 src/main/webapp 文件夹中创建 JSP 页面 productList3-1.jsp。

2. 引入必要的包及相关类

输入以下代码引入必要的包及相关类。

```
<%@page import="java.sql.*" %>
```

3. 引入所需的 CSS 样式文件

在JSP页面productList3-1.jsp中的标签<head>与</head>之间输入如下代码，引入所需的CSS样式文件。

```
<link href="css/productList.css" rel="stylesheet" type="text/css" />
<link href="css/dangdang.css" rel="stylesheet" type="text/css">
<link href="css/product_mall.css" rel="stylesheet" type="text/css">
```

4. 正确连接与访问数据库，并显示从数据表获取的商品数据

电子活页 3-2

在 JSP 页面 productList3-1.jsp 中编写代码，正确连接与访问数据库，并将从数据表获取的商品数据合理地显示在 JSP 页面中。

扫描二维码，打开电子活页 3-2，在线浏览 productList3-1.jsp 文件的代码。

5. 运行程序与输出结果

运行 JSP 页面 productList3-1.jsp，其运行结果如图 3-5 所示。

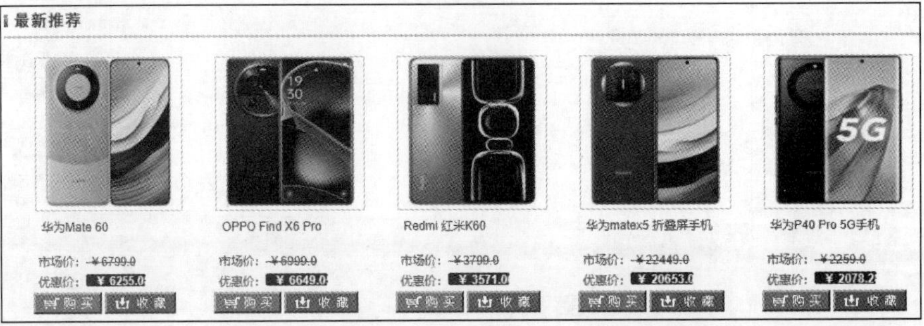

图 3-5 JSP 页面 productList3-1.jsp 的运行结果

【知识梳理】

【知识 3-4】使用 Class.forName()加载驱动程序类

可以使用 Class.forName()方法显式加载驱动程序类，由驱动程序负责向 DriverManager 类登记注册，在与数据库连接时，DriverManager 类将使用该驱动程序。

（1）基本格式：Class.forName("JDBC 驱动程序类")；。

（2）连接 MySQL 的驱动程序的示例代码如下。

```
Class.forName("com.mysql.cj.jdbc.Driver") ;
```

（3）连接 SQL Server 的驱动程序的示例代码如下。

```
Class.forName("com.microsoft.sqlserver.jdbc.SQLServerDriver") ;
```

（4）连接 Oracle 的驱动程序的示例代码如下。

```
Class.forName("oracle.jdbc.driver.OracleDriver") ;
```

【知识 3-5】使用 getConnection()方法建立与数据库的连接

可以使用 DriverManager 类的 getConnection()方法建立与数据库的连接，并返回一个 Connection 对象，此方法的参数包括目的数据库的 URL、数据库用户名和密码。

getConnection()方法的定义原型如下。

```
static Connection getConnection(String url , String username , String password)
```

使用 getConnection()方法的基本格式如下。

```
Connection conn = DriverManager.getConnection("JDBC URL", "数据库用户名", "密码");
```

连接 MySQL 的示例代码如下。

```
Connection conn = DriverManager.getConnection("jdbc:mysql://localhost:3306/
                    ECommerce?useSSL=false & characterEncoding=utf-8");
```

连接 SQL Server 的示例代码如下。

```
Connection conn = DriverManager.getConnection("jdbc:sqlserver://localhost:1433;
                         DatabaseName=ECommerce ", "sa", "123456");
```

连接 Oralce 的示例代码如下。

```
Connection conn = DriverManager.getConnection("jdbc:oracle:thin:@localhost:1521:
                                                EСommerce", "system", "123456");
```

【实例 3-2】网页中动态生成商品类型列表

【操作要求】

开发 Web 应用程序时，经常会使用下拉列表显示一些列表内容，如部门、商品类型等，而下拉列表的值可以从后台数据库的数据表查询并进行显示，这样可以使页面更加灵活。将“商品类型表”中“类型编号”字段长度为 2 的一级商品类型显示在 JSP 页面的下拉列表中。

【实现过程】

1. 创建 JSP 页面 productType3-2.jsp

在项目 unit3 的 src/main/webapp 文件夹中创建 JSP 页面 productType3-2.jsp。

2. 引入必要的包及相关类

输入以下代码引入必要的包及相关类。

```
<%@page import="java.util.*" %>
<%@page import="java.sql.*" %>
```

3. 引入所需的 CSS 样式文件

在 JSP 页面 productType3-2.jsp 中的标签<head>与</head>之间输入如下代码，引入所需的 CSS 样式文件。

```
<link rel="stylesheet" type="text/css" href="css/productType.css">
```

4. 正确连接与访问数据库，并显示从数据表获取的商品类型数据

在 JSP 页面 productType3-2.jsp 中编写连接与访问数据库的 JSP 代码，并将从数据表获取的商品类型数据显示在下拉列表中。

扫描二维码，打开电子活页 3-3，在线浏览 productType3-2.jsp 文件中的代码。

电子活页 3-3

5. 运行程序与输出结果

运行 JSP 页面 productType3-2.jsp，其运行结果如图 3-6 所示。

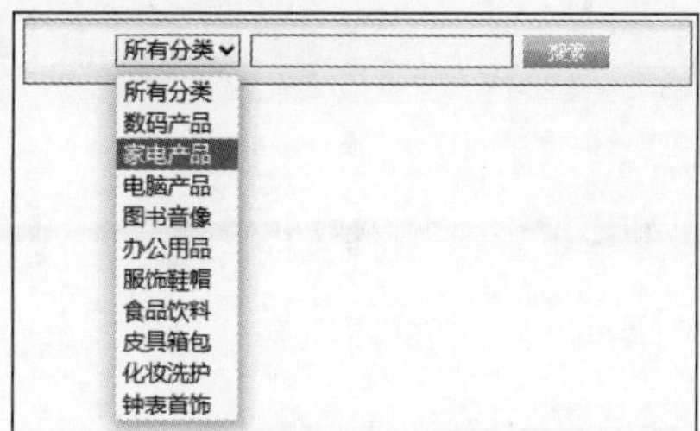

图 3-6　JSP 页面 productType3-2.jsp 的运行结果

【知识梳理】

【知识 3-6】使用 Statement 对象执行 SQL 语句

Statement 接口提供了 3 个执行 SQL 语句的方法：executeQuery()、executeUpdate()和 execute()。具体使用哪一个方法由 SQL 语句所产生的内容决定。

（1）ResultSet executeQuery(String strSql)：该方法将返回单个结果集，主要用于在 Statement 对象中执行 SQL 查询语句，并返回该查询生成的 ResultSet 对象。

（2）int executeUpdate(String strSql)：该方法用于执行 Insert、Update、Delete 和 SQL DDL（Data Definition Language，数据定义语言）语句，返回一个整数值，表示执行 SQL 语句影响的数据行数。

```
String strSql = "Update 用户表 Set 密码=' " +password+" ' Where 用户编号=' "
                        + code +" ' ";
int num = statement.executeUpdate(strSql);
```

（3）boolean execute(String strSql)：该方法是执行 SQL 语句调用的一般方法，允许用户执行 SQL 数据定义命令，然后获取一个布尔值，表示是否返回了 ResultSet 对象。该方法用于执行返回多个结果集、多个更新结果或两者组合的语句。

【知识 3-7】关闭 Statement 对象的方法

Statement 对象将由 Java 垃圾收集程序自动关闭。在不需要 Statement 对象时显式地关闭它们有助于避免潜在的内存问题，这也是一种良好的编程风格。

使用 Statement 对象的 close()方法就可以显式地将 Statement 对象关闭。

【知识 3-8】ResultSet 对象的 getXXX()方法

SQL 数据类型与 Java 数据类型并不完全匹配，需要一种转换机制进行转换。通过 ResultSet 对象提供的 getXXX()方法可以取得数据项内每个字段的值（XXX 代表对应字段的数据类型，如 getInt()、getString()、getDouble()、getBoolean()、getDate()、getTime()等），可以使用字段的索引或字段的名称获取值。

一般情况下使用字段的索引获取值。字段索引从 1 开始编号。为了实现最大的可移植性，应该按从左到右的顺序读取行数据，每列只能读取一次。假设 ResultSet 对象包含两个字段，分别为整型和字符串类型，则可以使用 rs.getInt(1)与 rs.getString(2)方法来取得这两个字段的值（1、2 分别代表各字段的相对位置）。当然，也可以使用列的字段名称来指定列，如 rs.getString("name")。

下面的程序利用 while 循环输出 ResultSet 对象内的所有数据项。当记录指针移动到有效的行时，next()方法返回 true，当超出了记录末尾或者 ResultSet 对象没有下一行记录时，next()方法返回 false。

```
while( rs.next() ) {
    System.out.println( rs.getInt(1) );
    System.out.println( rs.getString(2) );
}
```

典型应用

微课 3-1

【任务 3-1】基于 JDBC 实现用户登录功能

【任务描述】

（1）在 Web 项目 unit3 的包 package3 中创建类文件 DatabaseConn.java，在 DatabaseConn 类中定义获取数据库连接的方法 getConnection()、关闭数据库连接的静态方法 closeConn()。

（2）在 Web 项目 unit3 的包 package3 中创建实体类文件 UserInfo.java，在 UserInfo 类中定义多个 setXXX()方法和 getXXX()方法。

（3）在 Web 项目 unit3 的包 package3 中创建类文件 UserManage.java，在 UserManage 类中定义方法 userLogin()，该方法用于从“用户表”中查询登录用户的信息是否存在，从而判断登录用户是否为合法用户。

（4）在 Web 项目 unit3 中创建用户登录页面文件 tasklogin3-1.jsp，该页面用于用户登录时输入用户名和密码等登录信息。

（5）在 Web 项目 unit3 中创建 JSP 页面文件 loginAct3-1.jsp，该页面用于处理用户提交的登录信息。

（6）在 Web 项目 unit3 中创建 JSP 页面文件 index3-1.jsp，该页面用于显示成功登录用户的用户名，并控制未成功登录的用户进行登录操作。

（7）在 Web 项目 unit3 中创建 JSP 页面文件 logout3-1.jsp，该页面用于控制用户的退出。

电子活页 3-4

【任务实施】

扫描二维码，打开电子活页 3-4，在线浏览【任务 3-1】的相关代码。

【任务 3-1】的实现过程如表 3-5 所示。

表 3-5 【任务 3-1】的实现过程

序号	步骤名称	相关内容	对应代码或图片
1	创建类	类位置：src/main/java/package3。 类名称：DatabaseConn。 该类主要用于封装数据库的连接与关闭操作，在该类中定义获取数据库连接的方法 getConnection()和关闭数据库连接的静态方法 closeConn()	如【代码 1】所示
		实体类：UserInfo。 在该类中定义多个 setXXX()方法和 getXXX()方法	如【代码 2】所示
		类名称：UserManage。 该类主要用于封装业务逻辑，在该类中定义方法 userLogin()，该方法用于从“用户表”中查询登录用户的信息是否存在，从而判断登录用户是否为合法用户	如【代码 3】所示
2	创建页面文件	文件位置：src/main/webapp。 JSP 页面文件：tasklogin3-1.jsp。 该页面用于输入登录信息。表单 form1 的 action 属性设置为“loginAct3-1.jsp”，“用户名”文本框的 name 属性设置为“login_username”，“密码”文本框的 name 属性设置为“login_password”，【登录】按钮的 name 属性设置为“login”	如【代码 4】所示
		JSP 页面文件：loginAct3-1.jsp。 该页面用于处理用户提交的登录信息，并使用 session 对象的 setAttribute()方法添加一个指定名称的属性，将当前登录的用户信息存入属性 currentUser 中。 由于 JSP 页面 loginAct3-1.jsp 需要使用包 package3 各个类中定义的方法，因此首先在头部位置输入以下代码引入包： <%@ page import="package3.*" %>	如【代码 5】所示
		JSP 页面文件：index3-1.jsp。 该页面用于显示成功登录用户的用户名，并控制未成功登录的用户进行登录操作。 由于 JSP 页面 index3-1.jsp 需要使用包 package3 各个类中定义的方法，因此首先在头部位置输入以下代码引入包： <%@ page import="package3.*" %>	如【代码 6】所示

续表

序号	步骤名称	相关内容	对应代码或图片
2	创建页面文件	JSP 页面文件：logout3-1.jsp。 该页面用于控制用户的退出。首先在头部位置输入以下代码引入包： <%@ page import="package3.*" %>	如【代码 7】所示
3	运行程序与输出结果	运行 JSP 页面 tasklogin3-1.jsp，进入用户登录页面，在“用户名”文本框中输入“admin”，在“密码”文本框中输入“123456”，单击【登录】按钮，如果用户输入的用户名和密码在“用户表”中存在，为合法用户，则用户能成功登录	—
		输出结果：进入对应的 JSP 页面 index3-1.jsp	如图 3-7 所示
		在 JSP 页面 index3-1.jsp 中单击【退出】超链接，弹出对应的提示对话框，单击【确定】按钮	如图 3-8 所示

您好！欢迎 admin 光临蝴蝶E购网！ 【退出】

图 3-7　JSP 页面 index3-1.jsp 中显示的相关信息

图 3-8　用户已成功退出的提示对话框

【任务 3-2】基于 JDBC 实现用户注册功能

【任务描述】

（1）在类 UserManage 中定义方法 getUser()，该方法用于查询指定注册用户是否存在。

（2）在类 UserManage 中定义方法 insertUser()，该方法用于在“用户表”中添加用户的注册信息。

（3）创建 JavaScript 文件 registerValidate.js，在该文件中定义方法 fm_check()，该方法用于验证用户的注册信息是否符合要求。

（4）在 Web 项目 unit3 中创建用户注册页面文件 register3-2.jsp，该页面用于在用户注册时输入用户名、密码、邮箱地址等注册信息。

（5）在 Web 项目 unit3 中创建 JSP 页面文件 registerAct3-2.jsp，该页面用于处理用户提交的注册信息。

（6）在 Web 项目 unit3 中创建 JSP 页面文件 message.jsp，该页面为项目 unit3 中公用的提示信息输出页面。

电子活页 3-5

【任务实施】

扫描二维码，打开电子活页 3-5，在线浏览【任务 3-2】的相关代码。

【任务 3-2】的实现过程如表 3-6 所示。

表 3-6 【任务 3-2】的实现过程

序号	步骤名称	相关内容	对应代码或图片
1	创建类中的方法	类位置：src/main/java/package3。 类名称：UserManage。 方法名：getUser()。 该方法用于查询指定注册用户是否存在	如【代码 1】所示
		类名称：UserManage。 方法名：insertUser()。 该方法用于在“用户表”中添加用户的注册信息	如【代码 2】所示
2	编写 JavaScript 代码	JavaScript 文件：registerValidate.js。 方法名称：fm_check()。 该方法用于验证用户的注册信息是否符合要求	如【代码 3】所示
3	创建页面文件	文件位置：src/main/webapp。 用户注册页面文件：register3-2.jsp。 该页面用于在用户注册时输入用户名、密码、邮箱地址等注册信息。表单 form1 的 action 属性设置为“registerAct3-2.jsp”，“用户名:”文本框的 name 属性设置为“username”，“设置密码:”文本框的 name 属性设置为“password”，“确认密码:”文本框的 name 属性设置为“userpwd”，“邮箱地址:”文本框的 name 属性设置为“mail”，【注册】按钮的 name 属性设置为“onOk”	如【代码 4】所示
		JSP 页面文件：registerAct3-2.jsp。 该页面用于处理用户提交的注册信息。 在文件的头部位置输入以下代码引入包： <%@ page import="package3.*" %> <%@ page import="java.net.URLEncoder" %>	如【代码 5】所示
		JSP 页面文件：message.jsp。 该页面为项目 unit3 中公用的提示信息输出页面	如【代码 6】所示
4	运行程序与输出结果	运行 JSP 页面 register3-2.jsp，进入用户注册页面，在“用户名:”文本框中输入“happy”，在“设置密码:”文本框和“确认密码:”文本框中都输入“123456”，在“邮箱地址”文本框中输入“123456@qq.com”	如图 3-9 所示
		在页面 register3-2.jsp 中单击【注册】按钮，如果注册成功，则跳转到页面 message.jsp，并在该页面中显示“用户注册成功！”的提示信息	—

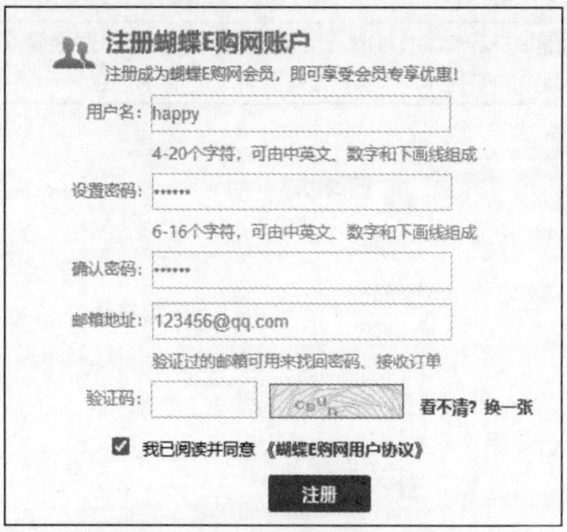

图 3-9 输入了注册信息的页面 register3-2.jsp

拓展应用

【任务 3-3】实现修改用户密码功能

微课 3-3

电子活页 3-6

【任务描述】

（1）在类 UserManage.java 中定义方法 updatePassword()，该方法用于更新“用户表”中指定用户名的密码。

（2）在 Web 项目 unit3 中创建 JSP 页面文件 task3-3.jsp，该页面用于在用户修改密码时输入用户名、原有密码和新的密码等信息。

（3）在 Web 项目 unit3 中创建 JSP 页面文件 updatePassword3-3.jsp，该页面用于实现用户密码的修改。

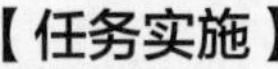

【任务实施】

扫描二维码，打开电子活页 3-6，在线浏览【任务 3-3】的相关代码。

【任务 3-3】的实现过程如表 3-7 所示。

表 3-7 【任务 3-3】的实现过程

序号	步骤名称	相关内容	对应代码或图片
1	创建类中的方法	类位置：src/main/java/package3。 类名称：UserManage。 方法名：updatePassword()。 该方法用于更新“用户表”中指定用户名的密码	如【代码 1】所示
2	创建页面文件	文件位置：src/main/webapp。 JSP 页面文件：task3-3.jsp。 该页面用于在用户修改密码时输入用户名、原有密码和新的密码等信息	如【代码 2】所示
		JSP 页面文件：updatePassword3-3.jsp。 该页面用于实现用户密码的修改。 在文件的头部位置输入以下代码引入包： <%@ page import="package3.*" %>	如【代码 3】所示
3	运行程序与输出结果	运行 JSP 页面 task3-3.jsp，进入修改用户密码页面，在“邮箱/用户名”文本框中输入“happy”，在“原有密码”文本框中输入“123456”，在“新的密码”文本框中输入“666888”	如图 3-10 所示
		在页面 task3-3.jsp 中单击【修改密码】按钮，如果修改密码成功，则在该页面中显示“成功修改密码！”的提示信息	—

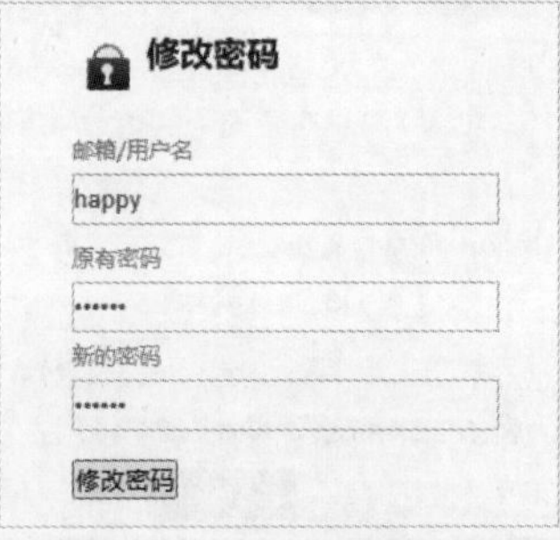

图 3-10 修改用户密码页面

【任务 3-4】实现删除用户信息功能

【任务描述】

微课 3-4

（1）在类 UserManage.java 中定义方法 getAllUser()，该方法用于获取所有用户注册信息。

（2）在类 UserManage.java 中定义方法 deleteUserInfo()，该方法用于从“用户表”中删除指定用户 ID 的注册信息。

（3）在 Web 项目 unit3 中创建 JSP 页面文件 userInfoDelete3-4.jsp，该页面用于调用方法 getAllUser()获取所有用户的注册信息，并在页面中显示这些注册信息。

（4）在 Web 项目 unit3 中创建 JSP 页面文件 task3-4.jsp，该页面主要用于调用方法 deleteUserInfo()删除指定用户 ID 的注册信息，并在该页面中显示剩余的注册用户信息。

电子活页 3-7

【任务实施】

扫描二维码，打开电子活页 3-7，在线浏览【任务 3-4】的相关代码。

【任务 3-4】的实现过程如表 3-8 所示。

表 3-8 【任务 3-4】的实现过程

序号	步骤名称	相关内容	对应代码或图片
1	创建类中的方法	类位置：src/main/java/package3。 类名称：UserManage。 方法名：getAllUser()。 该方法用于获取所有用户的注册信息	如【代码 1】所示
		类名称：UserManage。 方法名：deleteUserInfo()。 该方法用于从“用户表”中删除指定用户 ID 的注册信息	如【代码 2】所示
2	创建页面文件	文件位置：src/main/webapp。 JSP 页面文件：userInfoDelete3-4.jsp。 该页面用于调用方法 getAllUser()获取所有用户的注册信息，并在页面中显示这些注册信息。 在文件的头部位置输入以下代码引入包： <%@ page import="package3.*" %>	如【代码 3】所示
		JSP 页面文件：task3-4.jsp。 该页面主要用于调用方法 deleteUserInfo()删除指定用户 ID 的注册信息，并在该页面中显示剩余的注册用户信息。 在文件的头部位置输入以下代码引入包： <%@ page import="package3.*" %>	如【代码 4】所示
3	运行程序与输出结果	运行 JSP 页面 userInfoDelete3-4.jsp，在该页面中显示所有注册用户的信息	如图 3-11 所示
		在序号为“7”这一栏中单击【删除】超链接，删除这一条注册信息，弹出显示“你确定要删除该用户吗？”的提示对话框	如图 3-12 所示
		在该对话框中单击【确定】按钮，删除该用户，在页面 userInfoDelete3-4.jsp 中显示剩余的注册用户信息	如图 3-13 所示

用户注册信息

序号	用户名	密码	邮箱地址	操作按钮
1	admin	123456	admin@163.com	删除
2	better	123456	good@163.com	删除
3	简单	123	sali@126.com	删除
4	高兴	456	gxl888@163.com	删除
5	吴春天	666	wcht@qq.com	删除
6	季风	888	jifeng@163.com	删除
7	happy	666888	123456@qq.com	删除

图 3-11　在页面 userInfoDelete3-4.jsp 中显示所有注册用户的信息

图 3-12　删除用户提示对话框

用户注册信息

序号	用户名	密码	邮箱地址	操作按钮
1	admin	123456	admin@163.com	删除
2	better	123456	good@163.com	删除
3	简单	123	sali@126.com	删除
4	高兴	456	gxl888@163.com	删除
5	吴春天	666	wcht@qq.com	删除
6	季风	888	jifeng@163.com	删除

图 3-13　剩余的注册用户信息

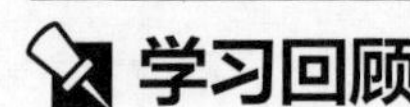

学习回顾

扫描二维码，打开模块 3 思维导图，回顾本模块的学习内容。

模块小结

Java Web 应用程序要想访问数据库，首先需要建立 JSP 应用程序与数据库的连接。JDBC 是 Java 程序连接关系数据库的标准，由一组用 Java 编写的类和接口组成。

本模块通过实例程序的分析与实现介绍了 JDBC 的基本概念和实现原理，以及 JDBC 的 DriverManager 类、Connection 对象、Statement 对象、ResultSet 对象和 PreparedStatement 对象的基本知识与使用方法。

模块 3　在线测试

模块习题

扫描二维码，完成模块 3 的在线测试，检验学习成效。

模块 4 基于Servlet的Web应用程序开发

04

Servlet 是 Java 应用到 Web 服务器端的扩展技术，它的产生为 Java Web 应用程序开发奠定了基础。随着 Web 开发技术的不断发展，Servlet 也在不断发展与完善，并凭借安全、高效、方便和可移植等诸多优点深受广大 Java 程序员的青睐。Servlet 是 Java Web 服务器端可用于执行的应用程序，是使用 Java Servlet API 编写的 Java 应用程序，Servlet 要符合相应规范和接口才能在 Servlet 容器中运行，其运行需要 Servlet 容器的支持。通常情况下，Servlet 容器就是指 Web 容器，如 Tomcat、WebLogic 等，它们对 Servlet 进行控制，当客户端发送 HTTP 请求时，服务器加载 Servlet 对其进行处理并做出响应。如果有多个客户端同时请求同一个 Servlet，则会启用多线程进行响应，为每一个请求分配一个线程，但提供服务的 Servlet 只有一个。

释疑解惑

【问题 4-1】Servlet 与普通的 Java 应用程序有何区别?

（1）Servlet 是运行在 Web 服务器上的 Java 应用程序，与普通的 Java 应用程序不同的是，它位于 Web 服务器端，可以对浏览器或其他 HTTP 客户端程序发送的请求进行处理并做出响应，将处理结果返回客户端。

（2）Servlet 采用 Java 编写，继承了 Java 的诸多优点，同时对 Java 的 Web 应用进行了扩展。它具有 API 方法方便实用、处理方式高效、跨平台、可移植性好、灵活性好、安全性高等特点。

（3）Servlet 通过 HttpServletRequest 接口和 HttpServletResponse 接口对 HTTP 请求进行处理及响应，可以在处理业务逻辑之后将动态内容返回并输出到 HTML 页面中，与用户请求进行交互。Servlet 还具备强大的过滤器功能，可以针对请求类型进行过滤设置，为 Web 应用程序开发提供灵活性与扩展性。

【问题 4-2】Servlet 与 JSP 有何区别?

Servlet 是一种在服务器端运行的 Java 应用程序，先于 JSP 产生。可以在服务器端运行 Servlet 程序，处理客户端请求，并输出 HTML 格式的内容，其执行过程如图 4-1 所示。

在 Servlet 的早期版本中，业务逻辑代码与 HTML 代码混在一起，给 Web 应用程序的开发带来了诸多不便，程序代码因此变得繁杂，通过 Servlet 生成动态网页时需要在代码中编写大量输出 HTML 标签的语句。

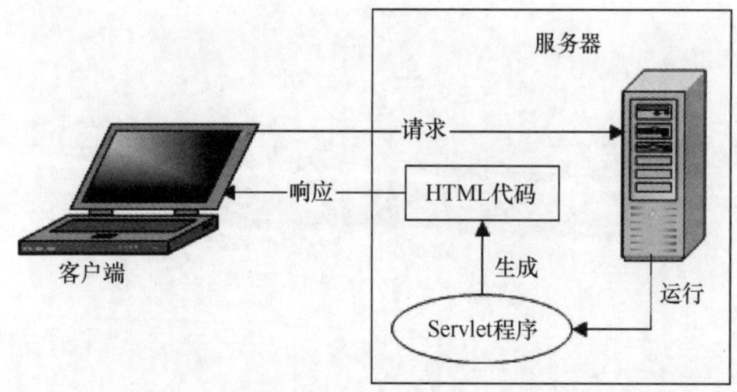

图 4-1　Servlet 程序的执行过程

针对 Servlet 早期版本的不足，Sun Microsystems 公司推出了 JSP 技术。JSP 是一种在 Servlet 规范之上构建的动态网页技术，在 JSP 页面中嵌入 Java 代码可以生成动态网页。也可以将 JSP 技术理解为 Servlet 技术的扩展，当 JSP 页面被第一次请求时，它会被编译成 Servlet 文件，再通过服务器调用 Servlet 程序进行处理。由此可以看出，JSP 与 Servlet 的关系十分紧密，JSP 页面的执行过程如图 4-2 所示。

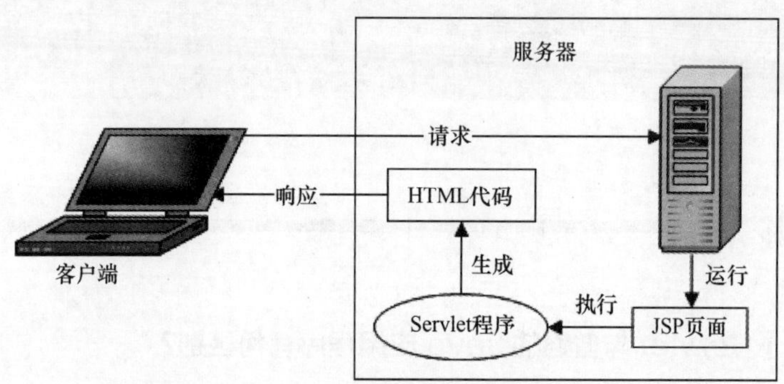

图 4-2　JSP 页面的执行过程

JSP 虽然是在 Servlet 的基础上产生的，是 Servlet 技术的扩展，但与 Servlet 也存在一定的区别，主要体现在以下几个方面。

（1）Servlet 承担着客户端请求与业务处理的中间角色，需要调用固定的方法将动态程序代码混合到静态的 HTML 代码中；而在 JSP 页面中可以直接使用 HTML 标签进行输出。

（2）Servlet 需要调用 Servlet API 处理 HTTP 请求，而在 JSP 页面中可以直接使用内置对象进行处理。

（3）Servlet 的使用需要进行一定的配置，而 JSP 文件可以通过.jsp 扩展名部署在容器中，容器对其进行自动识别，直接编译成 Servlet 程序进行处理。

前导知识

【知识 4-1】Servlet 的生命周期

Servlet 的生命周期就是 Servlet 从创建到销毁的全过程，包括加载和实例化、初始化、处理请求和释放占用资源 4 个阶段。

1. 加载和实例化

Servlet 容器负责加载和实例化 Servlet，当客户端发送一个请求时，Servlet 容器会查找内存中是否存在 Servlet 实例。如果不存在，则创建一个 Servlet 实例。如果存在，则直接从内存中取出该实例来响应请求。

Servlet 容器也称为 Servlet 引擎，一般是 Web 服务器或应用服务器的一部分，用于在发送的请求和做出的响应之间提供网络服务。

2. 初始化

Servlet 容器加载完 Servlet 后，必须对其进行初始化。初始化 Servlet 时，可以设置数据库连接参数，建立 JDBC，或者建立对其他资源的引用等。在初始化阶段，调用 init()方法完成 Servlet 的初始化操作。

3. 处理请求

Servlet 被初始化以后就处于能响应请求的就绪状态。容器通过 Servlet 对象的 service()方法处理客户端请求。每个对 Servlet 的请求都由 ServletRequest 对象代表，Servlet 给客户端的响应由 ServletResponse 对象代表。当客户端有一个请求时，Servlet 容器将 ServletRequest 对象和 ServletResponse 对象都转发给 Servlet，这两个对象以参数形式传给 service()方法。在 service()方法内，对客户端的请求方法进行判断。如果以 GET 方法提交，则调用 doGet()方法处理请求；如果以 POST 方法提交，则调用 doPost()方法处理请求。

4. 释放占用资源

Servlet 容器判断一个 Servlet 应当释放时（容器关闭或需要回收资源时），容器必须让 Servlet 释放其正在使用的资源。这个操作由容器调用 Servlet 对象的 destroy()方法实现。destroy()方法只是指明哪些资源可以被系统回收，Servlet 最终被垃圾回收器回收。

【知识 4-2】Servlet 处理的基本流程

Servlet 主要运行在服务器端，由服务器调用、执行以处理客户端的请求，并做出响应。一个 Servlet 就是一个 Java 类，更直接地说，Servlet 是能够使用 print 语句产生动态 HTML 内容的 Java 类。Servlet 处理的基本流程如下。

（1）客户端（浏览器）通过 HTTP 提出请求。

（2）Web 服务器接收该请求并将其发送给 Servlet，如果这个 Servlet 尚未被加载，则 Web 服务器会把它加载到 Java 虚拟机并执行它。

（3）Servlet 接收该 HTTP 请求并执行某种处理。

（4）Servlet 将处理后的结果向 Web 服务器返回。

（5）Web 服务器将 Servlet 的响应发回给客户端。

【知识 4-3】Servlet 的基本代码结构

在 Java 中，通常所说的 Servlet 是指 HttpServlet 对象，在声明一个对象为 Servlet 时，需要继承 HttpServlet 类。HttpServlet 类是 Servlet 接口的一个实现类，继承此类后，可以重写 HttpServlet 类中的方法，对 HTTP 请求进行处理。Servlet 的基本代码结构如表 4-1 所示。

表 4-1 Servlet 的基本代码结构

```
import jakarta.servlet.ServletConfig;
import jakarta.servlet.ServletException;
import jakarta.servlet.http.HttpServlet;
```

续表

```
import jakarta.servlet.http.HttpServletRequest;
import jakarta.servlet.http.HttpServletResponse;
import java.io.IOException;

public class TestServlet extends HttpServlet {
    private static final long serialVersionUID = 1L;
    public TestServlet() {
        super();
    }
    //初始化方法
    public void init(ServletConfig config) throws ServletException {
      }
    //处理 HTTP GET 请求
    protected void doGet(HttpServletRequest request , HttpServletResponse response)
                      throws ServletException , IOException {
      response.getWriter().append("Served at: ").append(request.getContextPath());
    }
    //处理 HTTP POST 请求
    protected void doPost(HttpServletRequest request , HttpServletResponse response)
                       throws ServletException, IOException {
        doGet(request, response);
    }
    //实例销毁
    public void destroy() {
    }
}
```

（1）表 4-1 中所创建的 TestServlet 类通过继承 HttpServlet 类被声明为一个 Servlet 对象，HttpServlet 类作为一个抽象类用来创建 Servlet 对象。

（2）表 4-1 中导入了必要的包及相关类，以及包含 init()、doGet()、doPost()和 destroy()4 个方法的基本结构。init()方法是 HttpServlet 类中的方法，可以被重写，该方法主要用于完成初始化工作，destroy()方法用于回收资源。doGet()和 doPost()方法是两个很重要的方法，用于处理客户端的请求并做出响应，HttpServlet 的子类不必重写所有的方法，但至少要重写 doGet()和 doPost()方法中的一个。

（3）HttpServlet 类提供 doGet()方法处理 GET 请求，提供 doPost()方法处理 POST 请求。如果客户端使用 GET 方法提交请求，则把处理代码写在 doGet()方法中；同理，如果客户端使用 POST 方法提交请求，则把处理代码写在 doPost()方法中。这样就可以处理客户端的不同请求，并做出相应的响应。

无论客户端使用 GET 还是 POST 方法提交请求，如果希望 Servlet 对 GET 或 POST 请求都能正确地响应，则需把处理代码都写在 doPost()方法中，然后在 doGet()方法中调用 doPost()方法。doGet()方法和 doPost()方法都有两个参数，分别是 HttpServletRequest 对象和 HttpServletResponse 对象。HttpServletRequest 对象封装了用户的请求信息，此对象调用相应的方法可以获取客户端信息，HttpServletResponse 对象用于响应用户的请求。

（4）当服务器第一次收到 Servlet 请求时，会使用 init()方法初始化一个 Servlet 对象，以后服务器再接收到 Servlet 请求时，就会产生新的线程，并在该线程中调用 service()方法检查 HTTP 请求类型是 GET 还是 POST，同时根据请求类型对应地调用 doGet()方法或 doPost()方法。因此，在 Servlet

类中不必重写 service()方法来响应客户端的请求，直接继承 service()方法即可。但可以重写 doGet()和 doPost()方法来响应，这样不仅增加了响应的灵活性，还降低了服务器的负担。

【知识 4-4】Servlet 接口

在 Servlet 编程中，Servlet API 提供了标准的接口与类，它们为 HTTP 请求与程序响应提供了丰富的方法。Servlet 的运行需要 Servlet 容器的支持，Servlet 容器调用 Servlet 对象的方法对请求进行处理。在 Servlet 应用程序开发中，每个 Servlet 对象都需要直接或间接地实现 jakarta.servlet.Servlet 接口，该接口包含 5 个方法，这些方法的原型及功能说明如表 4-2 所示。

表 4-2　Servlet 接口中方法的原型及功能说明

方法名称	方法原型	功能说明
init()	public void init(ServletConfig config)	Servlet 实例化后，Servlet 容器调用 init()方法完成初始化工作
service()	public void service(ServletRequest request , ServletResponse response)	用于处理客户端的请求
destroy()	public void destroy( )	当 Servlet 实例对象被销毁时，Servlet 容器调用 destroy()方法释放资源
getServletConfig()	public ServletConfig getServletConfig()	用于获取 Servlet 对象的配置信息，返回 ServletConfig 对象
getServletInfo()	public String getServletInfo( )	返回有关 Servlet 的信息，它是纯文本格式的字符串

【知识 4-5】ServletConfig 接口

ServletConfig 接口位于 javax.servlet 包中，它封装了 Servlet 的配置信息，在 Servlet 初始化期间被传递。每个 Servlet 只有一个 ServletConfig 对象，该对象定义了 4 个方法，分别是 getInitParameter()、getInitParameterNames()、getServletContext()和 getServletName()。

【知识 4-6】GenericServlet 类

创建 Servlet 对象时，必须实现 Servlet 接口，由于 Servlet 接口包含 5 个方法，因此创建 Servlet 对象时要实现这 5 个方法，这样很不方便。

javax.servlet.GenericServlet 类简化了操作，实现了 Servlet 接口，其原型如下。

```
public abstract class GenericServlet    extends Object
                              implements    Servlet , ServletConfig , Serializable
```

GenericServlet 类是一个抽象类，分别实现了 Servlet 接口和 ServletConfig 接口。该类实现了除 service()之外的其他方法，在创建 Servlet 对象时，可以继承 GenericServlet 类来简化程序中的代码，但仍需要实现 service()方法。

【知识 4-7】HttpServlet 类

GenericServlet 类虽然实现了 Servlet 接口，为 Java Web 应用程序的开发提供了方便；但是在实际开发过程中，大多数的应用使用 Servlet 处理 HTTP 请求，并对请求做出响应。所以，通过继承 GenericServlet 类仍然不是很方便。

jakarta.servlet.http.HttpServlet 类继承了 GenericServlet 类，并对 GenericServlet 类进行了扩展，为 HTTP 请求的处理提供了灵活的方法，可以很方便地对 HTTP 请求进行处理及响应。其原型如下。

```
public abstract class HttpServlet extends GenericServlet implements Serializable
```

HttpServlet 类仍然是一个抽象类，实现了 service()方法，并针对 HTTP/1.1 中定义的 7 种请求类型提供了相应的方法，分别为 doGet()、doPost()、doPut()、doDelete()、doHead()、doOptions()和 doTrace()。在这 7 个方法中，除了对 doOptions()和 doTrace()方法进行了简单实现，HttpServlet 类并没有对其他方法进行实现，需要开发者在使用过程中根据实际需要对其进行重写。

【知识 4-8】Servlet 过滤器

Servlet 过滤器是 Java Web 应用程序中的可重用组件，是客户端与目标资源间的中间层组件，用于拦截客户端的请求与响应信息。当 Web 容器接收到一个客户端请求时，将判断此请求是否与过滤器对象相关联，如果相关联，则将这一请求交给过滤器进行处理。在处理过程中，过滤器可以对请求进行操作，如更改请求中的信息。在过滤器处理完成之后，再进行其他业务处理。当所有业务处理完成，需要对客户端进行响应时，容器又将响应交给过滤器进行处理，过滤器处理完成后才将响应发送到客户端。Servlet 过滤器的处理过程如图 4-3 所示。

Web 应用程序开发过程中可以放置多个过滤器，如字符编码过滤器、身份验证过滤器等。在多个过滤器的处理过程中，容器首先将客户端请求交给第一个过滤器处理，处理完成之后再交给下一个过滤器处理，以此类推，直到最后一个过滤器处理完成。当需要对客户端进行响应时，将按照相反的方向对响应进行处理，直到第一个过滤器处理完成，最后才将其发送到客户端。多个 Servlet 过滤器的处理过程如图 4-4 所示。

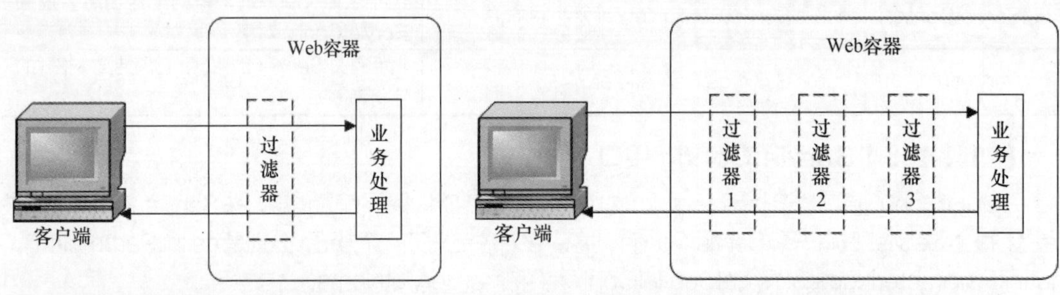

图 4-3 Servlet 过滤器的处理过程　　图 4-4 多个 Servlet 过滤器的处理过程

前导操作

【操作 4-1】创建基于 Servlet 的 Web 应用程序的基本操作

（1）准备开发 Web 应用程序所需的图片文件、CSS 样式文件和 JavaScript 文件。

（2）启动 Eclipse IDE，进入 Eclipse IDE 主界面，设置工作空间为 Unit04。

（3）新建动态 Web 项目 unit4。

（4）创建包 package4。在 Web 项目 unit4 中创建一个包，将其命名为“package4”。

（5）在 Eclipse IDE 中自定义名称为“My HTML File（html5）”的 HTML 模板。

（6）在 Eclipse IDE 中自定义名称为“My JSP File（html5）”的 JSP 模板。

（7）在 Web 项目 unit4 中创建文件夹 css、images、js，将开发 Web 应用程序所需的图片文件、CSS 样式文件和 JavaScript 文件复制到对应的文件夹中。

（8）在 Eclipse IDE 中配置与启动 Tomcat 服务器。

（9）准备数据库访问类。

将模块 3 中创建的 3 个类文件 DatabaseConn.java、UserInfo.java 和 UserManage.java 复制到项目 unit4 的 package4 包中，并在 Eclipse IDE 的项目资源管理器中刷新 Web 项目 unit4。

【操作 4-2】在动态 Web 项目 unit4 中添加 MySQL 驱动程序包

将 MySQL 驱动程序包（如 mysql-connector-java-8.0.29.jar）复制到动态 Web 项目 unit4 的文件夹 src\main\webapp\WEB-INF\lib 中，并在 Eclipse IDE 的项目资源管理器中刷新 Web 项目 unit4。

【操作 4-3】在动态 Web 项目 unit4 中添加 Servlet 支持类库

首先在 Tomcat 安装文件夹的子文件夹 lib 中找到 servlet-api.jar，如它在编者计算机中的位置为 C:\apache-tomcat-10.1.12\lib，然后将该 JAR 包复制到动态 Web 项目 unit4 的文件夹 src\main\webapp\WEB-INF\lib 中，并在 Eclipse IDE 的项目资源管理器中刷新 Web 项目 unit4。

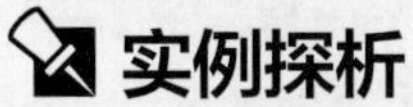

实例探析

【实例 4-1】使用 Servlet 动态生成 HTML 内容，显示欢迎信息

【操作要求】

（1）在包 package4 中创建名为“Servlet4_1”的 Servlet 类，它继承了 HttpServlet 类，在此类中重写 doGet()方法，用于处理 HTTP 的 GET 请求，通过 PrintWriter 对象进行输出。

（2）在 Web 项目 unit4 中创建名为“demo4-1.jsp”的 JSP 页面，该页面使用<jsp:forward>标签将当前页面的请求转发给 Servlet 对象。

【实现过程】

1. 创建 Servlet 类

（1）在项目资源管理器中选择包 package4 并单击鼠标右键，在弹出的快捷菜单中选择“新建”→“其他”命令，如图 4-5 所示。

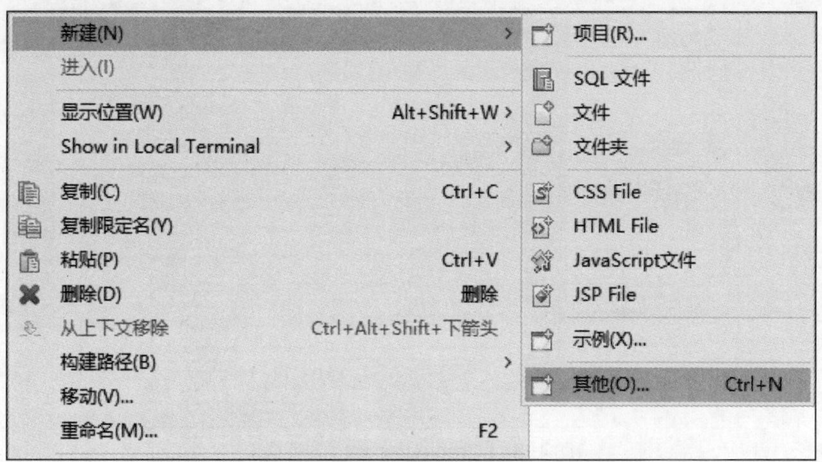

图 4-5 在弹出的快捷菜单中选择“新建”→“其他”命令

弹出【选择向导】对话框，在该对话框中展开“Web”节点，在其子节点中选择“Servlet”，如图 4-6 所示。

（2）单击【下一步】按钮，弹出【Create Servlet】对话框，在“Java package”文本框中输入包名称“package4”，在“Class name”文本框中输入类名称“Servlet4_1”，其他采用默认设置，设置“Superclass”为“jakarta.servlet.http.HttpServlet”，如图 4-7 所示。

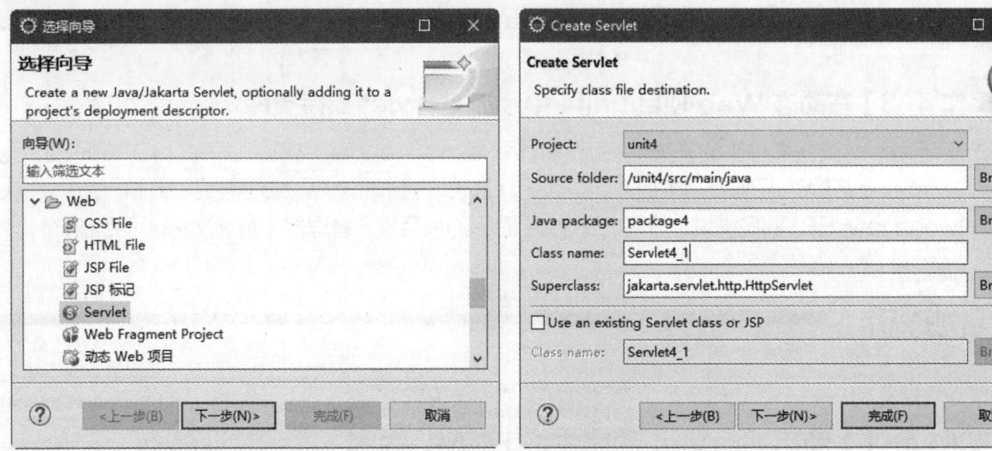

图 4-6　在【选择向导】对话框中选择“Servlet”　　图 4-7 【Create Servlet】对话框一

（3）单击【下一步】按钮，进入图 4-8 所示的设置 Servlet 初始参数的界面，采用默认设置，“URL mappings”为“/Servlet4_1”。

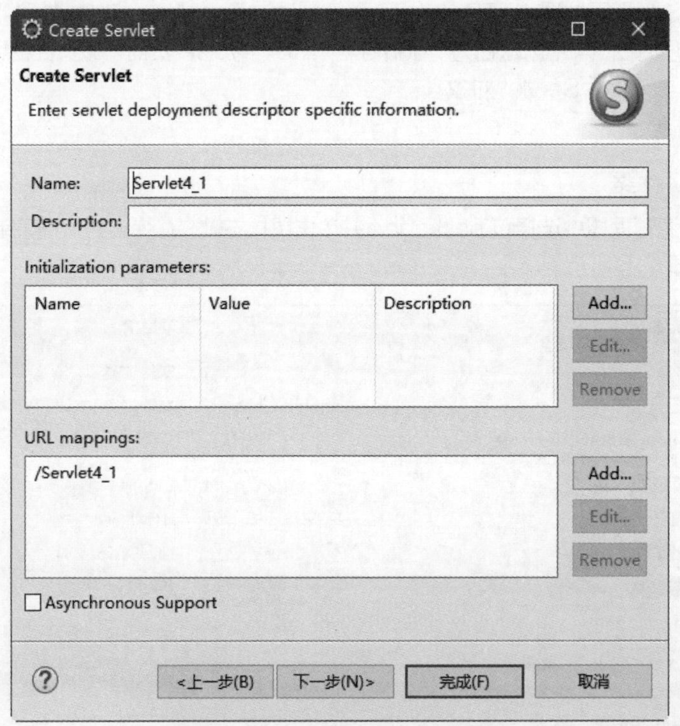

图 4-8 【Create Servlet】对话框二

（4）单击【下一步】按钮，进入图 4-9 所示的界面，该界面主要用于选择修饰符和需要重写的方法，这里只勾选“doGet”和“doPost”复选框，目的是让 Eclipse IDE 自动生成 doGet()和 doPost()方法的初始代码，还可以勾选其他方法对应的复选框。单击【完成】按钮，完成 Servlet 类的创建。

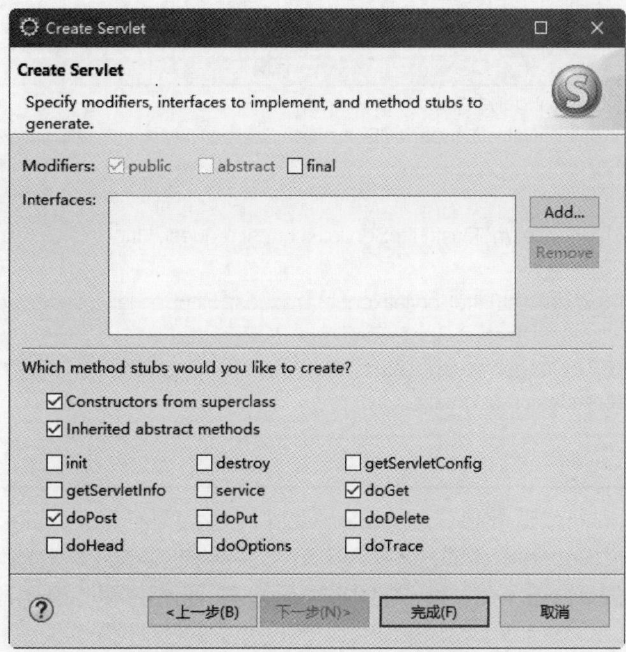

图 4-9 【Create Servlet】对话框三

Servlet 类创建完成后，Eclipse IDE 将自动打开对应的 Java 文件，Servlet 类 Servlet4_1 的初始代码如表 4-3 所示。

表 4-3 Servlet 类 Servlet4_1 的初始代码

```
package package4;
import jakarta.servlet.ServletException;
import jakarta.servlet.http.HttpServlet;
import jakarta.servlet.http.HttpServletRequest;
import jakarta.servlet.http.HttpServletResponse;
import java.io.IOException;
/**
 * Servlet implementation class Servlet4_1
 */
public class Servlet4_1 extends HttpServlet {
    private static final long serialVersionUID = 1L;
    /**
     * Default constructor.
     */
    public Servlet4_1() {
        // TODO Auto-generated constructor stub
    }
    /**
     * @see HttpServlet#doGet(HttpServletRequest request, HttpServletResponse response)
     */
    protected void doGet(HttpServletRequest request, HttpServletResponse response)
                throws ServletException, IOException {
```

续表

行号	代码

```
23          // TODO Auto-generated method stub
24          response.getWriter().append("Served at: ").append(request.getContextPath());
25      }
26      /**
27       * @see HttpServlet#doPost(HttpServletRequest request, HttpServletResponse response)
28       */
29      protected void doPost(HttpServletRequest request, HttpServletResponse response)
30                          throws ServletException, IOException {
31          // TODO Auto-generated method stub
32          doGet(request, response);
33      }
34  }
```

在表 4-3 中的第 10 行代码“public class Servlet4_1 extends HttpServlet {”上方可以添加一行代码“@WebServlet("/Servlet4_1")”，这是 Servlet 3 中新增的通过注解来配置服务器的代码，通过该代码进行配置后，就不需要在 web.xml 文件中进行配置了。通过注解配置服务器时，还需要添加代码“import javax.servlet.annotation.WebServlet；”引入所需的包及相关的类。

2. 创建 JSP 页面 demo4-1.jsp

在 Web 项目 unit4 中创建名为“demo4-1.jsp”的 JSP 页面，在该页面中输入表 4-4 所示的代码。

表 4-4　JSP 页面文件 demo4-1.jsp 的代码

行号	代码

```
01  <%@ page language="java" contentType="text/html; charset=UTF-8"
02       pageEncoding="UTF-8"%>
03  <!DOCTYPE html>
04  <html>
05    <head>
06      <meta charset="UTF-8">
07      <title>Insert title here</title>
08    </head>
09    <body>
10      <jsp:forward page="Servlet4_1"></jsp:forward>
11    </body>
12  </html>
```

表 4-4 中的第 10 行代码使用<jsp:forward>标签将当前页面的请求转发给 Servlet 对象。

3. 第 1 次运行程序与输出结果

运行 JSP 页面 demo4-1.jsp，其运行结果如下。

```
Served at: /unit4
```

4. 重写 Servlet4_1 类中的方法 doGet()

打开 Servlet4_1.java 文件，首先在文件的头部位置输入以下代码引入类 PrintWriter。

```
import java.io.PrintWriter;
```

在类 Servlet4_1 的 doGet()方法中输入表 4-5 所示的代码。

表 4-5　类 Servlet4_1 的 doGet()方法的代码

```
01 protected void doGet(HttpServletRequest request ,  HttpServletResponse response)
02         throws ServletException, IOException {
03     response.setContentType("text/html");
04     PrintWriter out = response.getWriter();
05     out.println("<html>");
06     out.println("<head><title>蝴蝶 E 购网</title></head>");
07     out.println("<body>");
08     out.println("<div><h3>欢迎您光临蝴蝶 E 购网!</h3></div>");
09     out.println("</body>");
10     out.println("</html>");
11 }
```

类 Servlet4_1 的 doGet()方法中使用了 PrintWriter 对象进行输出操作，使用该对象需要添加代码“import java.io.PrintWriter;”引入所需的包及相关的类。

表 4-5 中的第 04 行从 HttpServletResponse 对象中取得一个输出流对象，然后通过打印流输出各个 HTML 元素。

5. 运行程序与输出结果

运行 JSP 页面 demo4-1.jsp，其运行结果如下。

欢迎您光临蝴蝶 E 购网!

也可以通过在浏览器地址栏中输入访问地址运行程序。

在 Edge 浏览器的地址栏中输入 http://localhost:8080/unit4/demo4-1.jsp，然后按【Enter】键，即可在网页中看到运行结果。

通过浏览器输入一个地址对服务器来说相当于客户端发出了一个 GET 请求，会自动调用 Servlet 类的 doGet()方法。

【实例 4-2】使用 Servlet 向客户端发送错误提示信息

【操作要求】

在 Java Web 应用程序开发过程中，经常会产生异常。创建一个名称为“Servlet4_2”的 Servlet 类，在 doGet()方法中模拟一个异常，并将其通过 throw 关键字抛出。程序中的异常通过 catch 进行捕获，并使用 HttpServletResponse 对象的 sendError()方法向客户端发送错误提示信息。

【实现过程】

1. 创建 Servlet 类

在包 package4 中创建名为“Servlet4_2”的类，该类继承 HttpServlet 类，在此类中重写 doGet()方法，用于处理 HTTP 的 GET 请求，doGet()方法的代码如表 4-6 所示。

表 4-6　doGet()方法的代码

```
protected void doGet(HttpServletRequest request , HttpServletResponse response)
        throws ServletException, IOException {
        try {
            throw new Exception("数据库连接失败") ;   //抛出一个异常
        } catch (Exception ex) {
```

续表

```
        response.sendError(500, ex.getMessage());
        }
    }
```

2. 在 web.xml 文件中对 Servlet4_2 类进行配置

打开 Web 项目 unit4 文件夹 webapp/WEB-INF 中的 web.xml 文件，然后在该文件中输入表 4-7 所示的配置代码。

表 4-7　web.xml 文件中 Servlet4_2 类对应的配置代码

```
<servlet>
    <description></description>
    <display-name>Servlet4_2</display-name>
    <servlet-name>Servlet4_2</servlet-name>
    <servlet-class>package4.Servlet4_2</servlet-class>
</servlet>
<servlet-mapping>
    <servlet-name>Servlet4_2</servlet-name>
    <url-pattern>/Servlet4_2</url-pattern>
</servlet-mapping>
```

3. 创建 JSP 页面 demo4-2.jsp

在 Web 项目 unit4 中创建名为“demo4-2.jsp”的 JSP 页面，在该页面的标签<body>与</body>之间输入如下代码，添加一个超链接。

```
<div style="margin:20px;"><a href="Servlet4_2">测试抛出异常</a></div>
```

4. 运行程序与输出结果

运行 JSP 页面 demo4-2.jsp，页面中显示超链接【测试抛出异常】，单击该超链接，会显示图 4-10 所示的错误提示信息。

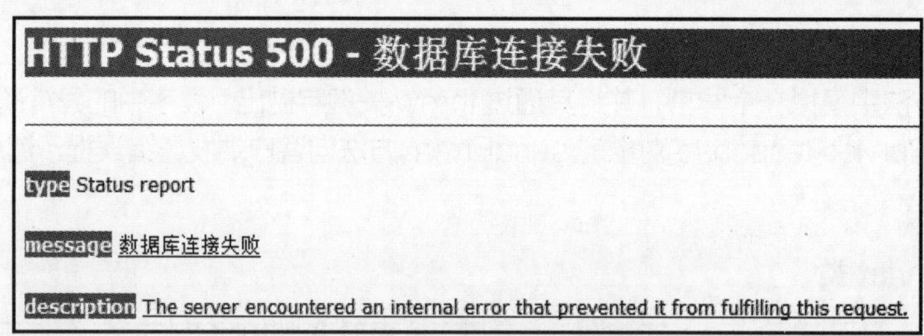

图 4-10　显示的错误提示信息

【知识梳理】

【知识 4-9】HttpServletRequest 接口与 HttpServletResponse 接口

1. HttpServletRequest 接口

HttpServletRequest 接口位于 javax.servlet.http 包中，继承了 javax.servlet.ServletRequest 接口，是 Servlet 中的重要接口，在开发过程中较常用，其常用方法主要有 getContextPath()、getCookies()、getMethod()、getQueryString()、getRequestURL()、getServletPath()、getSession()。

2. HttpServletResponse 接口

HttpServletResponse接口位于javax.servlet.http包中，继承了javax.servlet.ServletResponse接口，也是一个非常重要的接口，其常用方法主要有 addCookie()、sendError()、sendRedirect()，表 4-6 的第 06 行使用了 sendError()方法将一个包含错误状态码及错误信息的响应发送到客户端。

【实例 4-3】使用 Servlet 读取 HTML 表单中的数据并输出

【操作要求】

Servlet 对象本身包括 HttpServletRequest 和 HttpServletResponse 对象的声明，使用 Servlet 对象接收表单所提交的数据并进行处理，并根据处理结果进行页面跳转。

微课 4-1

电子活页 4-1

【实现过程】

扫描二维码，打开电子活页 4-1，在线浏览【实例 4-3】的相关代码。

【实例 4-3】的实现过程如表 4-8 所示。

表 4-8 【实例 4-3】的实现过程

序号	步骤名称	相关内容	对应代码或图片
1	创建类	类位置：src/main/java/package4。 Servlet 类：Servlet4_3。 该类继承自 HttpServlet 类，在此类中重写 doPost()方法。 由于表单提交方法有两种，相应地，Servlet 也提供了两种接收请求数据的方法，为保证提交的方法和接收的方法对应，在 doGet()方法中添加以下调用 doPost()方法的代码：doPost(request , response) ;	如【代码 1】所示
2	创建页面文件	文件位置：src/main/webapp。 文件名称：demo4-3.jsp	如【代码 2】所示
		文件名称：index4-3.jsp	如【代码 3】所示
3	完善配置文件	配置文件的名称：web.xml	如【代码 4】所示
4	运行程序与输出结果	运行 JSP 页面 demo4-3.jsp，进入用户登录页面，在“用户名”文本框中输入“admin”，在“密码”文本框中输入“123456”，单击【登录】按钮，跳转到页面 index4-3.jsp，显示用户名和密码信息	—
		输出结果：当前登录用户的用户名为 admin，密码为 123456	—

【知识梳理】

【知识 4-10】web.xml 文件中 Servlet 程序的映射配置

Servlet 作为一个组件，需要部署到 Tomcat 中才能正常运行。因为所有的 Servlet 程序都是.class 形式的，所以必须在 web.xml 文件中进行 Servlet 程序的映射配置。

在使用 Eclipse 创建 Web 项目时，Eclipse 会自动创建一个 web.xml 文件作为部署文件，该文件在程序运行 Servlet 时起总调度的作用，它会告诉容器如何运行 Servlet 和 JSP 文件。

web.xml 文件通常包含两个 XML 元素，分别为 servlet-mapping 和 servlet，其中，servlet-mapping 元素将用户访问的 URL 映射到 Servlet 的内部名，servlet 元素把 Servlet 内部名称映射到一个 Servlet 类名称。

当客户端发送一个 URL 请求到<servlet-mapping>中的<url-pattern>值时，容器会根据相应的

<servlet-name>值，在<servlet>范围内查找与<servlet-name>对应的<servlet-class>类，并执行该类的 doGet()方法或 doPost()方法。

【知识 4-11】通过表单的 action 属性正确配置访问路径

在实际开发中，经常会出现找不到 Servlet 而报 404 错误的情况，这可能是由于提交后的路径与 web.xml 文件中的配置路径不一致，此时可以在表单中将 action 属性设置为“<%=request.GetContentPath()%>/Servlet 类名称”。在 Eclipse 中，如果 JSP 页面位于文件夹 WebContent 的子文件夹中，则应将 action 属性设置为“<%=request.GetContentPath()%>/路径/Servlet 类名称”

【实例 4-4】应用字符编码过滤器避免产生乱码

【操作要求】

由于 Java 应用程序可以跨平台运行，因此其内部使用 Unicode 字符集来表示字符。有时由于字符编码不统一，会产生乱码，为了避免产生乱码，需要对其进行编码转换。

（1）创建字符编码过滤器类 CharacterEncodingFilter4_4，该类用于实现 Filter 接口及其 3 个方法（init()、doFilter()、destroy()）。

（2）创建 JSP 页面 demo4-4.jsp，该页面用于输入用户登录信息，设置表单的 action 属性值为“Servlet4_4”、请求方式为“POST”。

（3）创建名为“Servlet4_4”的 Servlet 类，该类使用 doPost()方法接收表单的请求，并将用户在表单中输入的信息输出到页面中。

电子活页 4-2

【实现过程】

扫描二维码，打开电子活页 4-2，在线浏览【实例 4-4】的相关代码。

【知识梳理】

【知识 4-12】Filter API

1. Filter 接口

Filter 接口位于 jakarta.servlet 包中，与 Servlet 接口相似，当定义一个过滤器对象时，需要实现此接口。Filter 接口包含 3 个方法，分别为 init()、doFilter()和 destroy()。doFilter()方法与 Servlet 的 service()方法类似，将请求及响应交给过滤器时，过滤器调用此方法进行过滤处理。

2. FilterChain 接口

FilterChain 接口位于 jakarta.servlet 包中，该接口由容器实现。FilterChain 接口只包含一个方法 doFilter()，该方法主要用于将过滤器处理的请求或响应传递给下一个过滤器对象。在包含多个过滤器的 Web 应用中，可以通过此方法进行过滤传递。

3. FilterConfig 接口

FilterConfig 接口位于 javax.servlet 包中，该接口由容器实现，用于获取过滤器初始化期间的参数信息，包含方法 getFilterName()、getInitParameter()、getInitParameterNames()和 getServletContext()。

【知识 4-13】过滤器的配置

创建过滤器对象之后，需要对其进行配置才可以使用。过滤器的配置方法与 Servlet 的配置方法类似，都是通过 web.xml 文件进行配置的。

1. 声明过滤器对象

在 web.xml 文件中通过<filter>标签声明过滤器对象，此标签包含 3 个常用的元素，分别为

<filter-name>、<filter-class>和<init-param>。其中，<filter-name>元素用于指定过滤器的名称，该名称可以为自定义的名称；<filter-class>元素用于指定过滤器的完整位置，包含过滤器对象的包名称与类名称；<init-param>元素用于设置过滤器的初始化参数。<init-param>元素包含两个常用的子元素，分别为<param-name>和<param-value>。其中，<param-name>元素用于声明初始化参数的名称，<param-value>元素用于指定初始化参数的值。

2. 映射过滤器

在 web.xml 文件中声明过滤器对象后，需要映射访问过滤器的过滤对象，使用<filter-mapping>标签进行配置。在<filter-mapping>标签中主要需要配置过滤器的名称、过滤器关联的 URL、过滤器对应的请求方式等，此标签包含 3 个常用的元素，分别为<filter-name>、<url-pattern>和<dispatcher>。其中，<filter-name>元素用于指定过滤器的名称，该名称与<filter>标签中的<filter-name>相对应；<url-pattern>元素用于指定过滤器关联的 URL，设置为"/*"时表示关联所有的 URL；<dispatcher>元素用于指定过滤对应的请求方式，其可选值及功能说明如表 4-9 所示。

表 4-9 <dispatcher>元素的可选值及功能说明

可选值	功能说明
REQUEST	当客户端直接请求时，通过过滤器进行处理
INCLUDE	当客户端通过 RequestDispatcher 对象的 include()方法请求时，通过过滤器进行处理
FORWARD	当客户端通过 RequestDispatcher 对象的 forward()方法请求时，通过过滤器进行处理
ERROR	当产生声明式异常时，通过过滤器进行处理

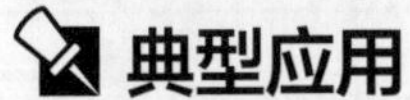

典型应用

【任务 4-1】使用 JSP 与 Servlet 实现用户登录功能

【任务描述】

综合运用 JSP、Servlet、JDBC 等多种技术实现用户登录功能。

微课 4-2

电子活页 4-3

【任务实施】

扫描二维码，打开电子活页 4-3，在线浏览【任务 4-1】的相关代码。

【任务 4-1】的实现过程如表 4-10 所示。

表 4-10 【任务 4-1】的实现过程

序号	步骤名称	相关内容	对应代码或图片
1	创建类	类位置：src/main/java/package4。 Servlet 类：Servlet4_5。 该类继承自 HttpServlet 类，在文件的头部位置输入以下代码引入类 PrintWriter： import java.io.PrintWriter;	如【代码 1】所示
2	创建页面文件	文件位置：src/main/webapp。 文件名称：login4-5.jsp。 该页面为用户登录的 JSP 页面，将该页面的 action 属性设置为"Servlet4_5"	如【代码 2】所示

续表

序号	步骤名称	相关内容	对应代码或图片
3	完善配置文件	配置文件的名称：web.xml	如【代码 3】所示
4	运行程序与输出结果	运行 JSP 页面 login4-5.jsp，进入用户登录页面，在“用户名”文本框中输入“admin”，在“密码”文本框中输入“123456”，单击【登录】按钮，提交表单数据，所提交的数据由 Servlet4_5 类进行处理，在页面中显示“成功登录”的提示信息	—

【任务 4-2】使用 JSP 与 Servlet 实现用户注册功能

【任务描述】

微课 4-3

电子活页 4-4

综合运用 JSP、Servlet、JDBC 等多种技术实现用户注册功能。

【任务实施】

扫描二维码，打开电子活页 4-4，在线浏览【任务 4-2】的相关代码。

【任务 4-2】的实现过程如表 4-11 所示。

表 4-11 【任务 4-2】的实现过程

序号	步骤名称	相关内容	对应代码或图片
1	创建类	类位置：src/main/java/package4。 Servlet 类：Servlet4_6。 该类继承自 HttpServlet 类，在文件的头部位置输入以下代码引入类 PrintWriter： import java.io.PrintWriter;	如【代码 1】所示
2	创建页面文件	文件位置：src/main/webapp。 文件名称：register4_6.jsp。 该页面为用户登录的 JSP 页面，将该页面的 action 属性设置为“Servlet4_6”	如【代码 2】所示
3	完善配置文件	配置文件的名称：web.xml	如【代码 3】所示
4	运行程序与输出结果	运行 JSP 页面 register4_6.jsp，进入用户注册页面，在“用户名”文本框中输入“admin4_6”，在“设置密码”和“确认密码”文本框中输入“123456”，在“邮箱地址”文本框中输入“123456@qq.com”，单击【注册】按钮，提交表单数据，所提交的数据由 Servlet4_6 类进行处理，在页面中显示“用户注册成功!”的提示信息。 如果在“用户名”文本框中输入“admin”，其他的输入内容不变，单击【注册】按钮，提交表单数据，则页面中将显示“该用户名已经注册过”的提示信息	—

拓展应用

【任务 4-3】使用 Servlet 过滤器统计网站访问量

【任务描述】

创建实现 Filter 接口的类，在此类中重写 doFilter()方法，通过 ServletContext 接口的对象实现统计网站访问量的功能。

【任务实施】

1. 创建实现 Filter 接口的类

在包 package4 中创建名为“Filter4_7”的类，该类的初始代码如表 4-12 所示。

表 4-12　类 Filter4_7 的初始代码

```
package package4;
import jakarta.servlet.Filter;
import jakarta.servlet.FilterChain;
import jakarta.servlet.FilterConfig;
import jakarta.servlet.ServletException;
import jakarta.servlet.ServletRequest;
import jakarta.servlet.ServletResponse;
import jakarta.servlet.annotation.WebFilter;
import jakarta.servlet.http.HttpFilter;
import java.io.IOException;
@SuppressWarnings({ "unused", "serial" })
public class Filter4_7 extends HttpFilter implements Filter {
    public Filter4_7() {
        super();
    }
    public void destroy() {
    }
    public void doFilter(ServletRequest request, ServletResponse response, FilterChain chain)
            throws IOException, ServletException {
        chain.doFilter(request, response);
    }
    public void init(FilterConfig fConfig) throws ServletException {
    }
}
```

输入以下代码，通过注解方式配置该过滤器。

```
@WebFilter(
    urlPatterns = {"/task4-7.jsp"},
    initParams = {
        @WebInitParam(name = "count", value = "1")
    }
)
```

这里需要在文件中导入包的位置输入以下代码，导入相应的包。

```
import jakarta.servlet.annotation.WebInitParam;
```

输入以下代码，定义私有变量 count，该变量用于存储网站访问量。

```
private int count;
```

在类 Filter4_7 中重写 doFilter()方法，该方法的代码如表 4-13 所示。

表 4-13 doFilter()方法的代码

```
public void doFilter(ServletRequest request, ServletResponse response, FilterChain chain)
            throws IOException, ServletException {
    count++;  //访问量增加
    HttpServletRequest req = (HttpServletRequest)request;
    ServletContext sc = req.getSession().getServletContext();   //获取 ServletContext 对象
    sc.setAttribute("count", count);
    chain.doFilter(req, response);
}
```

表 4-13 中的代码通过 Servlet 获取 ServletContext 接口的对象，获取 ServletContext 对象以后，整个 Web 应用程序都可以共享 ServletContext 对象中存放的共享数据，使用这一方法可统计网站访问量。

注意，这里需要在文件中导入包的位置输入以下代码，导入相应的包。

```
import jakarta.servlet.ServletContext;
import jakarta.servlet.http.HttpServletRequest;
```

2. 在 web.xml 文件中对 Filter4_7 类进行配置

打开 Web 项目 unit4 文件夹 webapp/WEB-INF 中的 web.xml 文件，在该文件中输入表 4-14 所示的配置代码。

表 4-14 web.xml 文件中 Filter4_7 类的配置代码

```
<filter>
  <display-name>Filter4_7</display-name>
  <filter-name>Filter4_7</filter-name>
  <filter-class>package4.Filter4_7</filter-class>
</filter>
<filter-mapping>
  <filter-name>Filter4_7</filter-name>
  <url-pattern>/Filter4_7</url-pattern>
</filter-mapping>
```

3. 创建 JSP 页面 task4-7.jsp

在 Web 项目 unit4 中创建名为“task4-7.jsp”的 JSP 页面，该页面的主要代码如下。

```
<h3>欢迎您，您是第<%=application.getAttribute("count")%>位访问者。</h3>
```

4. 运行程序与输出结果

运行 JSP 页面 task4-7.jsp，其运行结果如图 4-11 所示。

欢迎您，您是第1位访问者。

图 4-11 JSP 页面 task4-7.jsp 的运行结果

可以通过刷新网页的方式观察网站访问量的变化。

【任务 4-4】使用 Servlet 对象统计网站访问量

【任务描述】

电子活页 4-5

创建 Servlet 类，在此类中重写 doPost()方法，通过 ServletContex 接口的对象实现网站访问量的统计。

【任务实施】

扫描二维码，打开电子活页 4-5，在线浏览【任务 4-4】的相关代码。

模块 4　思维导图

学习回顾

扫描二维码，打开模块 4 思维导图，回顾本模块的学习内容。

模块小结

Servlet 使用 Java 编写，继承了 Java 的诸多优点，同时对 Java 的 Web 应用进行了扩展，但它与普通 Java 应用程序不同。Servlet 对象运行在 Web 服务器上，可以对 Web 浏览器或其他客户端程序发送的请求进行处理。本模块通过实例程序的分析与实现介绍了 Servlet 及其过滤器的应用，同时介绍了 Servlet API 中的主要接口和类、Servlet 的生命周期等方面的内容。

模块习题

扫描二维码，完成模块 4 的在线测试，检验学习成效。

模块 4　在线测试

模块 5 基于JavaBean的Web应用程序开发

05

在前几个模块进行的 Web 应用程序设计过程中，我们可以发现很多代码没有很好地体现 Java 面向对象的开发思想。JSP 页面中的 HTML 代码与业务逻辑代码混在一起，程序的可读性较差，出现错误时不能进行快速调试，给程序的维护与扩展带来了很大的困难，更谈不上代码重用。在 Web 应用程序设计中，可以使用 JavaBean 将 Web 应用程序的业务逻辑代码与 HTML 代码分离，使之成为独立、可重复使用的模块，从而实现代码的重用及使程序维护更方便。JavaBean 是一种可重复使用的、跨平台的软件组件，它允许在 JSP 中通过特定 JSP 标签进行访问，可用于在多个 Web 组件之间进行共享。

在 JSP 开发过程中，有两种开发模式可选择：一种是 JSP 与 JavaBean 相结合的模式，这种模式被称为 Model1；另一种是 JSP、JavaBean 与 Servlet 相结合的模式，这种模式被称为 Model2。

释疑解惑

【问题 5-1】Model1 模式与纯 JSP 开发方式相比有哪些改进？仍然存在哪些缺陷？

在纯 JSP 开发方式中，HTML 代码与业务逻辑代码混在一起，如图 5-1 所示，以这种方式编写的程序可读性差，维护与扩展不方便。

图 5-1　纯 JSP 开发方式

JSP + JavaBean 的 Model1 模式与纯 JSP 开发方式相比是一次进步，JavaBean 的产生使 HTML 代码与 Java 代码分离。在应用 JavaBean 的 JSP 程序中，JSP 页面用于显示视图，JavaBean 用于处理各种业务逻辑，代码的可读性好，如图 5-2 所示。Model1 模式有了层次的概念，从 JSP 页面之中将业务逻辑分离了出来，但是对 JavaBean 的操作仍然在 JSP 页面中进行，控制业务逻辑的角色由 JSP 页面充当，使视图层的内容与业务逻辑混合在一起，因此这种开发模式仍然不是一种理想的模式，只适用于小型项目开发，目前该模式已逐渐被遗弃。

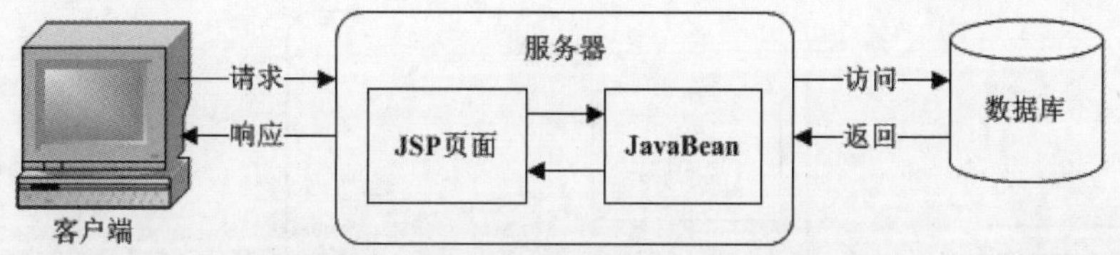

图 5-2　JSP + JavaBean 的 Model1 模式

【问题 5-2】Model2 模式如何实现 MVC?

在 Java Web 应用程序开发中，通常把 JSP+Servlet+JavaBean 的模式称为 Model2 模式，这是一种遵循 MVC 的模式，Model2 模式实现 MVC 的基本结构如图 5-3 所示。

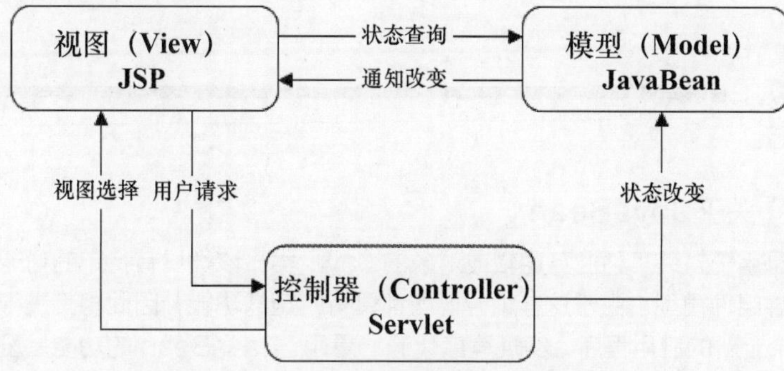

图 5-3　Model2 模式实现 MVC 的基本结构

JSP 作为视图，负责提供页面为用户展示数据，提供相应的表单（Form）以便用户提交请求，并在适当的时候（单击提交按钮）向控制器发出请求来请求模型进行更新。

Serlvet 作为控制器，用来接收用户提交的请求，并获取请求中的数据，将其转换为业务模型需要的数据模型，然后调用业务模型相应的业务方法进行更新，同时根据业务执行结果来选择要返回的视图。

JavaBean 作为模型，既可以作为数据模型来封装业务数据，又可以作为业务逻辑模型来包含应用的业务操作。其中，数据模型用来存储或传递业务数据，而业务逻辑模型在接收到控制器传来的模型更新请求后，执行特定的业务逻辑处理操作，并返回相应的执行结果。

Servlet+JSP+JavaBean 模式基本的响应顺序如下：当用户发出一个请求后，这个请求会被控制器 Servlet 接收到；Servlet 将请求的数据转换成数据模型 JavaBean，调用业务逻辑模型 JavaBean 的方法，并将业务逻辑模型返回的结果放到合适的地方，如请求的属性中；最后，根据业务逻辑模型的返回结果，由控制器来选择合适的视图（JSP），由视图把数据展现给用户。

【问题 5-3】Model2 模式与 Model1 模式相比有哪些改进?

Model2 模式采纳了 MVC 的设计理念，将视图（View）、控制器（Controller）、模型（Model）分离，三者分别对应视图层、控制器层、模型层，MVC 使这 3 层结构各负其责，充分体现了程序的层次，达到了一种理想的设计状态，为 Web 应用程序提供了更好的重用性和扩展性。Model2 模式在 Model1 模式的基础上引入了 Servlet 技术。Model2 模式遵循 MVC 的设计理念，其中，JSP 作为视图为用户提供与程序交互的界面，JavaBean 作为模型封装实体对象及业务逻辑，Servlet 作为控制器接收各种业务请求，并调用 JavaBean 模型组件对业务逻辑进行处理，在视图与业务逻辑之间架起一座“桥梁”，如图 5-4 所示。

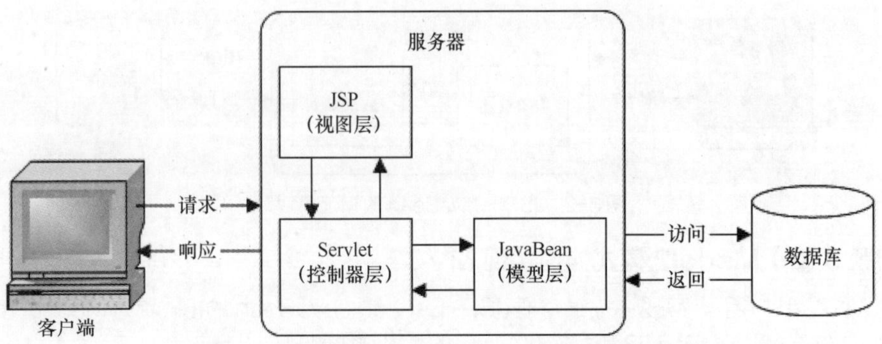

图 5-4　JSP + Servlet + JavaBean 的 Model2 模式

前导知识

【知识 5-1】关于 JavaBean

JavaBean 是用于封装某种业务逻辑或对象的 Java 类，该类具有特定的功能，即它是一个可重用的 Java 软件组件模型。由于这些组件模型都具有特定的功能，因此将其进行合理地组织后，可以快速生成一个全新的应用程序，实现程序代码的重用。JavaBean 的功能是没有限制的，任何可以使用 Java 代码实现的程序都可以使用 JavaBean 进行封装，如创建实体对象、进行数据库连接与操作等。

JavaBean 可以分为两类，即可视化的 JavaBean 与非可视化的 JavaBean。可视化的 JavaBean 是一种传统的应用方式，主要用于实现一些可视化界面元素，如窗体、按钮、文本框等。非可视化的 JavaBean 主要用于实现一些业务逻辑或封装一些业务对象，并不存在可视化的外观。

将 JavaBean 应用到 JSP 程序设计中是一次进步，它能将 HTML 代码与 Java 代码分离，使其业务逻辑变得更加清晰。在 JSP 页面中，可以通过 JSP 提供的动作标签（如<jsp:useBean>、<jsp:setProperty>和<jsp:getProperty>）来操作 JavaBean 对象，这 3 个标签为 JSP 内置的动作标签，在使用过程中不需要引入任何第三方的类库。

【知识 5-2】MVC 设计原理

MVC 是一种经典的程序设计理念，将应用程序分成 3 个部分，分别为模型（Model）、视图（View）和控制器（Controller），它们之间的关系如图 5-5 所示。

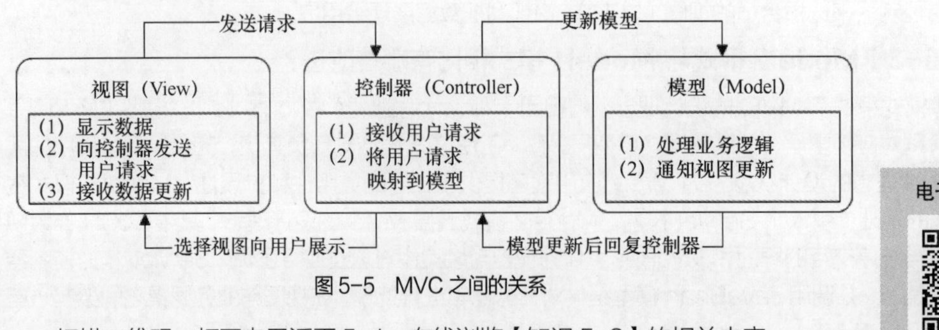

图 5-5　MVC 之间的关系

扫描二维码，打开电子活页 5-1，在线浏览【知识 5-2】的相关内容。

前导操作

【操作 5-1】创建基于 JavaBean 的 Web 应用程序的基本操作

（1）准备开发 Web 应用程序所需的图片文件、CSS 样式文件和 JavaScript 文件。

（2）启动 Eclipse IDE，进入 Eclipse IDE 的主界面，设置工作空间为 Unit05。

（3）新建动态 Web 项目 unit5。

（4）创建包 package5。在 Web 项目 unit5 中创建一个包，将其命名为“package5”。

（5）在 Eclipse IDE 中自定义名称为“My HTML File（html5）”的 HTML 模板。

（6）在 Eclipse IDE 中自定义名称为“My JSP File（html5）”的 JSP 模板。

（7）在 Web 项目 unit5 中创建文件夹 css、images、js，将 Web 应用程序所需的图片文件、CSS 样式文件和验证用的 JavaScript 文件复制到对应的文件夹中。

（8）在 Eclipse IDE 中配置与启动 Tomcat 服务器。

（9）准备数据库访问类。

将模块 3 中创建的 3 个类文件 DatabaseConn.java、UserInfo.java 和 UserManage.java 复制到项目 unit5 的 package5 包中，将类 DatabaseConn 中的 getConnection()方法更改为能够直接调用的静态方法，并在 Eclipse IDE 的项目资源管理器中刷新 Web 项目 unit5，这 3 个对应的类就是 JavaBean。

【操作 5-2】在动态 Web 项目 unit5 中添加 MySQL 驱动程序包

将 MySQL 驱动程序包（如 mysql-connector-java-8.0.29.jar）复制到动态 Web 项目 unit5 的文件夹 src\main\webapp\WEB-INF\lib 中，并在 Eclipse IDE 的项目资源管理器中刷新 Web 项目 unit5。

【操作 5-3】在动态 Web 项目 unit5 中添加 Servlet 支持类库

首先在 Tomcat 安装文件夹的子文件夹 lib 中找到 servlet-api.jar，如它在编者计算机中的位置为 C:\apache-tomcat-10.1.12\lib，然后将该 JAR 包复制到动态 Web 项目 unit5 的文件夹 src\main\webapp\WEB-INF\lib 中，并在 Eclipse IDE 的项目资源管理器中刷新 Web 项目 unit5。

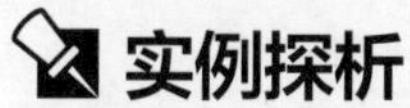

实例探析

【实例 5-1】使用<jsp:useBean>动作标签设置与获取数据

【操作要求】

（1）创建一个名为“JavaBean5_1”的类，该类是一个 JavaBean，在该类中定义多个属性及相应的 getXXX()与 setXXX()方法。

（2）创建一个 JSP 页面，在该页面中通过<jsp:useBean>动作标签实例化 JavaBean5_1 对象，并调用该对象的 setXXX()方法进行赋值操作，调用该对象的 getXXX()方法在页面中输出用户信息。

【实现过程】

1. 创建一个名为“JavaBean5_1”的 Java 类

（1）在项目资源管理器中选择包 package5 并单击鼠标右键，在弹出的快捷菜单中选择“新建”→“类”命令，如图 5-6 所示。

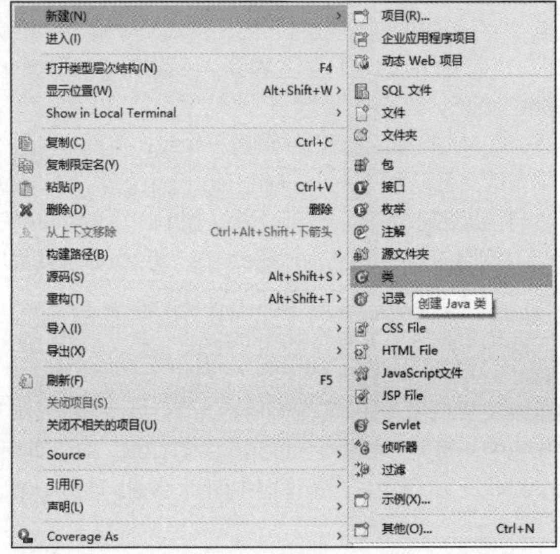

图 5-6 在弹出的快捷菜单中选择“新建”→“类”命令

（2）弹出【新建 Java 类】对话框，在“包”文本框中输入包名称“package5”，在“名称”文本框中输入类名称“JavaBean5_1”，其他采用默认设置，设置“超类”为“java.lang.Object”，如图 5-7 所示。

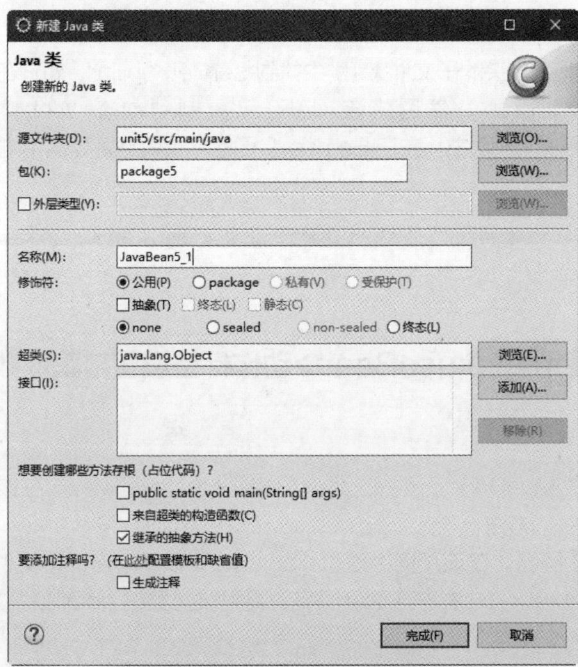

图 5-7 【新建 Java 类】对话框

（3）单击【完成】按钮，完成 Java 类的创建。

2. 编写 JavaBean 的代码

打开 JavaBean5_1.java 文件，在 JavaBean5_1 类中编写代码，定义多个属性及相应的 getXXX()与 setXXX()方法。

扫描二维码，打开电子活页 5-2，在线浏览 JavaBean5_1 类的代码。

电子活页 5-2

3. 创建 JSP 页面 demo5-1.jsp

在 Web 项目 unit5 中创建名为“demo5-1.jsp”的 JSP 页面，在该页面中输入如表 5-1 所示的代码。

表 5-1　JSP 页面 demo5-1.jsp 的代码

行号	代码
01	<jsp:useBean id="user" class="package5.JavaBean5_1"></jsp:useBean>
02	<%
03	user.setName("good");
04	user.setPassword("123456");
05	user.setEmail("888@qq.com");
06	%>
07	<span>用户名：</span>
08	<%=user.getName() %>
09	<span> 密码：</span>
10	<%=user.getPassword()%>
11	<span> Email：</span>
12	<%=user.getEmail()%>

表 5-1 中的第 01 行通过<jsp:useBean>动作标签实例化 JavaBean5_1 对象，第 03～05 行调用该对象的 setXXX()方法进行赋值操作，第 08、10、12 行调用该对象的 getXXX()方法在页面中输出用户信息。

4. 运行程序与输出结果

运行 JSP 页面 demo5-1.jsp，其运行结果如下。

```
用户名：good
密码：123456
Email：888@qq.com
```

【知识梳理】

【知识 5-3】定义 JavaBean 的基本要求

JavaBean 实际上就是一个 Java 类，这个类可以重用，可以很好地实现 HTML 代码与业务逻辑代码的分离。

（1）所有的 Java 类必须放在一个包中。

（2）所有的 Java 类必须声明为 public 类型，这样才能被外部访问。

（3）类中所有的属性都必须封装，即使用 private 声明。

（4）如果封装的属性需要被外部操作，则必须编写对应的 setXXX()方法或 getXXX()方法。

（5）每个 JavaBean 中至少存在一个无参构造方法为 JSP 中的标签所使用。

【知识 5-4】<jsp:useBean>动作标签

<jsp:useBean>动作标签用于在 JSP 页面中创建一个 JavaBean 实例，并通过属性的设置将该实

例存放到 JSP 指定的范围内。其语法格式如下。

```
<jsp:useBean  id="实例化对象的名称" scope="作用域" class="包名称.类名称">
</jsp:useBean>
```

<jsp:useBean>标签的属性说明如下。

（1）id 属性：用于设置实例化对象的名称，程序中通过该名称对 JavaBean 进行引用。

（2）scope 属性：用于设置 JavaBean 的作用域，分别为 page、request、session 和 application，默认值为 page。

（3）class 属性：用于指定 JavaBean 的完整类名，由包名称与类名称组成。

【实例 5-2】使用<jsp:setProperty>标签对属性赋值与获取数据

【操作要求】

（1）创建一个名为“JavaBean5_2”的类，该类是一个 JavaBean，在该类中定义多个属性及相应的 getXXX()与 setXXX()方法。

（2）创建一个 JSP 页面，在该页面中通过<jsp:useBean>动作标签实例化 JavaBean5_2 对象。

（3）在 JSP 页面中使用<jsp:setProperty>标签对 JavaBean 中的属性赋值，使用<jsp:getProperty>标签获取 JavaBean 中的属性值。

【实现过程】

1. 创建一个名为“JavaBean5_2”的 Java 类

在 Web 项目 unit5 的包 package5 中创建名为“JavaBean5_2”的 Java 类。

2. 编写 JavaBean 的代码

打开 JavaBean5_2.java 文件，在 JavaBean5_2 类中编写代码，定义多个属性及相应的 getXXX()与 setXXX()方法。该类的名称和构造方法的名称为“JavaBean5_2”，其他代码与 JSP 页面 demo5-1.jsp 的代码相同。

3. 创建 JSP 页面 demo5-2.jsp

在 Web 项目 unit5 中创建名为“demo5-2.jsp”的 JSP 页面，在该页面中输入表 5-2 所示的代码。

表 5-2 JSP 页面 demo5-2.jsp 的代码

行号	代码
01	<jsp:useBean id="user" class="package5.JavaBean5_2"></jsp:useBean>
02	<jsp:setProperty name="user" property="userName" value="good"/>
03	<jsp:setProperty name="user" property="userPassword" value="123456"/>
04	<jsp:setProperty name="user" property="userEmail" value="888@qq.com"/>
05	<span>用户名：</span>
06	<jsp:getProperty name="user" property="userName"/>
07	<span> 密码：</span>
08	<jsp:getProperty name="user" property="userPassword"/>
09	<span> Email：</span>
10	<jsp:getProperty name="user" property="userEmail"/>

表 5-2 中的第 01 行通过<jsp:useBean>标签实例化 JavaBean5_2 对象，第 02、03、04 行使用<jsp:setProperty>标签对 JavaBean5_2 对象的属性赋值，第 06、08、10 行通过<jsp:getProperty>

标签获取并输出 JavaBean5_2 对象的属性值。

4. 运行程序与输出结果

运行 JSP 页面 demo5-2.jsp，其运行结果如下。

```
用户名：good
密码：123456
Email：888@qq.com
```

【知识梳理】

【知识 5-5】<jsp:setProperty>标签

<jsp:setProperty>标签用于给 JavaBean 的属性赋值，要求 JavaBean 中相应的属性要提供 setXXX()方法。通常情况下，该标签与<jsp:useBean>标签配合使用。其语法格式如下。

```
<jsp:setProperty   name="实例化对象的名称"   property="属性名称"
                   value="属性值"   param="参数名"   />
```

<jsp:setProperty>标签的各个属性说明如下。

（1）name 属性：用于指定 JavaBean 的引用名称，即<jsp:useBean>标签中的 id 属性值，对应的实例对象必须在<jsp:setProperty>标签之前使用<jsp:useBean>标签定义。

（2）property 属性：用于指定 JavaBean 中的属性名称，该属性是必需的，其取值有两种，分别为“*”和“JavaBean 中的属性名称”。

（3）value 属性：用于指定 JavaBean 中属性的值。

（4）param 属性：用于指定 JSP 请求中的参数名，通过该参数可以将 JSP 请求参数的值赋给 JavaBean 中的属性。

<jsp:setProperty>标签的 property、value 和 param 属性可以结合使用，根据这 3 个属性的不同取值，<jsp:setProperty>标签有 4 种使用方法，如表 5-3 所示。

表 5-3 <jsp:setProperty>标签的使用方法

序号	使用方法	属性设置格式	使用说明
1	自动匹配	property="*"	当 HTML 表单中控件的 name 属性值与 JavaBean 中的属性名称一致时，可以使用自动匹配方法，自动调用 JavaBean 中的 setXXX()方法为属性赋值，否则不赋值
2	指定属性	property="属性名称"	当 HTML 表单中控件的 name 属性值与 JavaBean 中的属性名称一致时，为名称相同的 JavaBean 属性赋值，否则不赋值
3	指定内容	property="属性名称" value="属性值"	将一个指定的属性值直接赋给 JavaBean 中指定的属性
4	指定参数	property="属性名称" param="参数名"	将 JSP 请求中 request 对象参数的值赋给 JavaBean 中指定的属性

【知识 5-6】<jsp:getProperty>标签

<jsp:getProperty>标签用于获取 JavaBean 中的属性值，但要求 JavaBean 中的属性必须具有相应的 getXXX()方法。其语法格式如下。

```
<jsp:getProperty   name="实例化对象的名称"   property="属性名称"/ >
```

其中，name 属性用于指定 JavaBean 的引用名称，property 属性用于指定 JavaBean 中的属性名称。

【实例 5-3】设计计数器测试 JavaBean 的作用域

【操作要求】

设计一个简单的计数器 JavaBean，测试与比较 JavaBean 的 4 种作用域——page、request、session 和 application。

【实现过程】

1. 创建一个名为“JavaBean5_3”的 Java 类

在 Web 项目 unit5 的包 package5 中创建名为“JavaBean5_3”的 Java 类，在该类中定义一个属性 count 用于计数，定义一个方法 getCount()用于获取计数，代码如表 5-4 所示。

表 5-4　JavaBean5_3 类的代码

```java
package package5;
public class JavaBean5_3 {
    private int count = 0;
    public int getCount() {
        return ++count;
    }
}
```

2. 创建一个 JSP 页面 demo5-3.jsp

在 Web 项目 unit5 中创建名为“demo5-3.jsp”的 JSP 页面，在该页面中编写代码。

扫描二维码，打开电子活页 5-3，在线浏览 JSP 页面 demo5-3.jsp 的主体代码。

电子活页 5-3

3. 创建另一个 JSP 页面 page_JavaBean5_3.jsp

在 Web 项目 unit5 中创建名为“page_JavaBean5_3.jsp”的 JSP 页面，该页面的代码与 JSP 页面 demo5-3.jsp 的代码相同。

4. 运行程序与输出结果

运行 JSP 页面 demo5-3.jsp，其初始运行结果如图 5-8 所示，该页面分别输出了 page、request、session 和 application 作用域内计数器的初始值。

刷新两次 JSP 页面 demo5-3.jsp 后，session 和 application 作用域内计数器的数据值不断自增，但 page 和 request 作用域内计数器的数据值没有变化，如图 5-9 所示。

JavaBean的作用域	
page	1
request	1
session	1
application	1

跳转至下一个页面

图 5-8　JSP 页面 demo5-3.jsp 的初始运行结果

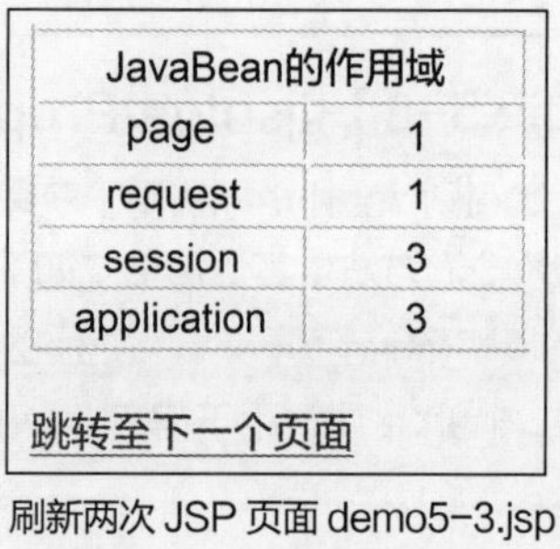

JavaBean的作用域	
page	1
request	1
session	3
application	3

跳转至下一个页面

图 5-9　刷新两次 JSP 页面 demo5-3.jsp 的结果

在该页面内单击【跳转至下一个页面】超链接，跳转到页面 page_JavaBean5_3.jsp，其结果如图 5-10 所示。由图 5-10 可以看出 session 和 application 作用域内计数器的数据值仍在增加，但 page 和 request 作用域内计数器的数据值没有变化。

打开一个新的浏览器窗口，在地址栏中输入"http://localhost:8080/unit5/page_JavaBean5_3.jsp"后按【Enter】键，其结果如图 5-11 所示。由图 5-11 可以看出 application 作用域内计数器的数据值仍在增加，但 session 作用域内计数器的数据值没有变化。原因是打开一个新的浏览器窗口时，session 的生命周期结束，与之对应的 count 对象也被销毁，但 application 作用域内的 count 对象仍然存在。

JavaBean的作用域	
page	1
request	1
session	4
application	4

图 5-10　跳转到 JSP 页面 page_JavaBean5_3.jsp 的结果

JavaBean的作用域	
page	1
request	1
session	1
application	5

图 5-11　在一个新的浏览器窗口中运行 JSP 页面 page_JavaBean5_3.jsp 的结果

【知识梳理】

【知识 5-7】JavaBean 的作用域

JavaBean 的作用域有 4 种，分别为 page、request、session 和 application，默认值为 page，可以通过<jsp:useBean>标签的 scope 属性对作用域进行设置。这 4 种作用域与 JSP 页面中的 page、request、session 和 application 作用域相对应。JavaBean 的作用域说明如表 5-5 所示。

表 5-5　JavaBean 的作用域说明

作用域	作用域说明
page	JavaBean 对象的有效范围为用户请求访问的当前 JSP 页面，以下两种情况都会结束其生命周期：（1）用户请求访问的当前 JSP 页面通过<forward>标签将请求转发到另一个 JSP 页面；（2）用户请求访问的当前 JSP 页面执行完毕并向客户端返回响应
request	JavaBean 对象的有效范围如下：（1）用户请求访问的当前 JSP 网页；（2）和当前 JSP 页面共享同一个用户请求的页面，即当前 JSP 页面中使用<%@ include>标签、<jsp:include>标签和<forward>标签包含的其他 JSP 页面。 当所有共享同一个用户请求的 JSP 页面执行完毕并向客户端返回响应时，JavaBean 对象结束生命周期。 JavaBean 对象作为属性保存在 HttpRequest 对象中，属性名称为 JavaBean 的 id，属性值为 JavaBean 对象，因此也可以通过 HttpRequest.getAttribute()方法获取 JavaBean 对象
session	JavaBean 对象被创建后存在于整个 session 的生命周期内，同一个 session 中的 JSP 页面共享整个 JavaBean 对象。当 session 超时或会话结束时，JavaBean 对象被销毁。 JavaBean 对象作为属性保存在 HttpSession 对象中，属性名称为 JavaBean 的 id，属性值为 JavaBean 对象。除了可以通过 JavaBean 的 id 直接引用 JavaBean 对象外，还可以通过 HttpSession.getAttribute()方法获取 JavaBean 对象
application	JavaBean 对象被创建后存在于整个 Web 应用的生命周期内，Web 应用中的所有 JSP 页面都能共享同一个 JavaBean 对象。服务器关闭时，JavaBean 对象才被销毁。 JavaBean 对象作为属性保存在 application 对象中，属性名称为 JavaBean 的 id，属性值为 JavaBean 对象。除了可以通过 JavaBean 的 id 直接引用 JavaBean 对象外，还可以通过 application.getAttribute()方法取得 JavaBean 对象

JavaBean 的 4 种作用域与 JavaBean 的生命周期息息相关。当 JavaBean 被创建并通过<jsp:setProperty>标签和<jsp:getProperty>标签调用时，将会按照 page、request、session 和 application 的顺序来查找 JavaBean 实例对象，直至找到一个实例对象为止。如果这 4 个作用域内都找不到 JavaBean 实例对象，则会抛出异常。

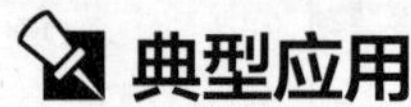

典型应用

【任务 5-1】使用 JSP+Servlet+JavaBean 实现用户登录功能

微课 5-1

【任务描述】

使用 JSP+Servlet+JavaBean 实现用户登录功能，其程序设计结构如图 5-12 所示。

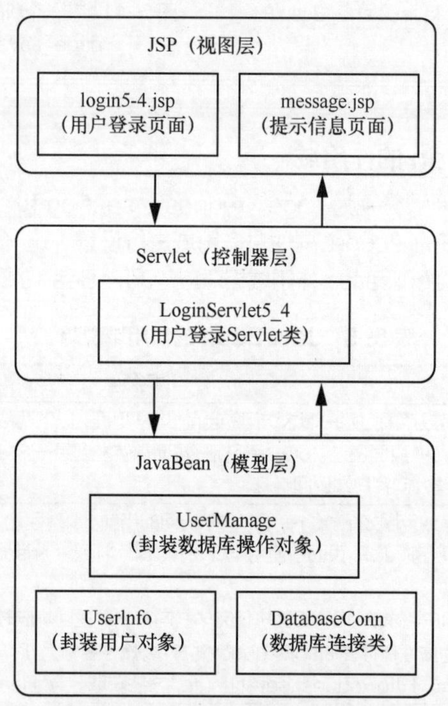

图 5-12　用户登录功能的程序设计结构

电子活页 5-4

【任务实施】

扫描二维码，打开电子活页 5-4，在线浏览【任务 5-1】的相关代码。

【任务 5-1】的实现过程如表 5-6 所示。

表 5-6　【任务 5-1】的实现过程

序号	步骤名称	相关内容	对应代码或图片
1	创建类	类位置：src/main/java/package5。 Servlet 类：LoginServlet5_4。 该类是用于处理用户登录请求的 Servlet，通过 doPost() 方法对用户登录请求进行处理	如【代码 1】所示

续表

序号	步骤名称	相关内容	对应代码或图片
2	创建页面文件	文件位置：src/main/webapp。 文件名称：login5-4.jsp	如【代码 2】所示
		文件名称：message.jsp。 该页面主要输出提示信息告知用户处理结果，如用户登录成功或失败等	如【代码 3】所示
3	编写 JavaScript 代码	文件名称：loginValidate.js	如【代码 4】所示
4	完善配置文件	配置文件的名称：web.xml	如【代码 5】所示
5	运行程序与输出结果	运行 JSP 页面 login5-4.jsp，进入用户登录页面，在“用户名”文本框中输入“admin”，在“密码”文本框中输入“123456”，单击【登录】按钮，提交表单数据，所提交的数据由 LoginServlet5_4 类进行处理	—
		输出结果：用户登录成功！欢迎 admin 光临蝴蝶 E 购网	—

【任务 5-2】使用 JSP+Servlet+JavaBean 实现用户注册功能

【任务描述】

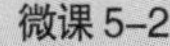

使用 JSP+Servlet+JavaBean 实现用户注册功能，其程序设计结构如图 5-13 所示。

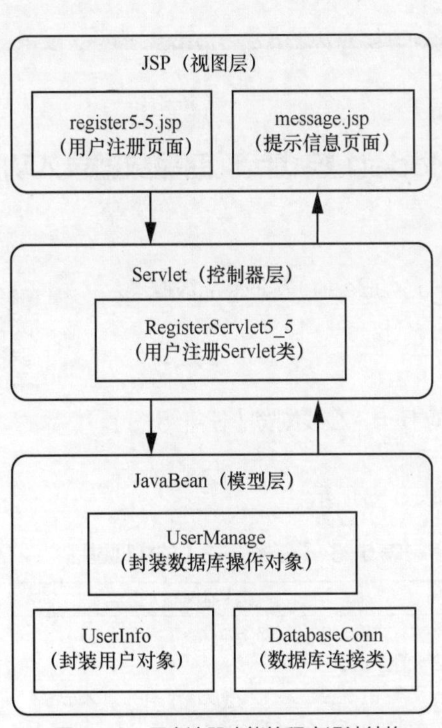

图 5-13　用户注册功能的程序设计结构

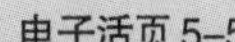

【任务实施】

扫描二维码，打开电子活页 5-5，在线浏览【任务 5-2】的相关代码。

【任务 5-2】的实现过程如表 5-7 所示。

表 5-7 【任务 5-2】的实现过程

序号	步骤名称	相关内容	对应代码或图片
1	创建类	类位置：src/main/java/package5。 Servlet 类：RegisterServlet5_5。 该类是用于处理用户注册请求的 Servlet，通过 doPost()方法对用户注册请求进行处理	如【代码 1】所示
2	创建页面文件	文件位置：src/main/webapp。 文件名称：register5-5.jsp	如【代码 2】所示
3	编写 JavaScript 代码	文件名称：registerValidate.js	如【代码 3】所示
4	完善配置文件	配置文件的名称：web.xml	如【代码 4】所示
5	运行程序与输出结果	运行 JSP 页面 Register5-5.jsp，进入用户注册页面，在“用户名”文本框中输入“admin5-5”，在“设置密码”与“确认密码”文本框中输入“123456”，在“邮箱地址”文本框中输入“123456@qq.com”，单击【注册】按钮，提交表单数据，所提交的数据由 RegisterServlet5_5 类进行处理	—
		输出结果：用户注册成功！ 如果在“用户名”文本框中输入“admin”，其他的输入内容不变，单击【注册】按钮，提交表单数据，则页面中将显示“该用户名已经注册过”的提示信息	—

拓展应用

【任务 5-3】使用 Model1 模式实现商品数据录入功能

【任务描述】

使用 Model1 模式（JSP + JavaBean）实现商品数据录入功能。

微课 5-3

电子活页 5-6

【任务实施】

扫描二维码，打开电子活页 5-6，在线浏览【任务 5-3】的相关代码。

【任务 5-3】的实现过程如表 5-8 所示。

表 5-8 【任务 5-3】的实现过程

序号	步骤名称	相关内容	对应代码或图片
1	创建类	类位置：src/main/java/package5。 实体类：GoodsInfo。 在该类中定义多个属性及 setXXX()方法、getXXX()方法	如【代码 1】所示
		封装业务逻辑的类：GoodsManage。 在该类中定义方法 getGoodsCode()，该方法用于从“商品数据表”中查询指定的商品编码是否存在，从而判断新增的商品数据是否存在。 在该类中定义方法 insertGoodsInfo()，该方法用于保存商品数据，其入口参数为商品对象 goods	如【代码 2】所示
		类名称：DatabaseConn	如【代码 3】所示

续表

序号	步骤名称	相关内容	对应代码或图片
2	创建页面文件	文件位置：src/main/webapp。 文件名称：task5-6.jsp。 该页面用于输入商品数据	如【代码 4】所示
		文件名称：goodsControl5-6.jsp。 该页面用于处理表单请求并向数据表中添加商品数据	如【代码 5】所示
3	运行程序与输出结果	运行 JSP 页面 task5-6.jsp，进入商品数据录入页面，在表单的各个控件中正确输入对应的商品数据	如图 5-14 所示
		单击【保存】按钮，提交表单数据，所提交的数据由 goodsControl5-6.jsp 页面进行处理，在页面中显示“商品数据已添加成功!”的提示信息	—

图 5-14　商品数据录入页面

【任务 5-4】使用 Model2 模式实现商品数据录入功能

微课 5-4

电子活页 5-7

【任务描述】

使用 Model2（JSP+Servlet+JavaBean）模式实现商品数据录入功能。

【任务实施】

扫描二维码，打开电子活页 5-7，在线浏览【任务 5-4】的相关代码。

【任务 5-4】的实现过程如表 5-9 所示。

表 5-9 【任务 5-4】的实现过程

序号	步骤名称	相关内容	对应代码或图片
1	创建类	类位置：src/main/java/package5。 实体类：GoodsInfo。 该类用于封装商品数据	如【任务 5-3】的【代码 1】所示
		封装业务逻辑的类：GoodsManage。 该类用于封装商品对象的数据库操作	如【任务 5-3】的【代码 2】所示
		类名称：DatabaseConn	如【任务 5-3】的【代码 3】所示

续表

序号	步骤名称	相关内容	对应代码或图片
1	创建类	Servlet 类：GoodsServlet5_7。 它是控制器层的一个 Servlet 类，该类通过 doPost()方法对添加商品数据的请求进行处理。 此 Servlet 类首先对获取的商品数据进行封装，然后调用相应的 JavaBean 方法保存商品数据。在这一过程中，并没有与任何 JSP 网页相混合，也没有在网页中进行业务逻辑处理，完全由 Servlet 对业务请求进行控制。当 JavaBean 对象不符合要求时，只需改变相应的 JavaBean 代码或者创建一个新的 JavaBean 对象即可，大大提高了程序的可扩展性和可维护性	如【代码 1】所示
2	创建页面文件	文件位置：src/main/webapp。 文件名称：task5-7.jsp。 该页面用于输入商品数据，该页面的主体代码与 task5-6.jsp 的代码相似，只是将 action 属性值设置为"GoodsServlet5_7"，即将提交地址设置为"GoodsServlet5_7"	如【代码 2】所示
3	完善配置文件	配置文件的名称：web.xml	如【代码 3】所示
4	运行程序与输出结果	运行 JSP 页面 task5-7.jsp，进入商品数据录入页面，在表单的各个控件中正确输入对应的商品数据，单击【保存】按钮，提交表单数据，所提交的数据由 GoodsServlet5_7 类进行处理	—
		输出结果：商品数据已添加成功！	—

【任务 5-5】在浏览商品数据页面实现页码跳转功能和分页功能

【任务描述】

微课 5-5

电子活页 5-8

创建浏览商品数据的页面，在该页面中实现页码跳转功能和分页功能。

【任务实施】

扫描二维码，打开电子活页 5-8，在线浏览【任务 5-5】的相关代码。

【任务 5-5】的实现过程如表 5-10 所示。

表 5-10 【任务 5-5】的实现过程

序号	步骤名称	相关内容	对应代码或图片
1	创建类	类位置：src/main/java/package5。 数据库操作类：GoodsInfoManage5_8。 在该类中定义构造方法 GoodsInfoManage5_8()用于加载数据库驱动程序，定义方法 Connection()用于创建与数据库的连接，方法 getInfo()用于执行查询操作，方法 closeConnection()用于关闭数据库	如【代码 1】所示
2	创建页面文件	文件位置：src/main/webapp。 文件名称：task5-8.jsp。 首先，通过 JavaBean 标签调用数据库操作类 GoodsInfoManage5_8，并定义在分页输出数据中使用的参数。 其次，根据传递的参数获取当前显示的页码，执行查询语句，获取结果集并显示数据。 最后，创建【第一页】【上一页】【下一页】和【最后一页】超链接，链接到 task5-8.jsp 页面，指定 page 作为栏目标识	如【代码 2】所示

续表

序号	步骤名称	相关内容	对应代码或图片
3	运行程序与输出结果	运行 JSP 页面 task5-8.jsp，页面中显示了第 1 页的 5 条商品数据	如图 5-15 所示
		在图 5-15 所示的页面中单击【下一页】超链接，在 JSP 页面 task5-8.jsp 中显示第 2 页的 5 条商品数据	如图 5-16 所示
		在图 5-16 所示的页面的“请输入页次”文本框中输入“3”，单击【GO】按钮，在 JSP 页面 task5-8.jsp 中显示第 3 页的 5 条商品数据	如图 5-17 所示

商品编码	商品名称	价格	优惠价格	库存数量
100068077972	华为Mate 60	6799.0	6255.08	5
100054574041	OPPO Find X6 Pro	6999.0	6649.05	5
185038089998	Redmi 红米K60	3799.0	3571.06	8
187746258010	华为mateX5 折叠屏手机	22449.0	20653.08	9
181783549096	华为P40 Pro 5G手机	2259.0	2078.28	4

[1/4] 每页5条 共16条记录　　请输入页次 1 GO　　第一页 下一页 最后一页

图 5-15　JSP 页面 task5-8.jsp 中显示第 1 页的 5 条商品数据

商品编码	商品名称	价格	优惠价格	库存数量
184608525592	小米（MI）Redmi A43	2399.0	2255.06	15
100033221034	长虹50P6S	1499.0	1409.06	17
100051672862	小天鹅TG100V618T	2799.0	2631.06	20
100057117782	海尔XQG100-HBD1426L	6099.0	5733.06	18
100057859503	海信75E3H	3289.0	3091.66	10

[2/4] 每页5条 共16条记录　　请输入页次 1 GO　　第一页 上一页 下一页 最后一页

图 5-16　JSP 页面 task5-8.jsp 中显示第 2 页的 5 条商品数据

商品编码	商品名称	价格	优惠价格	库存数量
100066632626	酷开创维Max100	11999.0	11279.06	7
167229445713	美的（Midea）BCD-480	3399.0	3195.06	30
172249517930	海尔（Haier）BCD-500	3799.0	3571.06	35
179222914142	美的KFR-35GW/N8XHC1	2499.0	2274.09	43
184228403584	TCL115X11G Max	79999.0	75199.06	12

[3/4] 每页5条 共16条记录　　请输入页次 1 GO　　第一页 上一页 下一页 最后一页

图 5-17　JSP 页面 task5-8.jsp 中显示第 3 页的 5 条商品数据

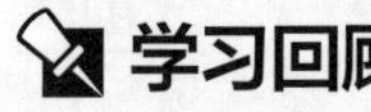

学习回顾

模块 5　思维导图

扫描二维码，打开模块 5 思维导图，回顾本模块的学习内容。

模块小结

JavaBean 是用于封装业务逻辑或对象的 Java 类，该类具有特定的功能，即它是一个可重用的 Java 软件组件模型。由于这些组件模型都具有特定的功能，因此对其进行合理组织后，可以快速生成一个全新的程序，实现代码的重用。将 JavaBean 应用到 JSP 编程中，使 JSP 的发展进入了一个崭新的阶段，它将 HTML 代码与 Java 代码分离，使 Web 应用程序的业务逻辑变得更加清晰。本模块通过实例程序的分析与实现介绍了 JavaBean 的设计、使用及作用域，同时对 Model1 模式和 Model2 模式进行了分析及应用。

模块习题

扫描二维码，完成模块 5 的在线测试，检验学习成效。

模块 5　在线测试

进阶篇

模块 6 基于Spring MVC的Web应用程序开发

06

Spring MVC 是基于 MVC 软件设计模式，用于衔接前后端的一个开源 Web 框架，可以代替 Struts。Spring MVC 是一个 Spring 家族的 MVC 框架，提供了模型-视图-控制器的体系结构和可以用来开发灵活、松散耦合的 Web 应用程序的组件。

Spring MVC 是 Spring 项目的一个重要组成部分，它能与 Spring IoC 容器紧密结合，具有松耦合、方便配置、代码分离等特点。MVC 实现了应用程序不同方面（输入逻辑、业务逻辑和 UI 界面）的分离，同时提供了在这些元素之间的松散耦合，让 Java 程序员开发 Web 应用程序变得更加容易。

释疑解惑

【问题 6-1】MVC 是什么?

MVC（Model-View-Controller，模型-视图-控制器）是一种软件设计模式，由模型（Model）、视图（View）和控制器（Controller）3 个部分组成，它们分别担负着不同的任务，其目标是将软件的前端页面和业务逻辑分离，使代码具有更高的可扩展性、可复用性、可维护性及灵活性。

1. MVC 分层结构的组成与工作流程

MVC 分层结构组成部分的说明如下。

（1）模型。

模型封装了应用程序数据，表示业务数据和进行业务逻辑处理，相当于 JavaBean。一个模型能为多个视图提供数据，这样可以提高应用程序的重用性。

（2）视图。

视图主要用于呈现模型数据，并接收用户的输入，其通常生成客户端的浏览器可以解释的 HTML 输出。视图不进行任何业务逻辑处理。

（3）控制器。

控制器主要用于处理用户请求，构建合适的模型并将其传递到视图呈现。

当用户单击 Web 页面中的提交按钮时，控制器接收请求并调用相应的模型去处理请求，然后根据处理的结果调用相应的视图来显示处理的结果。

MVC 分层结构如图 6-1 所示。

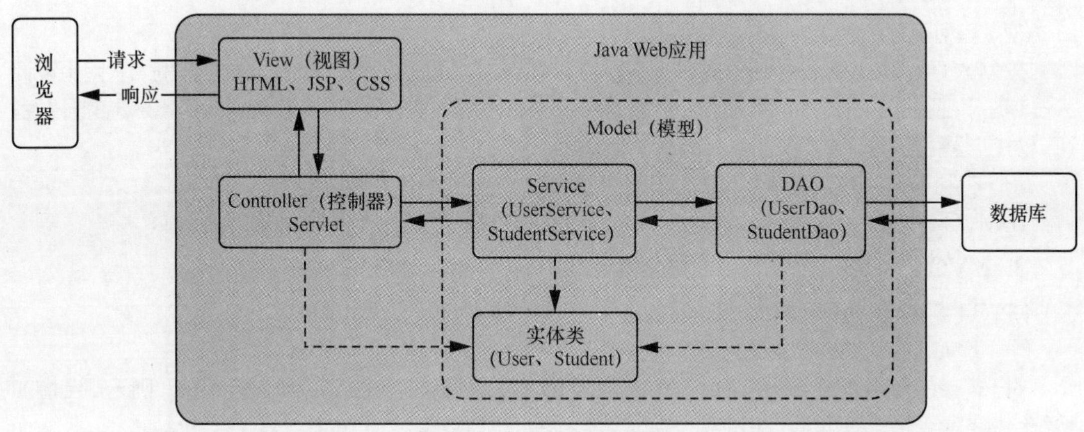

图 6-1　MVC 分层结构

MVC 的工作流程如下。

（1）用户发送请求到服务器。

（2）在服务器中，请求被 Controller 接收。

（3）Controller 调用相应的 Model 处理请求。

（4）Model 处理完毕将数据返回到 Controller。

（5）Controller 根据 Model 返回的请求处理结果，找到相应的 View。

（6）View 渲染数据后将其响应给浏览器，通过视图呈现给用户。

MVC 的三层结构及各层的说明如表 6-1 所示。

表 6-1　MVC 的三层结构及各层的说明

分层	说明
Model（模型层）	模型是 Web 应用程序的主体部分，主要由以下两部分组成。 （1）实体类 Bean（Bean 是 Java 应用程序中的可重用组件的惯用叫法）：主要用于封装持久化数据的 JavaBean，专门用来存储业务数据的对象，它们通常与数据库中的某个数据表对应，如 User、Student 等数据表。 （2）业务处理 Bean：Service（服务程序）或 DAO（Data Access Object，数据访问对象）的对象，专门用于支持应用程序的业务逻辑处理、数据库访问操作。 一个模型可以为多个视图提供数据，一套模型的代码只需写一次就可以被多个视图重用，有效地降低了代码的重复性，提高了代码的可复用性
View（视图层）	视图指在 Web 应用程序中专门用来与浏览器进行交互、展示数据的资源。在 Web 应用程序中，视图就是通常所说的前端页面，通常由 HTML、CSS、JavaScript、JSP 等类型的代码组成
Controller（控制器层）	控制器通常指 Web 应用程序的 Servlet（Servlet 是 Java Servlet 的简称，称为 Java 小程序或服务连接器），它负责将用户的请求交给模型层进行处理，并将模型层处理完成的数据返回给视图层进行渲染并展示给用户。 在这个过程中，控制器层不会做任何业务逻辑处理，它只是视图层和模型层连接的枢纽，负责调度视图层和模型层，将用户界面和业务逻辑合理地组织在一起，起黏合剂的作用

2. MVC 的优点

MVC 具有以下优点。

（1）降低代码耦合性。

在 MVC 中，3 层之间相互独立，各司其职。一旦某一层的需求发生了变化，只需要更改相应层中的代码即可，而不会对其他层中的代码造成影响。

（2）有利于分工合作。

在 MVC 中，应用系统被划分成 3 个不同的层次，这样可以更好地实现开发分工。例如，网页设计人员专注于视图层的开发，而那些对业务熟悉的开发者对模型层进行开发，其他对业务不熟悉的开发者可以对控制器层进行开发。

（3）有利于组件的重用。

在 MVC 中，多个视图可以共享同一个模型，大大提高了系统中代码的可重用性。

3. MVC 的不足

MVC 也存在以下不足之处。

（1）增加了系统结构和实现的复杂性。

对于简单的应用，如果严格遵循 MVC，按照模型、视图与控制器对系统进行划分，则无疑会增加系统结构的复杂性，并可能产生过多的更新操作，降低运行效率。

（2）视图与控制器间的联系过于紧密。

虽然视图与控制器是相互分离的，但它们之间联系是十分紧密的。没有控制器，视图无法自主地处理用户交互和业务逻辑，其功能会大大受限，仅能展示静态信息。同样，如果控制器没有与之配对的视图来呈现数据和接收用户输入，控制器也难以发挥实际作用，无法构成完整的用户界面体验。这种紧密的联系导致在实际使用中很难单独重用视图或控制器。

（3）视图对模型数据的访问效率较低。

视图可能需要进行多次调用才能获得足够的显示数据，对未变化数据的不必要的频繁访问会损害操作性能。

MVC 并不适用于小型甚至中型规模的项目，花费大量时间将 MVC 应用到规模并不是很大的应用程序中通常会得不偿失，因此对于 MVC 设计模式的使用要根据具体的应用场景来决定。

【问题 6-2】应用程序的三层架构与 MVC 模式有何区别和联系?

电子活页 6-1

扫描二维码，打开电子活页 6-1，在线浏览【问题 6-2】的相关内容。

【问题 6-3】什么是 Spring?

Spring 框架是一个开源的 Java 应用程序框架，它提供了一系列的组件和工具，用于开发基于 Java 的企业级应用程序。

Spring 框架提供了一种轻量级的企业业务解决方案，用于建立“快速装配式企业组件”。Spring 框架透明地管理了整个架构，提供使代码松耦合的 IoC 容器及 AOP 框架的方面功能等。Spring 框架的目标是使 Java 开发变得更加简单、快捷、高效。它提供了以下一系列的特性和功能。

（1）IoC（Inversion of Control，控制反转）：Spring 框架可以帮助开发者实现控制反转，即将对象的创建、管理、组装等操作交由 Spring 容器完成，从而使 Java 开发更加简单、灵活、可扩展。

（2）AOP（Aspect-Oriented Programming，面向方面的程序设计）：Spring 框架可以帮助开发者实现 AOP，即通过方面对应用程序进行统一的处理，从而提高代码的重用性、可维护性和可扩展性。

（3）JDBC 框架：Spring 框架提供了一套强大的 JDBC 框架，可以帮助开发者简化 JDBC 编程，从而提高 Java 应用程序的开发效率。

（4）ORM 框架：Spring 框架提供了对多种 ORM 框架的支持，包括 MyBatis、Hibernate 等，可以帮助开发者简化 ORM 编程，提高代码的重用性、可维护性和可扩展性。

（5）MVC 框架：Spring 框架提供了一套强大的 MVC 框架，可以帮助开发者快速开发 Web 应用程序，提高开发效率。

（6）安全框架：Spring 框架提供了一套强大的安全框架，可以帮助开发者更容易地处理应用程序的安全性问题，提高代码的安全性和可维护性。

总之，Spring 框架是一个非常强大的 Java 应用程序框架，可以帮助开发者简化 Java 开发，提高开发效率和代码质量。

【问题 6-4】什么是 Spring MVC?

Spring MVC（全称 Spring Web MVC）是 Spring 框架提供的一个基于 MVC 的轻量级 Web 开发框架，是 Spring 为表现层开发提供的一整套完备的解决方案。

Spring MVC 使用了 MVC 架构模式的思想，对 Web 应用进行职责解构，把复杂的 Web 应用程序划分成模型层、控制器层及视图层 3 层，有效地简化了 Web 应用的开发，降低了出错风险，同时方便了开发者之间的分工配合。

Spring MVC 各层的职责如下。

（1）模型层：负责对请求进行处理，并将结果返回给控制器。模型层封装了应用程序数据，并且通常它们由 POJO（Plain Old Java Object，普通的 Java 对象，即简单的 JavaBean 实体类）组成。

（2）视图层：负责对请求的处理结果进行渲染，展示在客户端浏览器上。视图层主要用于呈现模型数据，并且通常它生成客户端的浏览器可以解释的 HTML 输出。

（3）控制器层：模型层和视图层交互的纽带，主要负责接收用户请求，并调用模型对请求进行处理，然后将模型的处理结果传递给视图层。控制器层主要用于处理用户请求，构建合适的模型并将其传递到视图层呈现。

Spring MVC 本质上是对 Servlet 的进一步封装，其最核心的组件是 DispatcherServlet，它是 Spring MVC 的前端控制器，主要负责对请求和响应进行统一的处理及分发。控制器接收到的请求其实就是 DispatcherServlet 根据一定的规则分发给它的。

Spring MVC 框架内部采用了松耦合、可插拔的组件结构，具有高可配置性，比起其他的 MVC 框架更具扩展性和灵活性。此外，Spring MVC 的注解驱动（annotation-driven）和对 RESTful 风格的支持是它最具特色的功能之一。

【问题 6-5】什么是 DispatcherServlet?

Spring MVC 框架是围绕 DispatcherServlet 设计的，DispatcherServlet 用来处理所有的 HTTP 请求和响应。

Spring MVC DispatcherServlet 的请求处理的工作流程如图 6-2 所示。

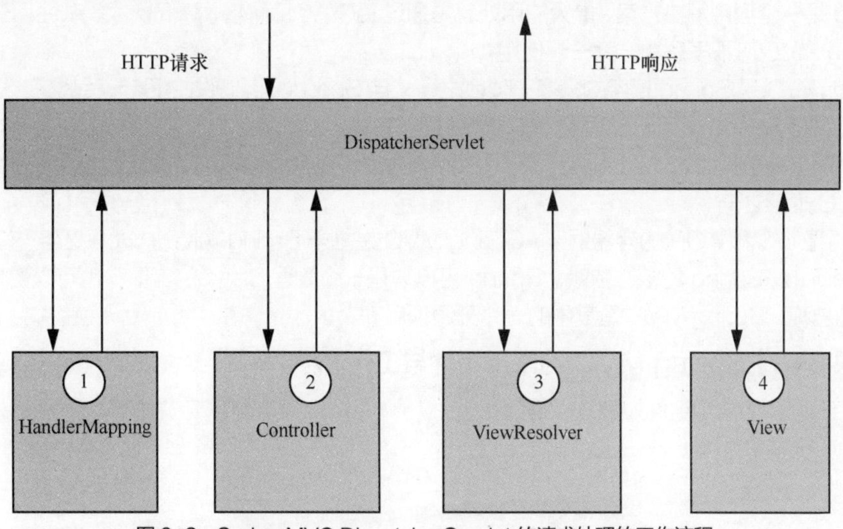

图 6-2 Spring MVC DispatcherServlet 的请求处理的工作流程

以下是对应 DispatcherServlet 传入 HTTP 请求的事件序列。

（1）收到一个 HTTP 请求后，DispatcherServlet 根据 HandlerMapping 来选择并调用适当的 Controller。

（2）Controller 接收请求，并基于使用的 GET 或 POST 方法调用适当的 Service 方法。Service 方法将设置基于定义的业务逻辑的模型数据，并返回 View 名称到 DispatcherServlet 中。

（3）DispatcherServlet 会从 ViewResolver 获取帮助，为请求获取定义 View。

（4）一旦确定 View，DispatcherServlet 将把模型数据传递给 View，最后呈现在浏览器中。

上面所提到的 HandlerMapping、Controller 和 ViewResolver 是 WebApplicationContext 的一部分，而 WebApplicationContext 是带有一些对 Web 应用程序必要的额外特性的 ApplicationContext 扩展。

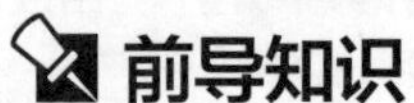

前导知识

【知识 6-1】Spring MVC 的优点

Spring MVC 具有以下优点。

（1）Spring MVC 是 Spring 家族原生产品，可以与 IoC 容器、AOP 等 Spring 基础设施无缝对接。

（2）Spring MVC 支持多种视图技术，如 JSP、Thymeleaf 和 FreeMaker 等，不局限于 JSP。

（3）Spring MVC 基于原生的 Servlet 实现，通过功能强大的前端控制器 DispatcherServlet 对请求和响应进行统一处理。

（4）Spring MVC 对表现层各细分领域需要解决的问题全方位覆盖，并提供一套全面的解决方案。

（5）角色分配清晰、明确。Spring MVC 组件可分为前端控制器（DispatcherServlet）、处理器映射器（HandlerMapping）、处理器适配器（HandlerAdapter）、视图解析器（ViewResolver）。

（6）代码清晰简洁，大幅提升开发效率。

（7）内部组件化程度高，可插拔式组件即插即用。想要使用什么功能，配置相应组件即可。

（8）性能卓著，尤其适用于现代大型、超大型互联网项目的开发。

【知识 6-2】Spring 和 Spring MVC 的联系与区别

Spring 是一个通用解决方案，最大的用处就是通过 IoC/AOP 解耦，降低软件复杂性。Spring 可以结合 Spring MVC 等很多解决方案一起使用。

Spring MVC 是 Spring 框架的众多子项目之一，自 Spring 框架诞生之日起就包含在 Spring 框架中了，它可以与 Spring 框架无缝集成，在性能方面具有先天的优势。对开发者来说，Spring MVC 的开发效率要明显高于其他的 Web 框架，因此 Spring MVC 在企业中得到了广泛的应用，是目前业界最主流的 MVC 框架之一。

Spring 是 IoC 和 AOP 的容器框架，Spring MVC 是基于 Spring 功能的 Web 框架，使用 Spring MVC 前必须引入 Spring 的核心依赖。Spring 可以说是一个管理 Bean 的容器，也可以说是包括很多开源项目的总称，Spring MVC 是其中的一个开源项目。

【知识 6-3】Spring MVC 的常用组件与工作流程

Spring MVC 的常用组件如表 6-2 所示。

表 6-2 Spring MVC 的常用组件

组件名称	提供者	描述
DispatcherServlet（前端控制器）	框架	它是整个 Spring MVC 工作流程的控制中心，负责统一处理请求和响应，调用其他组件对用户请求进行处理
HandlerMapping（处理器映射器）	框架	根据请求的 URL、method 等信息查找相应的 Handler
Handler（处理器）	开发者	通常被称为 Controller（控制器）。它可以在 DispatcherServlet 的控制下对具体的用户请求进行处理
HandlerAdapter（处理器适配器）	框架	负责调用具体的控制器方法对用户发来的请求进行处理
ViewResolver（视图解析器）	框架	其职责是对视图进行解析，得到相应的视图对象，常见的视图解析器有 ThymeleafViewResolver、InternalResourceViewResolver 等
View（视图）	开发者	View 是一个接口，其作用是将模型（Model）数据通过页面展示给用户。它的实现类支持不同的视图类型，如 JSP、FreeMarker、PDF 等

Spring MVC 的工作流程如图 6-3 所示。

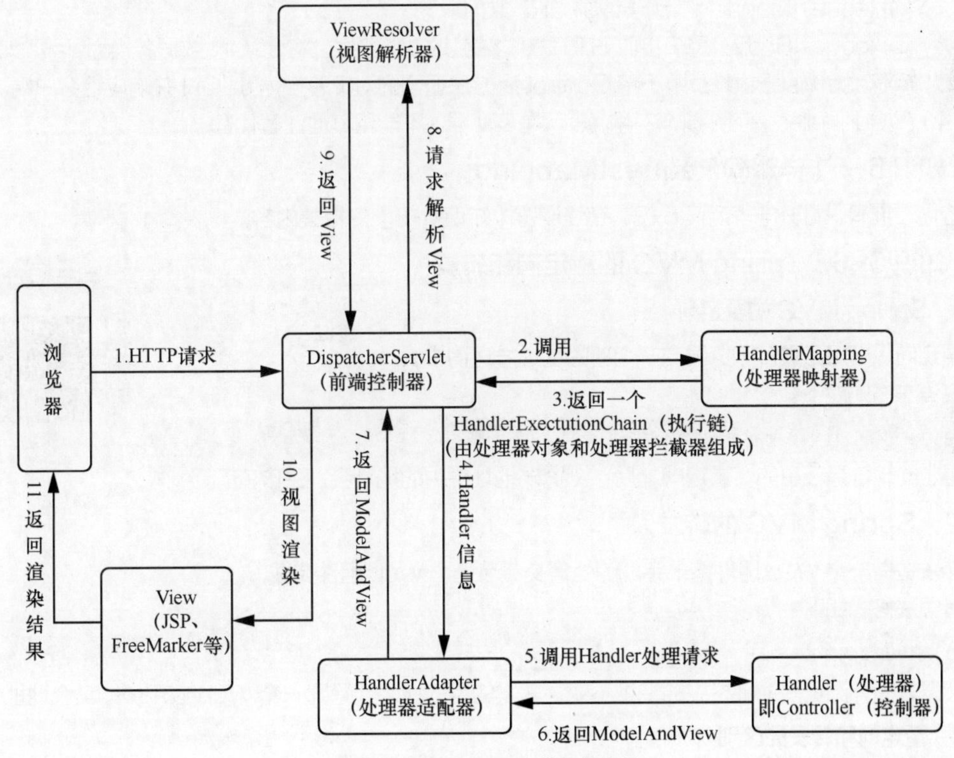

图 6-3 Spring MVC 的工作流程

具体介绍如下。

（1）用户通过浏览器（客户端）发起一个 HTTP 请求，该请求会被 DispatcherServlet（前端控制器）拦截。

（2）DispatcherServlet 收到请求后，调用 HandlerMapping（处理器映射器）。

（3）HandlerMapping 找到具体的 Handler（处理器）及拦截器（可以根据 XML 配置、注解进行查找），生成处理器对象及处理器拦截器（如果有则生成），以 HandlerExecutionChain（执行链）的形式返回给 DispatcherServlet。

（4）DispatcherServlet 将执行链返回的 Handler 信息发送给 HandlerAdapter（处理器适配器）。

（5）HandlerAdapter 根据 Handler 信息调用 Handler（即 Controller，又称控制器或后端控制器）处理请求，并由相应的 Handler 完成对请求的处理。

（6）Handler 执行完毕后会返回给 HandlerAdapter 一个 ModelAndView 对象（Spring MVC 的底层对象，包括 Model 数据模型和 View 视图信息）。

（7）HandlerAdapter 接收到 ModelAndView 对象后，将其返回给 DispatcherServlet。

（8）DispatcherServlet 接收到 ModelAndView 对象后，会请求 ViewResolver（视图解析器）对 View（视图）进行解析。

（9）ViewResolver 解析完成后，会将 View 返回给 DispatcherServlet。

（10）DispatcherServlet 接收到具体的 View 后进行视图渲染，将 Model 中的模型数据填充到 View 的 request 作用域中，生成最终的 View。

（11）View 负责将结果显示到浏览器中。

【知识 6-4】Spring MVC 的常见注解

Spring MVC 的常见注解及其功能如下。

（1）@RequestMapping：用于请求 URL 映射。

（2）@RequestBody：用于接收 HTTP 请求的 JSON 数据，将 JSON 数据转换为 Java 对象。

（3）@ResponseBody：用于将 Controller 方法返回的对象转换为 JSON 并响应给客户端。

（4）@Controller：控制器的注解，表示是表现层，不能用其他注解代替。

【知识 6-5】详解@RequestMapping

扫描二维码，打开电子活页 6-2，在线浏览【知识 6-5】的相关内容。

电子活页 6-2

【知识 6-6】Spring MVC 的重定向和转发

1. Spring MVC 的重定向

重定向是指服务通知浏览器向一个新的地址发送请求。

其语法格式如下。

```
response.sendRedirect(String str) ;
```

重定向地址是任意的，重定向之后，浏览器地址栏中的地址会发生改变。

2. Spring MVC 的转发

转发是指一个 Web 组件将未完成的处理交给另一个 Web 组件完成。

其语法格式如下。

```
rd.forward(request ,response) ;
```

转发之后，浏览器地址栏中的地址不变。转发的目的地必须是同一个 Web 应用中的某个地址。

3. 重定向和转发的区别

重定向和转发的区别如下。

（1）是否共享 request 对象：转发共享，而重定向不共享。

（2）地址栏中的地址有无变化：转发不变，重定向会变。

（3）目的地有无限制：转发有限制，重定向没有限制。

【知识 6-7】分析 JSP 页面中访问地址的设置代码

（1）分析代码 1。

代码如下。

```
<%
String path = request.getContextPath();
String basePath = request.getScheme() + "://"+request.getServerName() + ":"
                + request.getServerPort()+ path +"/";
%>
```

代码说明如下。

String path = request.getContextPath()：表示获取项目名称。

request.getScheme()：表示返回的协议名称，默认返回值是 http。

request.getServerName()：表示返回的服务器名称，一般是 localhost。

request.getServerPort()：表示获取的服务器端口号。

综上所示，basePath 赋值为“http://localhost:8080/项目名称”。

（2）分析代码 2。

代码如下。

```
<head>
    <base href="<%=basePath%>">
</head>
```

代码<base href="<%=basePath%>">指的是基链接，注意这行代码必须写在<head>标签中。如果在<body>标签中添加了超链接代码，如<a href="login.jsp">demo</a>，则在单击超链接时，超链接对应的地址如下。

```
http://localhost:8080/项目名称/login.jsp
```

当然，<base>标签还有一个用法，即在<head>标签中加上代码<base href="_blank">，使所有链接的页面默认在新窗口中打开。

（3）分析代码 3。

代码<jsp:include file="demo.jsp" />表示在编译时静态加入 demo.jsp。所谓静态，就是在编译的时候将 demo.jsp 的代码加进来进行编译，编译之后运行。

代码<jsp:include page=" demo.jsp"/>表示在运行时动态加入 demo.jsp。所谓动态，就是单独编译，即每次请求处理时，demo.jsp 的代码会被单独加载并合并到主文件的输出中。这种方式可以传递参数。

【知识 6-8】EL 简介

EL（Expression Language，表达式语言）是 JSP 2.0 中引入的一种计算和输出 Java 对象的简单语言，可以简化 JSP 开发中对对象的引用，从而规范页面代码，增强程序的可读性和可维护性。如今 EL 表达式是一项成熟、标准的技术，只要安装的 Web 服务器支持 Servlet 2.4/JSP 2.0，就可以在 JSP 页面中直接使用 EL 表达式。

EL 表达式语法很简单，以“${”开始，以“}”结尾，中间为合法的表达式，其语法格式为“${ 合法的表达式 }”。

如果要使用 EL 表达式输出一个字符串，则可以将此字符串放在一对单引号或双引号中。

EL 表达式不仅可以访问一般变量，还可以访问 JavaBean 中的属性及嵌套属性的集合对象。EL 表达式可以与 JSTL（JSP Standard Tag Library，JSP 标准标签库）结合使用，也可以与 JavaScript 语句结合使用。

为了获取 Web 应用程序中的相关数据，EL 表达式中定义了多个隐含对象。PageContext 隐含对象用于访问 JSP 内置对象 request、response、out、session、config 等。例如，要获取当前 session 中的变量 name 的值可以使用以下 EL 表达式。

```
${PageContext.session.name}
```

EL 表达式提供了 4 个用于访问作用域范围的隐含对象，即 pageScope、requestScope、sessionScope、applicationScope，这 4 个隐含对象只能用来取得指定范围内的属性值，而不能取得其他相关信息。应用这 4 个隐含对象指定查询标识符的作用域后，系统将不再按照默认的顺序（page、request、session、application）来查找相应的标识符。例如，要获取 request 范围内的 goodsName 变量的值可以使用以下 EL 表达式。

```
${requestScope.goodsName}
```

前导操作

【操作 6-1】创建基于 Spring MVC 的 Web 应用程序的基本操作

（1）准备开发 Web 应用程序所需的图片文件、CSS 样式文件和 JavaScript 文件。

（2）启动 Eclipse IDE，进入 Eclipse IDE 的主界面，设置工作空间为 Unit06。

（3）在 Eclipse IDE 中自定义名称为"My HTML File（html5）"的 HTML 模板。

（4）在 Eclipse IDE 中自定义名称为"My JSP File（html5）"的 JSP 模板。

（5）在 Eclipse IDE 中配置与启动 Tomcat 服务器。

【操作 6-2】准备基于 Spring MVC 的 Web 应用程序相关的 JAR 包

JAR（Java ARchive，Java 归档）包是一种 Java 的压缩文件，是一种与平台无关的文件格式，可以将多个文件合成一个文件，通常包含 Java 的类文件、资源文件、元数据文件等。

基于 Spring MVC 的 Web 应用程序相关的 JAR 包如表 6-3 所示，准备好这些 JAR 包。

表 6-3　基于 Spring MVC 的 Web 应用程序相关的 JAR 包

序号	文件名称	说明
1	spring-web-5.3.32-SNAPSHOT.jar	Spring MVC 的依赖包
2	spring-webmvc-5.3.32-SNAPSHOT.jar	
3	spring-aop-5.3.32-SNAPSHOT.jar	Spring 的依赖包
4	spring-aspects-5.3.32-SNAPSHOT.jar	
5	spring-beans-5.3.32-SNAPSHOT.jar	
6	spring-context-5.3.32-SNAPSHOT.jar	
7	spring-core-5.3.32-SNAPSHOT.jar	
8	spring-expression-5.3.32-SNAPSHOT.jar	
9	spring-test-5.3.32-SNAPSHOT.jar	
10	servlet-api.jar	支持 Servlet 的 JAR 包
11	commons-logging-1.3.0.jar	commons-logging 是一个高层的日志框架，本身没有实现真正的日志功能，它依赖于其他的日志系统（如 Log4j 或者 Java 的标准日志库 java.util.logging）
12	thymeleaf-3.0.14.RELEASE.jar	Thymeleaf 的依赖包
13	thymeleaf-spring5-3.0.14.RELEASE.jar	
14	attoparser-2.0.5.RELEASE.jar	
15	unbescape-1.1.6.RELEASE.jar	
16	slf4j-api-1.7.25.jar	日志输出环境的依赖包

【操作 6-3】完善 web.xml 配置文件

（1）Spring MVC 的 XML 文件使用规范命名且存放在默认文件夹中。

Eclipse IDE 中 Spring MVC 的 XML 文件默认存放路径为 src/main/webapp/WEB-INF，即存放在 WEB-INF 文件夹中，规范命名规则为[servlet-name]-servlet.xml，“-servlet”这个字段是必不可少的，[servlet-name]可以根据需要自行命名，但要求 web.xml 文件中两个 Servlet 配置通过<servlet-name>标签指定的名称和 Spring MVC 的 XML 文件名称中的 name 部分的名称相同，否则会报错。

如果 Eclipse IDE 中 src/main/webapp/WEB-INF 文件夹中的[servlet-name]-servlet.xml 文件的名称为“SpringMVC-servlet.xml”，则 web.xml 文件中对应的代码如下。

```
<servlet>
  <servlet-name>SpringMVC</servlet-name>
  <servlet-class>org.springframework.web.servlet.DispatcherServlet</servlet-class>
  <!-- Tomcat 启动时创建 DispatcherServlet 并初始化-->
  <load-on-startup>1</load-on-startup>
</servlet>
```

（2）更改 Spring MVC 的 XML 文件的规范命名和默认存放路径。

如果不想使用规范文件名[servlet-name]-servlet.xml 和默认存放路径 src/main/webapp/WEB-INF，则可以在 web.xml 文件中添加 Servlet 监听器 ContextLoaderListener，配置 DispatcherServlet 的初始化参数，指定 Spring MVC 配置文件新的位置和名称，此时开发者可以手动配置 SpringMVC-servlet.xml 的路径，命名不再有限制，文件存放路径正确并且两个<servlet-name>标签指定的名称相同即可。

① 配置文件 springmvc.xml 存放在 src/main/java 路径下。

配置文件 springmvc.xml 在 web.xml 中的文件存放路径的示例代码如下。

```
<!-- Spring MVC 的配置文件 -->
<init-param>
    <param-name>contextConfigLocation</param-name>
    <param-value>classpath:springmvc.xml</param-value>
</init-param>
```

② 配置文件 springMVC.xml 存放在 src/main/java/config 路径下。

配置文件 springMVC.xml 在 web.xml 中的文件存放路径的示例代码如下。

```
<!-- Spring MVC 的配置文件 -->
<init-param>
  <param-name>contextConfigLocation</param-name>
  <param-value>classpath:config/springMVC.xml</param-value>
</init-param>
```

③ 使用 classpath*形式指定配置文件 springmvc.xml 的存放路径。

如果执行的 Java 程序或者需要加载的资源的查找路径不仅包含 class 路径，还包括 JAR 包中的 class 路径，则可以使用 classpath*形式，对应的示例代码如下。

```
<param-value>classpath*:config/springmvc.xml </param-value>
```

【操作 6-4】定义与解读 SpringMVC-servlet.xml 文件

电子活页 6-3

SpringMVC-servlet.xml 是 Spring MVC 框架的配置文件，用于配置和管理 Spring MVC 相关的组件和功能。

扫描二维码，打开电子活页 6-3，在线浏览【操作 6-4】的相关内容。

实例探析

【实例 6-1】尝试 Java Web 应用程序创建时的基本操作

【操作要求】

使用 Eclipse IDE 创建一个动态 Web 项目 demo6-1，即项目类型为动态 Web 项目，项目名称为“demo6-1”，设置“Target runtime”为 Apache Tomcat v9.0。该项目主要用于尝试 Java Web 应用程序创建时的基本操作。

相关要求如下。

（1）设置文本文件编码类型。
（2）设置 Java 版本。
（3）在项目中创建包。
（4）复制 JAR 包。
（5）在 web.xml 文件中部署 DispatcherServlet。
（6）创建规范名称的配置文件，根据需要设置配置代码。
（7）创建控制类。
（8）智能导入所需的包。
（9）创建 JSP 页面。
（10）在 Tomcat 服务器上运行 JSP 文件。

在创建动态 Web 项目 demo6-1 之前，参照前面模块介绍的操作方法启动服务器 Tomcat v9.0 Server@localhost。

【实现过程】

【实例 6-1】的实现过程如表 6-4 所示，扫描二维码，打开电子活页附 B-2，在线浏览“在 Eclipse IDE 中新建基于 Maven 的 Java Web 项目”的相关内容，查看详细步骤。

表 6-4 【实例 6-1】的实现过程

序号	步骤名称	相关内容	对应代码或图片
1	新建 Java Web 项目	在 Eclipse IDE 主界面中切换工作空间为 Unit06，创建一个 Java Web 项目，项目名称为“demo6-1”	—
2	创建包或文件夹	com.demo	—
3	复制所需的 JAR 包	Spring 相关的 JAR 包和其他相关库	—
4	创建或完善配置文件	配置文件的名称：web.xml	如【代码 1】所示
		配置文件的位置：src/main/webapp/WEB-INF。 配置文件的名称：SpringMVC-servlet.xml	如【代码 2】所示
5	创建模型层的类	—	—

续表

序号	步骤名称	相关内容	对应代码或图片
6	创建控制器层的类	类位置：src/main/java/com/demo。 类名称：TestController	如【代码 3】所示
7	创建前端页面文件	文件位置：src/main/webapp。 文件名称：index.jsp	如【代码 4】所示
8	在服务器上运行项目	访问地址：http://localhost:8081/demo6-1/index.jsp	—
		运行结果	如图 6-4 所示

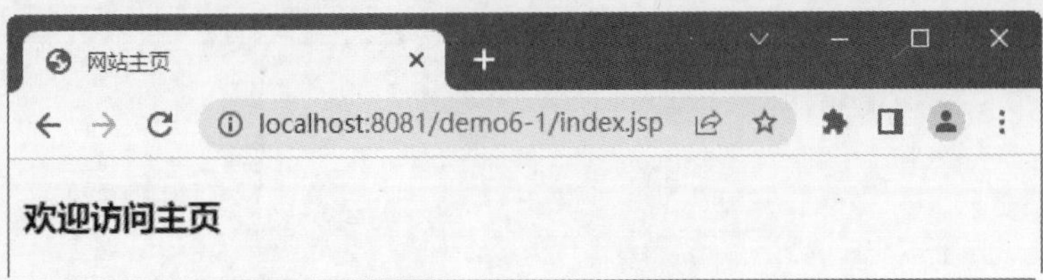

图 6-4　JSP 页面 index.jsp 在浏览器中的运行结果

也可以在浏览器地址栏中直接输入网址 http://localhost:8081/demo6-1/，按【Enter】键，运行结果与图 6-4 一致。

【代码 1】配置文件 web.xml 的主体代码如下。

```
<servlet>
  <servlet-name>SpringMVC</servlet-name>
  <servlet-class>org.springframework.web.servlet.DispatcherServlet</servlet-class>
  <load-on-startup>1</load-on-startup>
</servlet>
<servlet-mapping>
  <servlet-name>SpringMVC</servlet-name>
  <url-pattern>/</url-pattern>
</servlet-mapping>
```

【代码 2】配置文件 SpringMVC-servlet.xml 的主体代码如下。

```
<!-- 扫描找到控制器层 -->
<context:component-scan base-package="com.demo"></context:component-scan>
<!--配置视图解析器，查找指定的视图-->
<bean id="viewResolver" class="org.springframework.web.servlet.view
                              .InternalResourceViewResolver">
   <!--配置前缀 prefix 代表自动在返回值前面添加/WEB-INF/jsp/-->
   <property name="prefix" value="/WEB-INF/jsp/"></property>
   <!--配置后缀 suffix 代表自动在返回值后加上.jsp-->
   <property name="suffix" value=".jsp"></property>
</bean>
```

【代码 3】类 TestController 的定义代码如下。

```
@Controller
public class TestController {
```

```
    @RequestMapping(value = "/", method= RequestMethod.GET)
    public String test(Model model) {
        return "index";
    }
}
```

【代码 4】页面文件 index.jsp 的代码如下。

```
<%@ page language="java" contentType="text/html; charset=UTF-8"
                    pageEncoding="UTF-8"%>
<!DOCTYPE html>
<html>
  <head>
    <meta charset="UTF-8">
    <title>网站主页</title>
  </head>
  <body>
      <h3>欢迎访问主页</h3>
  </body>
</html>
```

【知识梳理】

【知识 6-9】使用注解定义类或注解定义方法作为 Spring MVC 控制器

（1）使用@Controller 注解定义类作为 Spring MVC 控制器。

@Controller 注解定义类作为 Spring MVC 控制器的示例代码如下。

```
@Controller
@RequestMapping("/user")
public class TestController{
   @RequestMapping(method = RequestMethod.GET)
   public String printTest(ModelMap model) {
      model.addAttribute("message", "试用 Spring MVC Framework!");
      return "test";
   }
}
```

其中，@Controller 注解表明这个特定类是控制器；@RequestMapping 注解用于映射 URL 到整个类或一个特定的处理方法，其表明在该控制器中处理的所有方法都是相对于/user 路径的；@RequestMapping(method = RequestMethod.GET)注解用于声明 printTest()方法作为控制器的默认 Service 方法来处理 HTTP GET 请求。可以在相同的 URL 中定义其他方法来处理任何 POST 请求。

（2）使用@Controller 注解定义方法作为 Spring MVC 控制器。

在一个 Service 方法中定义需要的业务逻辑时，可以根据需要在这个方法中调用其他方法，基于定义的业务逻辑，将在这个方法中创建一个模型。可以设置不同的模型属性，这些属性将被视图访问并显示最终的结果。

@Controller 注解定义方法作为 Spring MVC 控制器的示例代码如下。

```
@Controller
public class TestController{
    @RequestMapping(value = "/test", method = RequestMethod.GET)
    public String printTest(ModelMap model) {
        model.addAttribute("message", "试用 Spring MVC Framework!");
        return "try";
    }
}
```

其中，在@RequestMapping 中添加额外的属性时，value 属性表明 URL 映射到哪个处理方法，method 属性定义了 Service 方法来处理 HTTP GET 请求。

一个 Service 方法可以返回一个包含视图名称的字符串用于呈现该模型，这段示例代码返回“try”作为逻辑视图的名称。

【知识 6-10】JSP 视图

Spring MVC 支持许多类型的视图，包括 JSP、HTML、XML、JSON 等，通常使用 JSTL 编写的 JSP 模板。

JSP 视图的示例代码如下。

```
<%@ page language="java" contentType="text/html; charset=UTF-8"
                                            pageEncoding="UTF-8"%>
<!DOCTYPE html>
<html>
  <head>
   <meta charset="UTF-8">
   <title>Spring MVC</title>
  </head>
  <body>
   <h3>${message}</h3>
  </body>
</html>
```

示例代码中的${message}是在控制器内部设置的属性，可以在视图中显示多个属性的值。

【实例 6-2】应用@Controller 和@RequestMapping 注解编程

【操作要求】

微课 6-1

使用 Eclipse IDE 创建动态 Web 项目 demo6-2，即项目类型为动态 Web 项目，项目名称为“demo6-2”，该项目主要涉及应用@Controller 和@RequestMapping 注解编程。

相关要求如下。

（1）使用@Controller 注解。

（2）将@RequestMapping 注解分别标注在控制器类和控制器方法上。

（3）分别设置与应用@RequestMapping 注解的 value、name、method、params、headers 等常用属性。

（4）设置表单的 action 属性。

电子活页 6-4

【实现过程】

扫描二维码，打开电子活页 6-4，在线浏览【实例 6-2】的相关代码，学习【知识 6-11】【知识 6-12】【知识 6-13】的相关内容。

【实例 6-2】的实现过程如表 6-5 所示。

表 6-5 【实例 6-2】的实现过程

序号	步骤名称	相关内容	对应代码或图片
1	新建 Java Web 项目	项目类型：动态 Web 项目。 项目名称：demo6-2	—
2	创建包或文件夹	com.demo、jsp	—
3	复制所需的 JAR 包	Spring 相关的 JAR 包和其他相关库	—
4	创建或完善配置文件	配置文件的名称：web.xml	如【代码 1】所示
		配置文件的位置：src/main/webapp/WEB-INF。 配置文件的名称：SpringMVC-servlet.xml	如【代码 2】所示
5	创建模型层的类	—	—
6	创建控制器层的类	类位置：src/main/java/com/demo。 类名称：TestController	如【代码 3】所示
7	创建前端页面文件	文件位置：src/main/webapp/WEB-INF/jsp。 文件名称：welcome.jsp	如【代码 4】所示
		文件位置：src/main/webapp/WEB-INF/jsp。 文件名称：param.jsp	如【代码 5】所示
		文件位置：src/main/webapp/WEB-INF/jsp。 文件名称：header.jsp	如【代码 6】所示
8	在服务器上运行项目	访问地址：http://localhost:8081/demo6-2/welcome	—
		运行结果	如图 6-5 所示

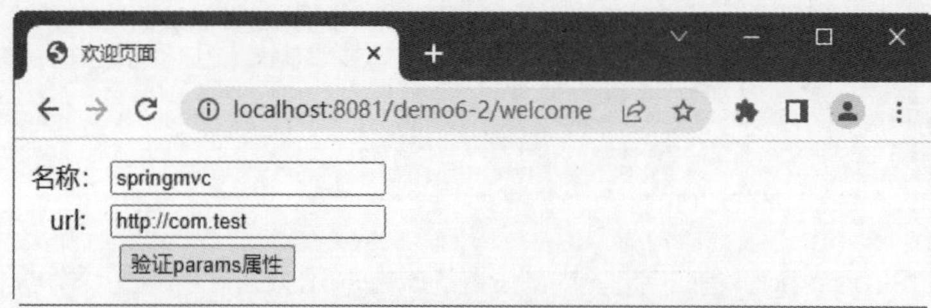

图 6-5　JSP 页面 welcome.jsp 在浏览器中的运行结果

单击【验证 params 属性】按钮，提交表单，其结果如图 6-6 所示。

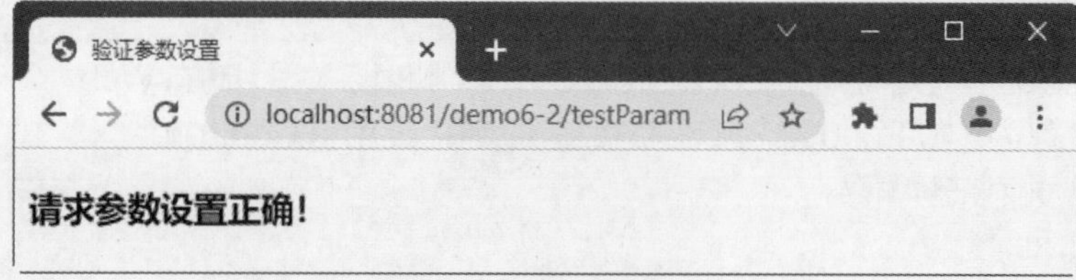

图 6-6　提交表单的结果

使用 Postman 对“http://localhost:8081/demo6-2/testHeader”进行访问，并设置请求头信息 Content-Type=application/json，Referer=http://com.test，单击【发送】按钮，请求头设置结果如图 6-7 所示。

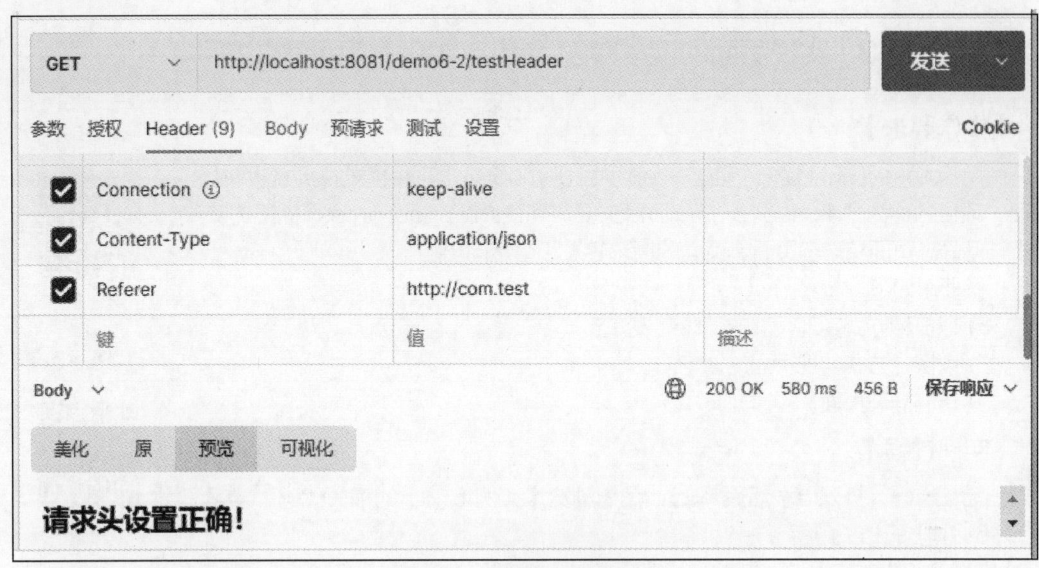

图 6-7 请求头设置结果

【知识梳理】

从 Java 5 开始，Java 就增加了对注解（Annotation）的支持，它是代码中的一种特殊标记，可以在编译、加载和运行时被读取，执行相应的操作。通过注解，开发者可以在不改变原有代码逻辑的情况下，在代码中嵌入补充信息。

Spring 从 2.5 版本开始提供对注解技术的全面支持，以替换传统的 XML 配置，简化 Spring 的配置。作为 Spring 框架的一个子项目，Spring MVC 自然也提供了对注解的支持。

Spring MVC 中有两个十分重要的注解，它们分别是@Controller 和@RequestMapping。

【知识 6-11】@Controller 注解

@Controller 注解可以将一个普通的 Java 类标识成控制器（Controller）类，示例代码如下。

```
@Controller
public class TestController {
    //处理请求的方法
}
```

Spring MVC 是通过组件扫描器查找应用中的控制器类的，为了保证控制器能够被 Spring MVC 扫描到，需要在 Spring MVC 的配置文件中使用<context:component-scan/> 标签指定控制器类的基本包，且确保所有控制器类都在基本包及其子包下，示例代码如下。

```
<context:component-scan base-package="com.demo" />
```

【知识 6-12】@RequestMapping 注解

（1）@RequestMapping 注解。

（2）@RequestMapping 注解的使用方式。

（3）@RequestMapping 注解的属性。

【知识 6-13】对 Ant 风格路径的支持

Spring MVC 还提供了对 Ant 风格路径的支持，可以在@RequestMapping 注解的 value 属性中使用 Ant 风格的通配符来设置请求映射地址。

【实例 6-3】实现页面的请求转发、重定向和静态页面的访问

【操作要求】

微课 6-2

使用Eclipse IDE 创建一个动态Web项目demo6-3，即项目类型为动态Web项目，项目名称为“demo6-3”，该项目主要实现在<mvc:resources>标签的支持下访问静态页面和动态页面、页面的请求转发和重定向功能。

相关要求如下。

（1）以多种方式实现页面的请求转发。

（2）以多种方式实现页面的重定向。

（3）访问静态页面。

电子活页 6-5

【实现过程】

扫描二维码，打开电子活页 6-5，在线浏览【实例 6-3】的相关代码，学习【知识 6-14】的相关内容。

【实例 6-3】的实现过程如表 6-6 所示。

表 6-6 【实例 6-3】的实现过程

序号	步骤名称	相关内容	对应代码或图片
1	新建 Java Web 项目	项目类型：动态 Web 项目。 项目名称：demo6-3	—
2	创建包或文件夹	com.demo、jsp、pages	—
3	复制所需的 JAR 包	Spring 相关的 JAR 包和其他相关库	—
4-1	创建或完善配置文件	配置文件的名称：web.xml	如【代码 1】所示
		配置文件的位置：src/main/webapp/WEB-INF。 配置文件的名称：SpringMVC-servlet.xml	如【代码 2】所示
5	创建模型层的类	—	—
6-1	创建控制器层的类	类位置：src/main/java/com/demo。 类名称：TestController1	如【代码 3】所示
7-1	创建前端页面文件	文件位置：src/main/webapp/WEB-INF/jsp。 文件名称：index.jsp	如【代码 4】所示
		文件位置：src/main/webapp/WEB-INF/jsp。 文件名称：final.jsp	如【代码 5】所示
		文件位置：src/main/webapp/WEB-INF/pages。 文件名称：final.html	如【代码 6】所示
8-1	在服务器上运行项目	访问地址：http://localhost:8081/demo6-3/	—
		运行结果	如图 6-8 所示
4-2	创建或完善配置文件	配置文件的位置：src/main/webapp/WEB-INF。 配置文件的名称：SpringMVC-servlet.xml	修改代码如【代码 7】所示
6-2	创建控制器层的类	类位置：src/main/java/com/demo。 类名称：TestController2	如【代码 8】所示

续表

序号	步骤名称	相关内容	对应代码或图片
7-2	创建前端页面文件	文件位置：src/main/webapp/WEB-INF/jsp。 文件名称：userPage1.jsp	如【代码 9】所示
8-2	在服务器上运行项目	运行结果： 使用浏览器访问“http://localhost:8081/demo6-3/testForward”，userPage1.jsp 页面会显示“控制器返回值：转发！”。 使用浏览器访问“http://localhost:8081/demo6-3/testForward2”，userPage1.jsp 页面会显示“ModelAndView：转发！”	—
6-3	创建控制器层的类	类位置：src/main/java/com/demo。 类名称：TestController3	如【代码 10】所示
7-3	创建前端页面文件	文件位置：src/main/webapp/WEB-INF/jsp。 文件名称：userPage2.jsp	如【代码 11】所示
8-3	在服务器上运行项目	运行结果： 使用浏览器访问“http://localhost:8081/demo6-3/testRedirect”，userPage2.jsp 页面会显示“控制器返回值：重定向！”； 使用浏览器访问“http://localhost:8081/demo6-3/testRedirect2”，userPage2.jsp 页面会显示“ModelAndView：重定向！”的内容	—

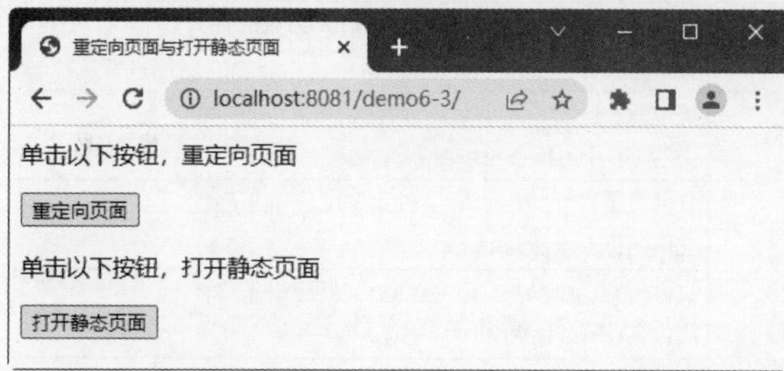

图 6-8　浏览器中访问 http://localhost:8081/demo6-3/的运行结果

在 index.jsp 页面中单击【重定向页面】按钮，进入 JSP 页面 final.jsp；单击【打开静态页面】按钮，进入 HTML 页面 final.html。

使用浏览器访问 http://localhost:8081/demo6-3/finalPage，也会进入 JSP 页面 final.jsp。

【知识梳理】

【知识 6-14】Spring MVC 的转发和重定向

Spring MVC 是对 Servlet 的进一步封装，其本质是 Servlet，因此在 Spring MVC 中也存在转发和重定向的概念。在 Spring MVC 中，可以在逻辑视图中通过“forward:”和“redirect:”两个关键字来表示转发和重定向。

【实例 6-4】探析 Spring MVC 获取请求参数、表单处理和异常处理的方法

【操作要求】

使用 Eclipse IDE 创建一个动态 Web 项目 demo6-4，即项目类型为动态 Web 项目，项目名称为“demo6-4”，该项目主要用于实现 Spring MVC 获取请求参数、表单处理和异常处理功能。

相关要求如下。

（1）实现 Spring MVC 获取请求参数功能。

（2）实现 Spring MVC 表单处理功能。

（3）实现 Spring MVC 异常处理功能。

电子活页 6-6

【实现过程】

扫描二维码，打开电子活页 6-6，在线浏览【实例 6-4】的相关代码，学习【知识 6-15】的相关内容。

【实例 6-4】的实现过程如表 6-7 所示。

表 6-7 【实例 6-4】的实现过程

序号	步骤名称	相关内容	对应代码或图片
1	新建 Java Web 项目	项目类型：动态 Web 项目。 项目名称：demo6-4	—
2	创建包或文件夹	com.demo、com.demo.entity、com.demo.controller、jsp	—
3	复制所需的 JAR 包	Spring 相关的 JAR 包和其他相关库	—
4-1	创建或完善配置文件	配置文件的名称：web.xml	如【代码 1】所示
		配置文件的位置：src/main/webapp/WEB-INF。 配置文件的名称：SpringMVC-servlet.xml	如【代码 2】所示
5	创建模型层的类	实体类位置：src/main/java/com/demo/entity。 实体类名称：Student	如【代码 3】所示
6-1	创建控制器层的类	类位置：src/main/java/com/demo/controller。 类名称：TestController1	如【代码 4】所示
7-1	创建前端页面文件	文件位置：src/main/webapp/WEB-INF/jsp。 文件名称：success.jsp	如【代码 5】所示
		文件位置：src/main/webapp/WEB-INF/jsp。 文件名称：studentInfo1.jsp	如【代码 6】所示
		文件位置：src/main/webapp/WEB-INF/jsp。 文件名称：studentInfo2.jsp	如【代码 7】所示
8-1	在服务器上运行项目	访问地址： ① http://localhost:8081/demo6-4/test1?id=20240204006&name=温馨。 ② http://localhost:8081/demo6-4/test2?id=20240204006&name=温馨。 ③ http://localhost:8081/demo6-4/test3。 ④ http://localhost:8081/demo6-4/test4	—
		运行结果：观察 Eclipse IDE“控制台”视图和网页中的输出内容	—
6-2	创建控制器层的类	类位置：src/main/java/com/demo/controller。 类名称：TestController2	如【代码 8】所示
7-2	创建前端页面文件	文件位置：src/main/webapp/WEB-INF/jsp。 文件名称：student.jsp	如【代码 9】所示
		文件位置：src/main/webapp/WEB-INF/jsp。 文件名称：result.jsp	如【代码 10】所示
8-2	在服务器上运行项目	访问地址：http://localhost:8081/demo6-4/student	—
		运行结果	如图 6-9 所示
9	创建异常处理的类	类位置：src/main/java/com/demo。 类名称：SpringException	如【代码 11】所示

续表

序号	步骤名称	相关内容	对应代码或图片
6-3	创建控制器层的类	类位置：src/main/java/com/demo/controller。 类名称：TestController3	如【代码 12】所示
4-2	配置文件中增加代码	在配置文件 SpringMVC-servlet.xml 中增加用于页面跳转的代码	如【代码 13】所示
7-3	创建前端页面文件	文件位置：src/main/webapp/WEB-INF/jsp。 文件名称：student2.jsp	如【代码 14】所示
		文件位置：src/main/webapp/WEB-INF/jsp。 文件名称：exceptionPage.jsp	如【代码 15】所示
		文件位置：src/main/webapp/WEB-INF/jsp。 文件名称：error.jsp	如【代码 16】所示
8-3	在服务器上运行项目	使用浏览器访问“http://localhost:8081/demo6-4/student2”，运行 JSP 页面 student.jsp	如图 6-9 所示
		在 JSP 页面 student.jsp 中单击【提交】按钮，运行 JSP 页面 result.jsp	如图 6-10 所示
		将学号“20240204006”修改为“2024020406”，即将 11 位学号修改为 10 位，单击【提交】按钮，运行 JSP 页面 result.jsp	如图 6-11 所示

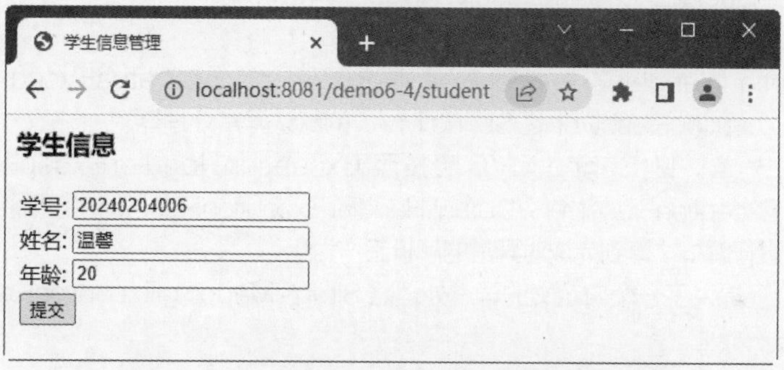

图 6-9　JSP 页面 student.jsp 在浏览器中的运行结果

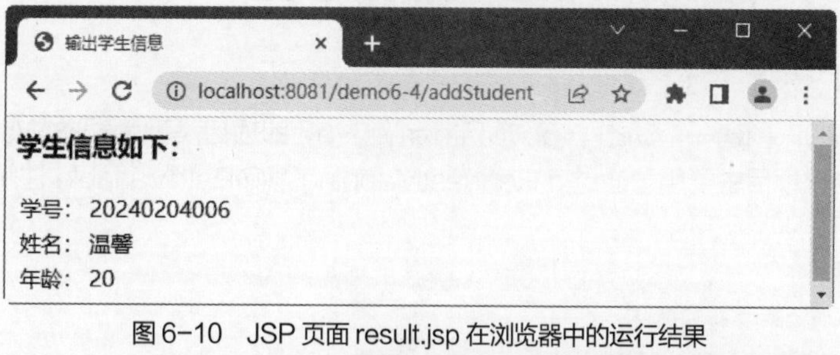

图 6-10　JSP 页面 result.jsp 在浏览器中的运行结果

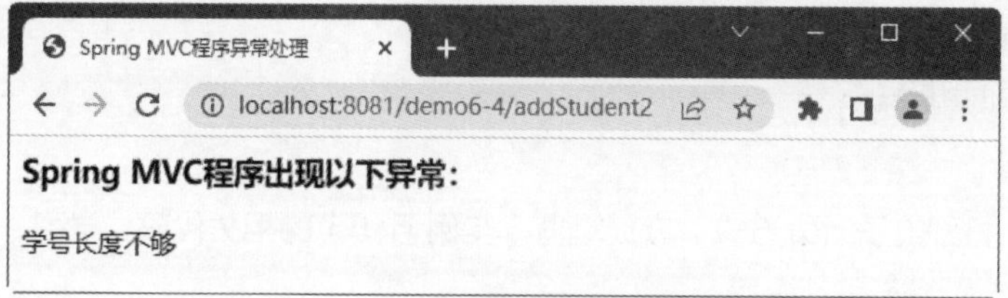

图 6-11　页面出现异常时浏览器中的运行结果

【知识梳理】

【知识 6-15】Spring MVC 获取请求参数的方式

Spring MVC 提供了以下 4 种获取请求参数的方式。

① 通过 HttpServletRequest 获取请求参数。

② 通过控制器方法的形参获取请求参数。

③ 使用@RequestParam 注解获取请求参数。

④ 通过实体类对象获取请求参数。

【知识 6-16】Spring MVC 的异常处理

在实际的应用开发中，会不可避免地遇到各种异常，此时就需要对这些异常进行处理，以保证程序正常运行。

Spring MVC 提供了一个名为 HandlerExceptionResolver 的异常处理器接口，它可以对控制器方法执行过程中出现的各种异常进行处理。

Spring MVC 为 HandlerExceptionResolver 接口提供了多个不同的实现类，其中常用的实现类如下。

① DefaultHandlerExceptionResolver。

② ResponseStatusExceptionResolver。

③ ExceptionHandlerExceptionResolver。

④ SimpleMappingExceptionResolver。

其中，ExceptionHandlerExceptionResolver、ResponseStatusExceptionResolver 和 DefaultHandlerExceptionResolver 是 Spring MVC 的默认异常处理器。

如果程序发生异常，则 Spring MVC 会按照 ExceptionHandlerExceptionResolver→ResponseStatusExceptionResolver→DefaultHandlerExceptionResolver 的顺序，依次使用这 3 个异常处理器对异常进行解析，直到完成对异常的解析工作为止。

Spring MVC 还提供了一个自定义的异常处理器 SimpleMappingExceptionResolver，它能够实现对所有异常的统一处理。

【实例 6-5】Spring MVC 通过注解方式实现 RESTful 风格的请求

【操作要求】

使用 Eclipse IDE 创建一个动态 Web 项目 demo6-5，即项目类型为动态 Web 项目，项目名称为“demo6-5”，该项目主要用于通过@RequestMapping +@PathVariable 注解实现 RESTful 风格的请求。

相关要求如下。

（1）配置 Thymeleaf 视图解析器。

（2）在模板文件的<html>标签中添加 xmlns:th 属性。

（3）在 HTML 页面文件中使用<th>标签。

（4）实现多页面切换。

电子活页 6-7

【实现过程】

扫描二维码，打开电子活页 6-7，在线浏览【实例 6-5】的相关代码，学习【知识 6-17】的相关内容。

【实例 6-5】的实现过程如表 6-8 所示。

表 6-8 【实例 6-5】的实现过程

序号	步骤名称	相关内容	对应代码或图片
1	新建 Java Web 项目	项目类型：动态 Web 项目。 项目名称：demo6-5	—
2	创建包或文件夹	com.demo、com.demo.controller、config、templates、jsp	—
3	复制所需的 JAR 包	Spring 相关的 JAR 包和其他相关库	—
4	创建或完善配置文件	配置文件的名称：web.xml	如【代码 1】所示
		配置文件的位置：src/main/java/config。 配置文件的名称：springMVC.xml	如【代码 2】所示
5	创建模型层的类	—	—
6	创建控制器层的类	类位置：src/main/java/com/demo。 类名称：TestController	如【代码 3】所示
7	创建前端页面文件	文件位置：src/main/webapp/WEB-INF/templates。 文件名称：index.html	如【代码 4】所示
		文件位置：src/main/webapp/WEB-INF/jsp。 文件名称：login.html	如【代码 5】所示
		文件位置：src/main/webapp/WEB-INF/jsp。 文件名称：register.html	如【代码 6】所示
8	在服务器上运行项目	访问地址：http://localhost:8081/demo6-5/index	—
		运行结果	如图 6-12 所示

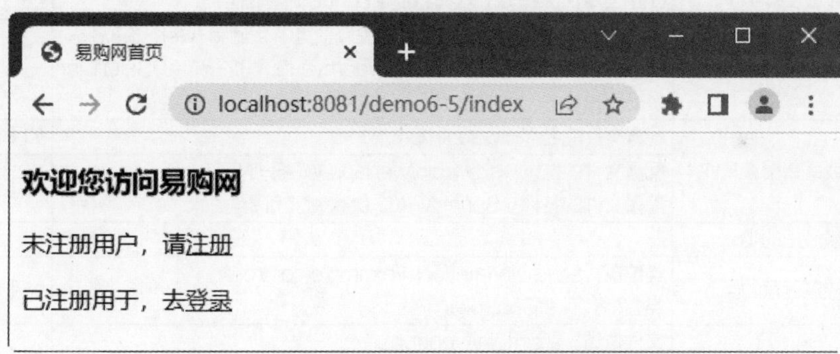

图 6-12 HTML 页面 index.html 在浏览器中的运行结果

在 HTML 页面 index.html 中单击【注册】超链接，进入注册页面，单击【登录】超链接，进入登录页面。

【知识梳理】

【知识 6-17】通过@RequestMapping+@PathVariable 注解实现 RESTful 风格的请求

在 Spring MVC 中，可以通过@RequestMapping+@PathVariable 注解实现 RESTful 风格的请求。

（1）通过@RequestMapping 注解设置路径。

（2）通过@PathVariable 注解绑定参数。

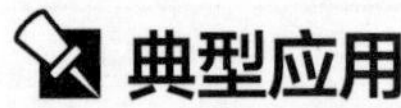

典型应用

【任务 6-1】使用 Eclipse IDE 基于 Spring MVC 创建动态 Web 项目

【任务描述】

使用 Eclipse IDE 创建一个动态 Web 项目 task6-1，即项目类型为动态 Web 项目，项目名称为“task6-1”，设置“Target runtime”为 Apache Tomcat v9.0。该项目主要用于配置与测试基于 Spring MVC 创建的 Web 应用程序。

【任务实施】

扫描二维码，打开电子活页 6-8，在线浏览【任务 6-1】的相关代码。

【任务 6-1】的实现过程如表 6-9 所示。

表 6-9 【任务 6-1】的实现过程

序号	步骤名称	相关内容	对应代码或图片
1	新建 Java Web 项目	项目类型：动态 Web 项目。 项目名称：task6-1	—
2	创建包或文件夹	com.example、com.example.controller、jsp	—
3	复制所需的 JAR 包	Spring 相关的 JAR 包和其他相关库，其中 spring-web-5.3.32-SNAPSHOT.jar 和 spring-webmvc-5.3.32-SNAPSHOT.jar 是 Spring MVC 的依赖包，其余的是 Spring 的核心依赖包	—
4	创建或完善配置文件	配置文件的名称：web.xml	如【代码 1】所示
		配置文件的位置：src/main/webapp/WEB-INF。 配置文件的名称：SpringMVC-servlet.xml	如【代码 2】所示
5	创建模型层的类	—	—
6	创建控制器层的类	类位置：src/main/java/com/example/controller。 类名称：TestController	如【代码 3】所示
7	创建前端页面文件	文件位置：src/main/webapp。 文件名称：index.jsp	如【代码 4】所示
		文件位置：src/main/webapp/WEB-INF/jsp。 文件名称：success.jsp	如【代码 5】所示
8	在服务器上运行项目	在 Eclipse IDE 主界面中选择 JSP 文件 index.jsp 并单击鼠标右键，在弹出的快捷菜单选择“运行方式”→“在服务器上运行”命令。在弹出的“在服务器上运行”对话框中选择“Tomcat v9.0 Server@localhost”服务器，单击【完成】按钮	—
		运行结果	如图 6-13 所示

图 6-13 JSP 页面 index.jsp 在浏览器中的运行结果

单击【请单击】超链接，在浏览器中进入另一个 JSP 页面 success.jsp，运行结果如图 6-14 所示。

图 6-14　JSP 页面 success.jsp 在浏览器中的运行结果

通过本任务，可以总结出 Spring MVC 主要的执行流程。

（1）浏览器发送一个请求，若请求地址与 web.xml 中配置的前端控制器的 url-pattern 相匹配，则该请求会被前端控制器拦截。

（2）前端控制器会读取 Spring MVC 的核心配置文件，通过组件扫描获取所有的控制器。

（3）对请求信息和控制器中所有控制器方法标识的@RequestMapping 注解的 value、method 等属性值进行匹配。若匹配成功，则将请求交给对应的@RequestMapping 注解所标识的控制器方法处理。

（4）处理请求的方法会返回一个字符串类型的视图名称，该视图名称会被 Spring MVC 配置文件中配置的视图解析器解析出真正的视图对象，最终展示给客户端。

【任务 6-2】使用 Eclipse IDE 创建基于 Maven 的 Spring MVC 项目

【任务描述】

微课 6-5

（1）使用 Eclipse IDE 创建一个名称为“task6-2”的基于 Maven 的 Spring MVC 项目。

（2）将 task6-2 项目中的[servlet-name]-servlet.xml 配置文件命名为“springmvc.xml”，该配置文件的存储路径为 src/main/config。

（3）springmvc.xml 文件中除了设置电子活页 6-3 所示的基本配置代码外，为了保证 Web 项目中的动态资源和静态资源都能访问，在增加<mvc:default-servlet-handler/>配置代码的同时，还要增加<mvc:annotation-driven />配置代码。

（4）在 springmvc.xml 文件中配置 JstlView，能使用 JSTL 解析展示数据，解析视图的代码并将其转换成 HTML 格式。

（5）在 web.xml 文件中分别配置首页、Spring 核心的 DispatcherServlet、编码过滤器。

（6）在 src/main/webapp/WEB-INF/jsp 路径下分别创建 index.jsp、login.jsp、register.jsp、order.jsp、about.jsp 文件，其中，在 JSP 页面 index.jsp 的浏览器地址栏中输入地址 http://localhost:8081/task6-2/、http://localhost:8081/task6-2/index 和 http://localhost:8081/task6-2/user/index 均可访问，在该页面中单击【注册】超链接，即可进入 register.jsp 页面，单击【登录】超链接，即可进入 login.jsp 页面，单击【关于我们】超链接，即可进入 about.jsp 页面。在浏览器地址栏中输入地址 http://localhost:8081/task6-2/user/order 即可访问 order.jsp 页面。

电子活页 6-9

【任务实施】

扫描二维码，打开电子活页 6-9，在线浏览【任务 6-2】的相关代码。

【任务 6-2】的实现过程如表 6-10 所示。

表 6-10 【任务 6-2】的实现过程

序号	步骤名称	相关内容	对应代码或图片
1	新建 Java Web 项目	项目类型：Maven 项目。 项目名称：task6-2	—
2	创建包或文件夹	com.example、com.example.controller、config、jsp	—
3	引入所需的 JAR 包	通过配置文件 pom.xml 将项目所需的 JAR 包下载到项目指定文件夹中	依赖项如【代码 1】所示
4	创建或完善配置文件	配置文件的名称：web.xml	如【代码 2】所示
		配置文件的位置：src/main/java/config。 配置文件的名称：springmvc.xml	如【代码 3】所示
5	创建模型层的类	—	—
6-1	创建控制器层的类	类位置：src/main/java/com/example/controller。 类名称：TestMavenController1	如【代码 4】所示
7-1	创建前端页面文件	文件位置：src/main/webapp/WEB-INF/jsp。 文件名称：index.jsp	如【代码 5】所示
		文件位置：src/main/webapp/WEB-INF/jsp。 文件名称：login.jsp	如【代码 6】所示
		文件位置：src/main/webapp/WEB-INF/jsp。 文件名称：register.jsp	如【代码 7】所示
		文件位置：src/main/webapp/WEB-INF/jsp。 文件名称：about.jsp	如【代码 8】所示
8-1	在服务器上运行项目	访问地址：http://localhost:8081/task6-2/	—
		运行结果	如图 6-15 所示
6-2	创建控制器层的类	类位置：src/main/java/com/example/controller。 类名称：TestMavenController2	如【代码 9】所示
8-2	在服务器上运行项目	访问地址：http://localhost:8081/task6-2/user/index	—
7-2	创建前端页面文件	文件位置：src/main/webapp/WEB-INF/jsp。 文件名称：order.jsp	如【代码 10】所示
8-3	在服务器上运行项目	访问地址：http://localhost:8081/task6-2/user/order	—

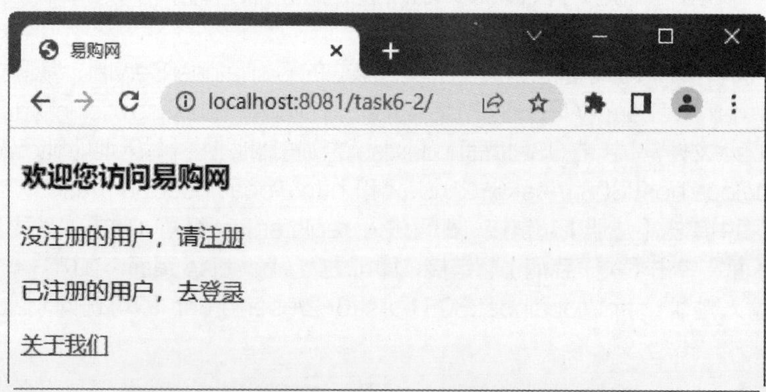

图 6-15 JSP 页面 index.jsp 在浏览器中的运行结果

在 index.jsp 页面中单击【注册】超链接即可跳转到 register.jsp 页面，单击【登录】超链接即可跳转到 login.jsp 页面，单击【关于我们】超链接即可跳转到 about.jsp 页面。

【任务 6-3】创建实现用户登录与注册功能的动态 Web 项目

【任务描述】

使用 Eclipse IDE 创建一个动态 Web 项目 task6-3，即项目类型为动态 Web 项目，项目名称为“task6-3”，设置“Target runtime”为 Apache Tomcat v9.0。该项目主要用于实现用户登录与注册功能。

【任务实施】

扫描二维码，打开电子活页 6-10，在线浏览【任务 6-3】的相关代码。

【任务 6-3】的实现过程如表 6-11 所示。

表 6-11 【任务 6-3】的实现过程

序号	步骤名称	相关内容	对应代码或图片
1	新建 Java Web 项目	项目类型：动态 Web 项目。 项目名称：task6-3	—
2	创建包或文件夹	com.example、com.example.controller、com.example.entity、jsp	—
3	复制所需的 JAR 包	Spring 相关的 JAR 包和其他相关库	—
4	创建或完善配置文件	配置文件的名称：web.xml	如【代码 1】所示
		配置文件的位置：src/main/java。 配置文件的名称：springmvc.xml	如【代码 2】所示
5	创建模型层的类	实体类的位置：src/main/java/com/example/entity。 实体类的名称：User	如【代码 3】所示
6	创建控制器层的类	类位置：src/main/java/com/example/controller。 类名称：LoginController	如【代码 4】所示
		类位置：src/main/java/com/example/controller。 类名称：RegisterController	如【代码 5】所示
7	创建前端页面文件	文件位置：src/main/webapp/WEB-INF/jsp。 文件名称：index.jsp	如【代码 6】所示
		文件位置：src/main/webapp/WEB-INF/jsp。 文件名称：login.jsp	如【代码 7】所示
		文件位置：src/main/webapp/WEB-INF/jsp。 文件名称：loginInfo.jsp	如【代码 8】所示
		文件位置：src/main/webapp/WEB-INF/jsp。 文件名称：register.jsp	如【代码 9】所示
		文件位置：src/main/webapp/WEB-INF/jsp。 文件名称：register_success.jsp	如【代码 10】所示
8	在服务器上运行项目	访问地址：http://localhost:8081/task6-3/index	—
		运行结果	如图 6-16 所示

易购网

登录 注册

图 6-16 JSP 页面 index.jsp 在浏览器中的运行结果

在 JSP 页面 index.jsp 中单击【登录】超链接，进入 login.jsp 页面，该页面在浏览器中的运行结果如图 6-17 所示。

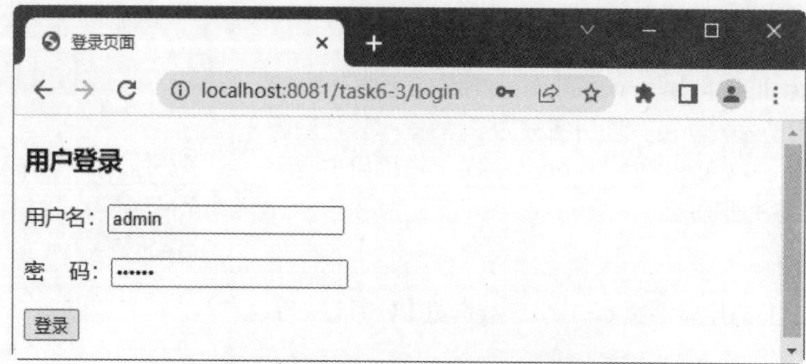

图 6-17 JSP 页面 login.jsp 在浏览器中的运行结果

在 JSP 页面 login.jsp 中单击【登录】按钮，进入 loginInfo.jsp 页面，该页面在浏览器中的运行结果如图 6-18 所示。

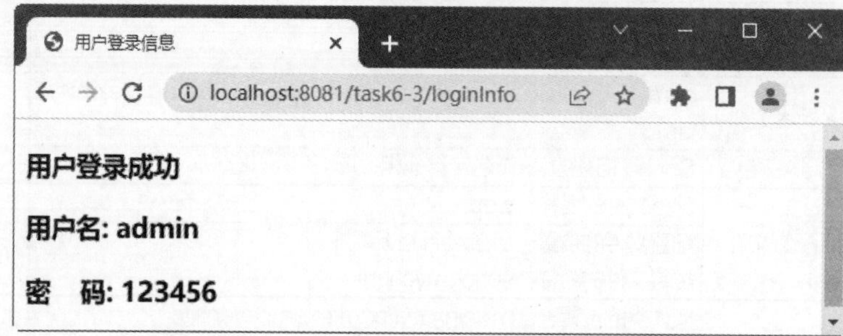

图 6-18 JSP 页面 loginInfo.jsp 在浏览器中的运行结果

在 JSP 页面 index.jsp 中单击【注册】超链接，进入 register.jsp 页面，在该页面中单击【注册】按钮，进入 register_success.jsp 页面，该页面显示“注册成功”的提示信息。

拓展应用

【任务 6-4】创建实现查看商品列表与商品详情功能的动态 Web 项目

【任务描述】

微课 6-7

使用 Eclipse IDE 创建一个动态 Web 项目 task6-4，即项目类型为动态 Web 项目，项目名称为“task6-4”，设置“Target runtime”为 Apache Tomcat v9.0。该项目主要用于实现用户成功登录后可以查看商品列表与商品详情的功能，同时探析通过 Spring MVC 域对象共享数据，并将模型数据返回到视图中的方法。

【任务实施】

电子活页 6-11

扫描二维码，打开电子活页 6-11，在线浏览【任务 6-4】的相关代码，学习【知识 6-18】的相关内容。

【任务 6-4】的实现过程如表 6-12 所示。

表 6-12 【任务 6-4】的实现过程

序号	步骤名称	相关内容	对应代码或图片
1	新建 Java Web 项目	项目类型：动态 Web 项目。 项目名称：task6-4	—
2	创建包或文件夹	com.example、com.example.controller、com.example.dao、com.example.entity、com.example.service、com.example.service.impl、templates	—
3	复制所需的 JAR 包	Spring 相关的 JAR 包和其他相关库	—
4	创建或完善配置文件	配置文件的名称：web.xml	如【代码 1】所示
		配置文件的位置：src/main/webapp/WEB-INF。 配置文件的名称：SpringMVC-servlet.xml	如【代码 2】所示
5	创建模型层的类	实体类的位置：src/main/java/com/example/entity。 实体类的名称：User	如【代码 3】所示
		实体类的位置：src/main/java/com/example/entity。 实体类的名称：Product	如【代码 4】所示
		数据访问类的位置：src/main/java/com/example/dao。 数据访问类的名称：UserDao	如【代码 5】所示
		数据访问类的位置：src/main/java/com/example/dao。 数据访问类的名称：ProductDao	如【代码 6】所示
		业务逻辑接口的位置：src/main/java/com/example/service。 业务逻辑接口的名称：UserService	如【代码 7】所示
		业务逻辑实现类的位置：src/main/java/com/example/service/impl。 业务逻辑实现类的名称：UserServiceImpl	如【代码 8】所示
		业务逻辑接口的位置：src/main/java/com/example/service。 业务逻辑接口的名称：ProductService	如【代码 9】所示
		业务逻辑实现类的位置：src/main/java/com/example/service/impl。 业务逻辑实现类的名称：ProductServiceImpl	如【代码 10】所示
6	创建控制器层的类	类位置：src/main/java/com/example/controller。 类名称：LoginController	如【代码 11】所示
		类位置：src/main/java/com/example/controller。 类名称：ProductController	如【代码 12】所示
7	创建前端页面文件	文件位置：src/main/webapp/WEB-INF/templates。 文件名称：user.html	如【代码 13】所示
		文件位置：src/main/webapp/WEB-INF/templates。 文件名称：productList.html	如【代码 14】所示
		文件位置：src/main/webapp/WEB-INF/templates。 文件名称：productInfo.html	如【代码 15】所示
8	在服务器上运行项目	访问地址：http://localhost:8081/task6-4/user	—
		运行结果	如图 6-19 所示

图 6-19　HTML 页面 user.html 在浏览器中的运行结果

在 HTML 页面 user.html 中的“用户名”文本框中输入用户名，在“密码”文本框中输入密码，单击【登录】按钮，此时如果用户名或密码不正确，则会在“用户名”文本框上方显示“用户名或密码有错！”的提示信息，如图 6-20 所示。

图 6-20　HTML 页面 user.html 中显示“用户名或密码有错！”的提示信息

如果所输入的用户名和密码都正确，则会进入 HTML 页面 productList.html，并在该页面中显示当前登录用户和商品列表，如图 6-21 所示。

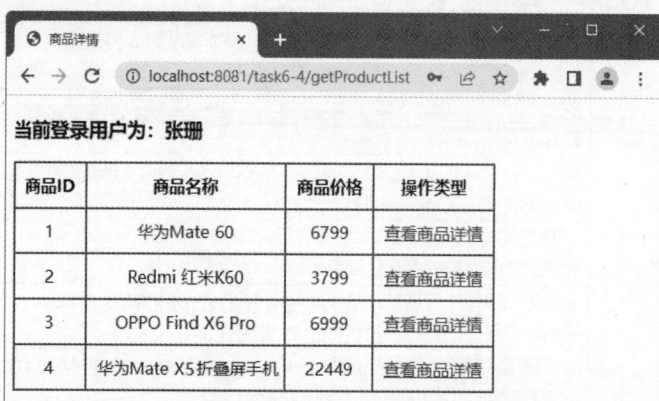

商品详情

localhost:8081/task6-4/getProductList

当前登录用户为：张珊

商品ID	商品名称	商品价格	操作类型
1	华为Mate 60	6799	查看商品详情
2	Redmi 红米K60	3799	查看商品详情
3	OPPO Find X6 Pro	6999	查看商品详情
4	华为Mate X5折叠屏手机	22449	查看商品详情

图 6-21　HTML 页面 productList.html 在浏览器中的运行结果

在 HTML 页面 productList.html 中单击【查看商品详情】超链接，进入 HTML 页面 productInfo.html，并在该页面中显示商品详细数据，如图 6-22 所示。在商品详情页中单击【返回商品列表页面】超链接，可以返回 productList.html 页面。

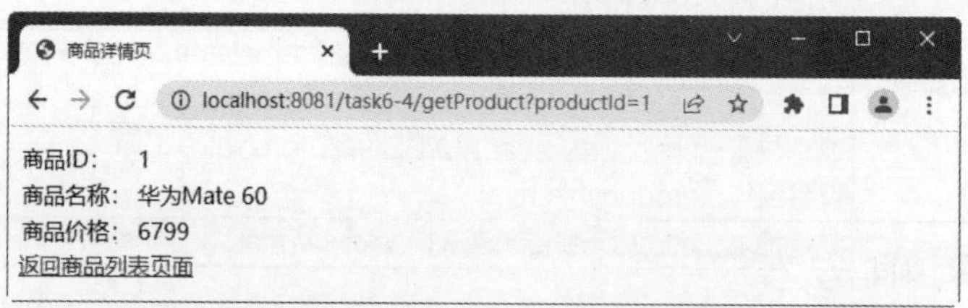

图 6-22　HTML 页面 productInfo.html 在浏览器中的运行结果

【知识梳理】

【知识 6-18】Spring MVC 提供的域对象共享数据方式

在 Spring MVC 中，Controller 在接收到 DispatcherServlet 分发过来的请求后，会继续调用模型层对请求进行处理。模型层处理完请求后得到的结果被称为模型数据，模型数据会被返回给控制器层。控制器层接收到模型层返回的模型数据后，将模型数据通过域对象共享的方式传递给视图层进行渲染，最终返回给客户端展示。

域对象是服务器在内存上创建的一块存储空间，主要用于在不同动态资源之间进行数据传递和数据共享。在 Spring MVC 中，常用的域对象有 request 域对象、session 域对象、application 域对象等。

Spring MVC 提供了多种域对象共享数据的方式，其中常用的方式如下。

（1）使用 Servlet API 向 request 域对象共享数据。

（2）使用 ModelAndView 向 request 域对象共享数据。

（3）使用 Model 向 request 域对象共享数据。

（4）使用 Map 向 request 域对象共享数据。

（5）使用 ModelMap 向 request 域对象共享数据。

（6）使用 Servlet API 向 session 域对象共享数据。

（7）使用 Servlet API 向 application 域对象共享数据。

【任务 6-5】创建实现用户登录权限验证功能的动态 Web 项目

【任务描述】

微课 6-8

使用 Eclipse IDE 创建一个动态 Web 项目 task6-5，即项目类型为动态 Web 项目，项目名称为“task6-5”，设置“Target runtime”为 Apache Tomcat v9.0。该项目主要用于通过 Spring MVC 拦截器（Interceptor）实现用户登录权限验证功能。

该项目的具体要求：只有已登录的用户才能访问网站主页，若没有登录就直接访问主页，则拦截器会将请求拦截并跳转到登录页面，同时在登录页面中给出提示信息。若用户登录时，用户名或密码错误，则登录页面中也会显示相应的提示信息。已登录的用户在网站主页中单击【退出登录】超链接时会跳转到登录页面。用户登录的流程如图 6-23 所示。

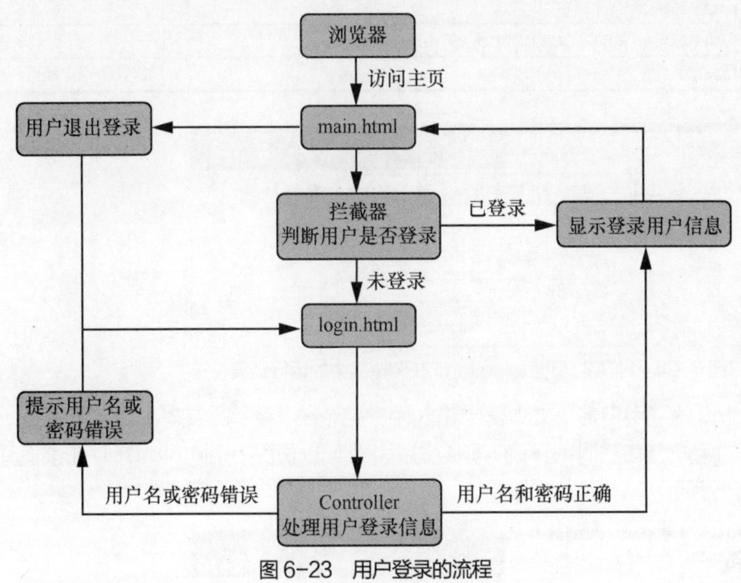

图 6-23　用户登录的流程

【任务实施】

电子活页 6-12

扫描二维码，打开电子活页 6-12，在线浏览【任务 6-5】的相关代码，学习【知识 6-19】和【知识 6-20】的相关内容。

【任务 6-5】的实现过程如表 6-13 所示。

表 6-13 【任务 6-5】的实现过程

序号	步骤名称	相关内容	对应代码或图片
1	新建 Java Web 项目	项目类型：动态 Web 项目。 项目名称：task6-5	—
2	创建包或文件夹	com.example、com.example.controller、com.example.dao、com.example.entity、com.example.interceptor、templates	—
3	复制所需的 JAR 包	Spring 相关的 JAR 包和其他相关库	—
4	创建或完善配置文件	配置文件的名称：web.xml	如【代码 1】所示
		配置文件的位置：src/main/webapp/WEB-INF。 配置文件的名称：SpringMVC-servlet.xml	基本代码参考电子活页 6-3，增加的代码如【代码 2】所示
5	创建模型层的类	实体类的位置：src/main/java/com/example/entity。 实体类的名称：User	如【代码 3】所示
		实体类的位置：src/main/java/com/example/entity。 实体类的名称：Product	如【代码 4】所示
		数据访问类的位置：src/main/java/com/example/dao。 数据访问类的名称：UserDao	如【代码 5】所示
		拦截器类的位置：src/main/java/com/example/interceptor。 拦截器类的名称：LoginInterceptor	如【代码 6】所示
6	创建控制器层的类	类位置：src/main/java/com/example/controller。 类名称：LoginController	如【代码 7】所示
7	创建前端页面文件	文件位置：src/main/webapp/WEB-INF/templates。 文件名称：login.html	如【代码 8】所示
		文件位置：src/main/webapp/WEB-INF/templates。 文件名称：main.html	如【代码 9】所示
8	在服务器上运行项目	访问地址：http://localhost:8081/task6-5/	—
		运行结果	如图 6-24 所示

图 6-24　HTML 页面 loign.html 在浏览器中的运行结果

在 HTML 页面 loign.html 的“用户名”文本框中输入用户名，在“密码”文本框中输入密码，单击【登录】按钮，如果所输入的用户名和密码都正确，则会进入 HTML 页面 main.html，并在该页面中显示当前登录用户，如图 6-25 所示。

图 6-25　HTML 页面 main.html 在浏览器中的运行结果

在 HTML 页面 main.html 中单击【退出登录】超链接，会返回 HTML 页面 loign.html，重新进行登录操作。

【知识梳理】

【知识 6-19】Spring MVC 拦截器

拦截器是 Spring MVC 提供的一个强大的功能组件，它可以对用户请求进行拦截，并在请求进入控制器之前、控制器处理完请求后，甚至是渲染视图后执行一些指定的操作。

在 Spring MVC 中，拦截器的作用与 Servlet 中的过滤器类似，它主要用于拦截用户请求并做相应的处理，利用拦截器可以进行权限验证、记录请求信息日志、判断用户是否已登录等操作。

Spring MVC 拦截器使用的是可插拔式设计，如果需要某一拦截器，则在配置文件中启用该拦截器即可；如果不需要这个拦截器，则在配置文件中取消应用该拦截器即可。

【知识 6-20】Spring MVC 视图和视图解析器

Spring MVC 的控制器方法支持 ModelAndView、ModelMap、View、String 多种类型的返回值，但无论控制器方法的返回值是哪种类型，Spring MVC 内部最终都会将返回值封装成 ModelAndView 对象。

ModelAndView 对象由 model（模型）和 view（视图）两部分组成，但这里的 view 通常并不是一个真正的 View 视图对象，而仅仅是一个 String 类型的逻辑视图名（View Name），如"success""index"等。在这种情况下，Spring MVC 就需要先借助 ViewResolver（视图解析器）将 ModelAndView 对象中逻辑的视图名解析为真正的 View 视图对象，再响应给客户端展示。

Spring MVC 的核心理念是对视图与模型进行解耦，其工作重心聚焦在模型数据上。至于最终采用何种视图技术对模型数据进行渲染，它并不关心，更不会强迫用户使用某种特定的视图技术。因此，可以在 Spring MVC 项目中根据自身需求自由地选择所需的视图技术，如 JSP、Thymeleaf、FreeMarker、Velocity 等。

学习回顾

模块 6　思维导图

扫描二维码，打开模块 6 思维导图，回顾本模块的学习内容。

模块小结

Spring MVC 是 Spring 框架的一个重要组成部分，它是基于 Java 实现 MVC 的轻量级 Web 框架。这种框架的主要目标是简化 Web 应用程序的开发过程，提高开发效率，并使代码更加清晰和易于维护。基于 Spring MVC 框架的 Web 应用程序开发具有诸多优点，它能够帮助人们快速构建出稳定、高效且易于维护的 Web 应用程序，是构建灵活、可扩展的 Web 应用程序的理想选择。通过不断学习和实践，可以更好地掌握这一框架，并将其应用于实际项目中，为用户带来更好的体验。

模块习题

模块 6　在线测试

扫描二维码，完成模块 6 的在线测试，检验学习成效。

模块 7 基于MyBatis的Web应用程序开发

07

MyBatis 是一个优秀的、基于 Java 的、开源的、轻量级的数据持久层框架，是 JDBC 和 Hibernate 的替代方案。其主要目标是简化 JDBC 操作，并满足高并发和高响应的要求。

MyBatis 的前身是 Apache 的一个开源项目 iBatis，由 Clinton Begin 发布。2010 年 6 月，iBatis 从 Apache 迁移到了 Google Code，并改名为 MyBatis，代码于 2013 年 11 月迁移到 GitHub。iBatis 一词来源于“internet”和“abatis”，是一个基于 Java 的持久层框架。iBatis 提供的持久层框架包括 SQL Maps 和 DAO。

释疑解惑

【问题 7-1】MyBatis 和 JDBC 有什么区别?

MyBatis 和 JDBC 是 Java 中操作数据库的主要方式，它们各有特点和优势。

（1）编程复杂度。

JDBC 是 Java 的标准数据库连接工具，它提供了一套完整的数据库操作接口。使用 JDBC 可以完成所有的数据库操作，但是编程复杂度高，需要手动编写大量的 SQL 语句及手动处理结果集。

MyBatis 是一个基于 Java 的持久层框架，它建立在 JDBC 上，封装了底层的 JDBC 操作，简化了 JDBC 的操作。MyBatis 避免了几乎所有的 JDBC 代码、手动设置参数及获取结果集的过程，大大降低了数据库操作的复杂性。

MyBatis 可以使用简单的 XML 或注解来配置和映射原生信息，将接口和 Java 的 POJO 映射成数据库中的记录。

（2）SQL 语句的编写和控制。

使用 JDBC 时，开发者需要手动编写 SQL 语句，并且对 SQL 语句的控制度较高，可以灵活地进行各种复杂的数据库操作，但是这也提高了开发的复杂度。

使用 MyBatis 时，SQL 语句主要在配置文件中编写，开发者可以更清晰地看到 SQL 语句的结构，并且 MyBatis 支持动态 SQL，可以在运行时动态生成 SQL 语句。

（3）数据库结果集的处理。

在 JDBC 中，开发者需要手动对数据库结果集进行处理，将结果集转换为 Java 对象。这个过程需要编写大量的代码，并且容易出错。

在 MyBatis 中，开发者可以通过 XML 配置或注解方式声明结果集与 Java 对象的映射关系，MyBatis 会自动将数据库结果集转换为 Java 对象。

所以，MyBatis 与 JDBC 相比，主要优势在于简化了 JDBC 的操作，使得 SQL 语句更加清晰，减少了开发者手动处理结果集的工作，大大提高了开发效率。

【问题 7-2】何谓框架？

框架（Framework）其实就是某种应用程序的半成品，就是一组组件，供程序开发者选用以完成系统开发。简单地说，框架就是一套资源，包含 JAR 包、源代码、帮助文档、示例等。

框架是整个或者部分系统的可重用设计，是底层技术的封装，是可以被开发者定制的应用架构。

使用成熟的框架就相当于提前完成了一些基础工作，系统开发者只需要集中精力完成系统的业务逻辑设计。这样可以节省开发时间，提高代码的重用性，让开发变得更简单。

【问题 7-3】何谓数据持久化？

大多数情况下，数据持久化意味着将内存中的数据保存到磁盘上加以固化，而持久化的实现过程则大多通过各种关系数据库来完成。完成持久化工作的代码块被称为 DAO 层。

1. 什么叫持久化？

持久化（Persistence）是将程序数据在持久状态和瞬时状态间进行转换的机制，即把数据（如内存中的对象）保存到可永久保存的存储设备（如磁盘）中。

持久化的主要应用是将内存中的对象存储在数据库中，或者存储在磁盘文件、XML 数据文件中等。JDBC 就是一种持久化机制，文件 IO 也是一种持久化机制。

2. 什么叫持久层？

持久层（Persistence Layer）即专注于实现数据持久化应用领域的某个特定系统的一个逻辑层面，将数据使用者和数据实体相关联。

相对系统其他部分而言，持久层应该具有一个较为清晰和严格的逻辑边界。持久层是用来操作数据库的。

3. 为什么要持久化？增加持久层的作用是什么？

数据库的读写是一个很耗费时间和资源的操作，当大量用户同时直接访问数据库的时候，效率将非常低。如果将数据持久化，则不需要每次都从数据库中读取数据，而可以直接在内存中对数据进行操作。这样就节约了数据库资源，而且加快了系统的反应速度。

增加持久层可提高开发的效率，使软件的体系结构更加清晰，使代码编写和系统维护变得更容易。在大型的应用项目中，这种优势尤为明显。同时，持久层是单独的一层，人们可以为这一层独立地开发一个软件包，让其将各种应用数据持久化，并为上层提供服务，从而使得各个企业中负责应用开发的开发者不必再做数据持久化的底层实现工作，而是可以直接调用持久层提供的 API。

数据持久化可以减少访问数据库的次数，加快应用程序的执行速度；使代码重用度提高，能够完成大部分数据库操作；使持久化不依赖于底层数据库和上层业务逻辑实现。更换数据库时只需修改配置文件，而不需要修改业务逻辑代码。

【问题 7-4】何谓对象关系映射？

面向对象的开发方法是当今企业级应用开发中的主流开发方法，关系数据库是企业级应用环境中永久存放数据的主流数据存储系统。在软件开发中，对象和关系数据是业务实体的两种表现形式，业务实体在内存中表现为对象，在数据库中表现为关系数据。

关系数据库采用了关系模型，简单易用，用户只需要编写简单的 SQL 语句就可以对其进行操作，包括数据保存、更新、删除和查询等。

在 Java 中编程使用的是面向对象的开发方法。在 MySQL 中编写的 SQL 语句使用的是关系数据库。当关系数据库与面向对象方法相结合时，关系数据库用于管理数据，面向对象用于建模，在持久化时常会遇到对象/关系不匹配问题。

对象关系映射（Object Relational Mapping，ORM）是一种用于解决面向对象与关系数据库不匹配的技术，是随着面向对象的软件开发方法发展而产生的。

内存中的对象之间存在关联和继承关系，而在数据库中，关系数据库无法直接表达多对多关联和继承关系。因此，ORM 系统一般以中间件的形式存在，主要实现程序对象到关系数据库数据的映射。ORM 通过使用描述对象和数据库之间映射的元数据将 Java 程序中的对象自动持久化到关系数据库中。ORM 本质上是将对象模型映射为一种关系模型的技术，在业务层与数据库层之间充当桥梁，将数据库中的数据表映射为对象，以对象的形式对关系型数据进行操作。

对象关系映射指从对象到关系的映射，可以将对象保存到关系数据库中或将关系数据库中的数据提取到对象中。

将数据表中的数据映射成对象称为对象关系映射。

（1）对象：Java 的实体类对象。

（2）关系：关系数据库。

（3）映射：二者之间的对应关系。

【问题 7-5】何谓“工厂类”？

如果创建某个对象的过程基本固定，那么就可以把创建这个对象的相关代码封装到一个“工厂类”中，以后都使用这个“工厂类”来“生产”需要的对象。

【问题 7-6】何谓 MyBatis?

MyBatis 对 JDBC 操作数据库的过程进行封装，使开发者只需要关注 SQL 语句本身，而不需要花费精力去处理注册驱动、创建连接（Connection）、创建 Statement、手动设置参数、结果集检索等繁杂的过程。MyBatis 通过 XML 或注解的方式将要执行的各种 Statement（Statement、PreparedStatemnt、CallableStatement）配置起来，并通过 Java 对象和 Statement 中 SQL 的动态参数进行映射生成最终执行的 SQL 语句，最后由 MyBatis 执行 SQL 语句，将结果映射成 Java 对象并返回。

MyBatis 有两种映射方式：通过 XML 的配置文件和通过注解的方式进行映射。

MyBatis 的核心要素如下。

（1）核心接口和类。

（2）MyBatis 核心配置文件（mybatis-config.xml）。

（3）SQL 映射文件（×××mapper.xml）。

前导知识

【知识 7-1】MyBatis 的主要优点

MyBatis 的主要优点如下。

（1）SQL 语句与 Java 代码的分离。

（2）强大的映射能力。

（3）支持动态 SQL。

（4）支持定制化 SQL、存储过程及高级映射。

（5）支持一级缓存和二级缓存。

（6）提供了丰富的 API。

（7）允许延迟加载，提高系统性能。

（8）支持插件，扩展性强。

（9）代码量少，学习曲线平缓。

扫描二维码，打开电子活页 7-1，在线浏览【知识 7-1】的相关内容。

【知识 7-2】MyBatis 的缺点

虽然 MyBatis 是一个非常受欢迎的持久层框架，但它也存在一些缺点，具体如下。

（1）没有完全实现 ORM。

（2）缓存管理有些复杂。

（3）对于大型项目，XML 配置可能变得冗长。

（4）可能存在 SQL 注入风险。

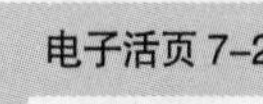

（5）增加了新手的学习成本。

（6）和某些框架整合时可能需要额外的配置。

（7）过多依赖 XML。

（8）在数据持久化方面的自动化水平不如其他 ORM 框架。

（9）更换数据库不方便。

扫描二维码，打开电子活页 7-2，在线浏览【知识 7-2】的相关内容。

【知识 7-3】MyBatis 的核心组件

MyBatis 的核心组件主要有以下几个。

（1）SqlSessionFactoryBuilder。

这个类可以被实例化、使用和丢弃，一旦创建了 SqlSessionFactory 就不再需要这个类了。因此，SqlSessionFactoryBuilder 实例的最佳作用域是方法内部（也就是局部方法变量）。可以重用 SqlSessionFactoryBuilder 创建多个 SqlSessionFactory 实例，但是最好不要让其一直存在，以保证所有的 XML 解析资源可以被释放给更重要的任务。

（2）SqlSessionFactory。

SqlSessionFactory 一旦被创建就在应用的运行期间一直存在，没有任何理由丢弃它或重新创建另一个实例。在应用运行期间不要重复创建 SqlSessionFactory，多次重复创建 SqlSessionFactory 被视为一种编程“坏习惯”。

（3）SqlSession。

每个线程都应该有它自己的 SqlSession 实例。SqlSession 的实例不是线程安全的，是不能被共享的，所以它的最佳作用域是请求或方法作用域。绝对不能将 SqlSession 实例的引用放在一个类的静态字段或实例字段中。

（4）Mapper。

Mapper 是创建出来用来绑定映射语句的接口。Mapper 的方法对应 SQL 映射文件中的一条 SQL 语句，这些接口在动态代理实现中，开发者无须手动实现，只需定义方法和相应 SQL 语句。

（5）Executor。

Executor 是 MyBatis 的执行层，负责 SQL 语句的生成和查询缓存的维护。它主要负责两部分内容，一部分是根据 Statement id 找到相应的映射语句，将输入的参数转换为 SQL 语句；另一部分是将 SQL 语句交给 JDBC 执行，并将查询结果映射成 Java 对象返回。

这些是 MyBatis 的核心组件，通过这些组件的协同工作，MyBatis 可以高效、灵活地完成持久层的操作。

【知识 7-4】MyBatis 框架的应用场景

MyBatis 作为一个优秀的持久层框架，主要应用在以下场景中。

（1）需要与关系数据库交互的项目。

MyBatis 支持对各类 SQL 查询、更新、删除操作，包括复杂查询、联合查询等，因此对于需要与关系数据库交互的项目，MyBatis 是一个很好的选择。

（2）需要编写复杂 SQL 语句的场景。

MyBatis 允许开发者直接编写原生态 SQL 语句。相比于其他 ORM 框架，如 Hibernate，MyBatis 更适合需要编写复杂 SQL 语句的场景。

（3）需要进行 SQL 性能优化的场景。

在 MyBatis 中，SQL 语句是可见的，开发者可以直接对 SQL 语句进行优化。因此，对于需要进行 SQL 性能优化的场景，MyBatis 也是一个不错的选择。

（4）需要缓存优化的场景。

MyBatis 提供了一级缓存和二级缓存的功能，可以有效地提升数据库查询的效率。例如，在一个电商网站中，商品的信息一般变动较小，但查询非常频繁，这时候，就可以使用 MyBatis 的二级缓存功能，将商品的信息缓存起来，提高系统的性能。

（5）动态 SQL 的场景。

MyBatis 支持动态 SQL，可以根据不同的条件动态生成 SQL 语句，这对于处理复杂的查询需求非常有用。例如，用户的查询条件可能有多种，有的用户可能只提供用户名，有的用户可能只提供用户 ID，有的用户可能两者都提供，这时就可以使用 MyBatis 的动态 SQL 来实现这个需求。

综上所述，MyBatis 适用于各种复杂程度的 Java 项目，特别是对 SQL 性能、缓存优化、动态 SQL 有一定需求的项目。

【知识 7-5】MyBatis 设计的工厂模式和单例模式

MyBatis 在其设计和实现过程中使用了多种设计模式，工厂模式和单例模式是常用的两种模式。

（1）工厂模式。

在 MyBatis 中，SqlSessionFactory 负责创建 SqlSession，这是典型的工厂模式。工厂模式提供了一个创建对象的接口，但允许子类决定要实例化的类是哪一个。工厂方法让类把实例化推迟到子类。

（2）单例模式。

SqlSessionFactoryBuilder 在构建 SqlSessionFactory 的时候使用了单例模式。SqlSessionFactory 一旦被创建，就应在应用执行期间一直存在，没有任何理由丢弃它或重新创建另一个实例。

【知识 7-6】MyBatis 常用注解

MyBatis 提供了一系列注解，用于简化 XML 映射文件的使用。

（1）@Select。

（2）@Insert。

（3）@Update。

（4）@Delete。

（5）@Results 和@Result。

（6）@Param。

（7）@Mapper。

（8）@Options。

（9）@ResultMap。

（10）@SelectProvider、@InsertProvider、@UpdateProvider、@DeleteProvider。

扫描二维码，打开电子活页 7-3，在线浏览【知识 7-6】的相关内容。

电子活页 7-3

【知识 7-7】使用 MyBatis 进行数据库操作的基本步骤

使用 MyBatis 进行数据库操作的基本步骤如下。

（1）添加 MyBatis 的依赖：在项目的 pom.xml 文件中添加 MyBatis 的依赖。

（2）创建数据库、数据表：根据业务需求创建相应的数据库和数据表。

（3）创建实体类：根据数据表创建相应的 Java 实体类，字段要与数据表的字段对应。

（4）创建映射文件：编写 MyBatis 的映射文件，该文件中定义了 SQL 语句和结果映射规则。通常，一个映射文件对应一个实体类，文件中的一条 SQL 语句对应实体类的一个操作。

（5）配置 MyBatis：创建 MyBatis 的核心配置文件，配置文件中主要包含数据库连接信息、事务管理器类型以及映射文件的路径。

（6）编写 DAO 接口：编写 DAO 接口，接口中的方法与映射文件中的 SQL 语句一一对应。

（7）创建 SqlSessionFactory 对象：在程序中创建 SqlSessionFactory 对象，这个对象是 MyBatis 的核心对象，它代表和数据库的会话，可以通过它获取 SqlSession 对象。

（8）执行操作：通过 SqlSessionFactory 对象获取 SqlSession 对象，然后调用 SqlSession 对象的方法，传入 DAO 接口的全限定名和方法参数，从而完成数据库的增、删、改、查操作。

（9）释放资源：操作完成后关闭 SqlSession 对象，释放资源。

以上就是使用 MyBatis 进行数据库操作的基本步骤，这个过程涵盖 MyBatis 的主要功能，使得数据库操作更加简单、高效。

前导操作

【操作 7-1】下载最新版本的 MyBatis

在 MyBatis 的官方网站 http://mybatis.org 中可以下载最新版本的 MyBatis，如果打不开网站或下载速度较慢，则可以通过 GitHub 网站下载。

【操作 7-2】创建基于 Spring MVC 的 Web 应用程序的基本操作

（1）准备开发 Web 应用程序所需的图片文件、CSS 样式文件和 JavaScript 文件。

（2）启动 Eclipse IDE，进入 Eclipse IDE 主界面，设置工作空间为 Unit07。

（3）在 Eclipse IDE 中自定义名称为“My HTML File（html5）”的 HTML 模板。

（4）在 Eclipse IDE 中自定义名称为“My JSP File（html5）”的 JSP 模板。

（5）在 Eclipse IDE 中配置与启动 Tomcat 服务器。

【操作 7-3】创建数据库与数据表

（1）创建数据库 test_db。

在 MySQL Server 8.0 中创建数据库 test_db。

（2）创建数据表 t_user。

在数据库 test_db 中创建数据表 t_user，其结构信息如表 7-1 所示。

表 7-1　数据表 t_user 的结构信息

字段名称	数据类型	字段名称	数据类型
userId	int	email	varchar(30)
username	varchar(20)	sex	varchar(1)
password	varchar(20)	address	varchar(50)
phone	varchar(16)		

（3）创建数据表 employee。

在数据库 test_db 中创建数据表 employee，其结构信息如表 7-2 所示。

表 7-2　数据表 employee 的结构信息

字段名称	数据类型	字段名称	数据类型
eid	int	email	varchar(30)
ename	varchar(20)	job	varchar(20)
did	int	sal	double
sex	int	phone	varchar(20)
birth	date	address	varchar(20)

（4）创建数据表 department。

在数据库 test_db 中创建数据表 department，其结构信息如表 7-3 所示。

表 7-3　数据表 department 的结构信息

字段名称	数据类型	字段名称	数据类型
did	int	dinfo	varchar(255)
dname	varchar(20)		

（5）创建数据表 t_emp。

在数据库 test_db 中创建数据表 t_emp，其结构信息如表 7-4 所示。

表 7-4　数据表 t_emp 的结构信息

字段名称	数据类型	字段名称	数据类型
emp_id	int	email	varchar(50)
emp_name	varchar(20)	sex	char(1)
age	int		

【操作 7-4】创建数据库配置文件 db.properties

这里将创建的数据库配置文件命名为"db.properties"，"db"可以理解为 database 的缩写，指数据库，"properties"可以理解为资源，开发者有时还会将该配置文件命名为 jdbc.properties。db.properties 指连接数据库的外部数据源文件，是一种储存数据库连接信息的文件。对于动态 Web 项目，db.properties 文件的存储位置为 src/main/java；对于 Maven 项目，其存储位置为 src/main/resources。

打开数据库配置文件 db.properties，在该文件中编写配置代码，代码如表 7-5 所示。

表 7-5　数据库配置文件 db.properties 中的代码

```
driverName=com.MySQL.cj.jdbc.Driver
url=jdbc:MySQL://localhost:3306/test_db?useUnicode=true&characterEncoding=utf8
                                     &useSSL=false&serverTimezone=Asia/Shanghai
username=root
password=123456
```

扫描二维码，打开电子活页 7-4，在线浏览【操作 7-4】的相关内容。

电子活页 7-4

【操作 7-5】运行 Java Web 项目的测试类

选择待运行的测试类并单击鼠标右键，在弹出的快捷菜单中选择“运行方式”→“JUnit 测试”命令，如图 7-1 所示。

在 Eclipse IDE 的“控制台”视图中可以看到测试类的运行结果。

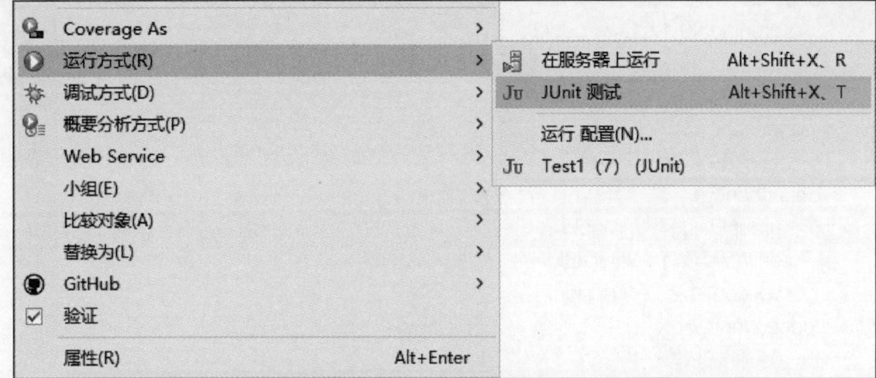

图 7-1　在弹出的快捷菜单中选择“运行方式”→“JUnit 测试”命令

【操作 7-6】运行包含 main()方法的测试类

选择待运行的测试类并单击鼠标右键，在弹出的快捷菜单中选择“运行方式”→“Java 应用程序”命令，如图 7-2 所示。

在 Eclipse IDE 的“控制台”视图中可以看到 main()方法中代码的运行结果。

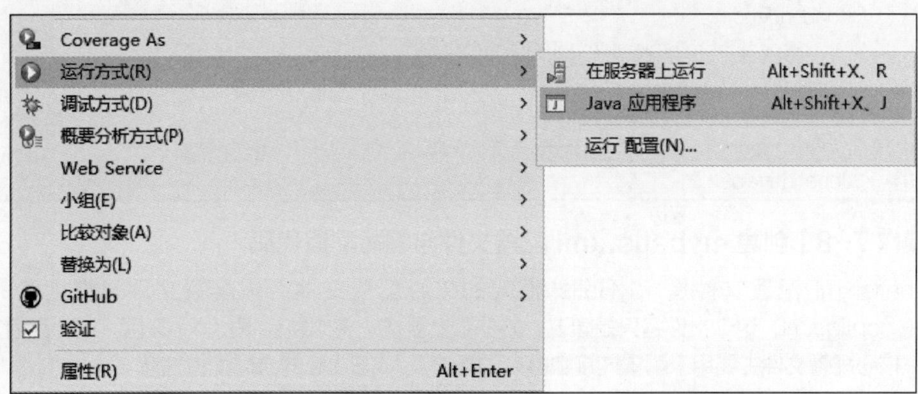

图 7-2　在弹出的快捷菜单中选择“运行方式”→“Java 应用程序”命令

【操作 7-7】在 pom.xml 配置文件中引入 MyBatis 相关依赖项

在 pom.xml 配置文件中引入 MyBatis 相关依赖项的代码如表 7-6 所示。

表 7-6　在 pom.xml 配置文件中引入 MyBatis 相关依赖项的代码

```
<dependencies>
  <!-- MyBatis 相关依赖-->
  <dependency>
      <groupId>org.mybatis</groupId>
```

续表

```
        <artifactId>mybatis</artifactId>
        <version>3.5.14</version>
    </dependency>
    <!-- MySQL 数据库相关依赖-->
    <dependency>
        <groupId>MySQL</groupId>
        <artifactId>MySQL-connector-java</artifactId>
        <version>8.0.29</version>
    </dependency>
    <!-- 日志相关依赖-->
    <dependency>
        <groupId>log4j</groupId>
        <artifactId>log4j</artifactId>
        <version>1.2.17</version>
    </dependency>
    <!-- 测试相关依赖-->
    <dependency>
      <groupId>junit</groupId>
      <artifactId>junit</artifactId>
      <version>4.13.2</version>
      <scope>test</scope>
    </dependency>
    <!--Lombok 插件-->
    <dependency>
        <groupId>org.projectlombok</groupId>
        <artifactId>lombok</artifactId>
        <version>1.18.16</version>
    </dependency>
</dependencies>
```

【操作 7-8】创建 mybatis.xml 配置文件与编写配置代码

mybatis.xml 配置文件是 MyBatis 框架的核心配置文件，该配置文件习惯上被命名为 mybatis-config.xml，这个文件名只是建议，并非强制要求。将来整合 Spring 之后，这个配置文件可以省略。核心配置文件主要用于配置连接数据库的环境及 MyBatis 的全局配置信息。

在 mybatis.xml 配置文件中，如果有 properties 相关的属性配置，则一定要将其属性配置信息放到最前面，settings 放到第二个位置。

电子活页 7-5

扫描二维码，打开电子活页 7-5，在线浏览【操作 7-8】的相关内容。

（1）认知配置文件的结构树。

（2）将数据库相关信息直接写在 mybatis.xml 配置文件中。

（3）从数据库配置文件 db.properties 中间接获取数据库相关信息。

【操作 7-9】创建 log4j.properties 配置文件与编写代码

Log4j 是 Apache 的一个源代码开放项目，通过使用 Log4j 可以控制日志信息输出目的地，也可以控制每一条日志的输出格式；通过定义每一条日志信息的优先级，能够更加细致地控制日志的生成过程。

Log4j 由 3 个重要的组件构成：日志信息的优先级、日志信息的输出目的地、日志信息的输出格式。日志信息的优先级从高到低有 FATAL、ERROR、WARN、INFO、DEBUG、TRACE、ALL，分别用来指定日志信息的重要程度；日志信息的输出目的地指定了日志将输出到控制台还是文件中；而输出格式控制了日志信息的显示内容。

log4j.properties 文件的配置示例代码如表 7-7 所示，这是较为简洁的配置代码。

表 7-7　log4j.properties 文件的配置示例代码

```
log4j.rootLogger=debug, stdout
log4j.appender.stdout=org.apache.log4j.ConsoleAppender
log4j.appender.stdout.Target=System.out
log4j.appender.stdout.layout=org.apache.log4j.SimpleLayout
```

log4j.properties 配置文件的存储位置一般为 src/main/java。

扫描二维码，打开电子活页 7-6，在线浏览【操作 7-9】的相关内容。

电子活页 7-6

（1）配置日志信息的优先级。

（2）配置日志信息的输出目的地。

（3）配置日志信息的输出格式。

实例探析

【实例 7-1】熟悉 MyBatis 的基本配置与实现数据库访问

【操作要求】

使用 Eclipse IDE 创建一个动态 Web 项目 demo7-1，即项目类型为动态 Web 项目，项目名称为“demo7-1”，设置“Target runtime”为 Apache Tomcat v9.0。该项目主要用于帮助读者熟悉 MyBatis 的基本配置、了解 MyBatis 实现数据库访问的方法。

相关要求如下。

（1）创建 mybatis-config.xml 配置文件与编写配置代码。

（2）创建 Java 实体类 User。

（3）创建数据访问接口 UserMapper 与接口映射文件 UserMapper.xml。

（4）创建配置文件 log4j.properties。

（5）使用 SqlSessionFactoryBuilder 对象及其 build()方法、SqlSessionFactory 对象及其 openSession()方法、Resources 类的 getResourceAsReader()方法、SqlSession 对象及其 selectList()方法和 selectOne()方法、SqlSession 对象的 close()方法实现 MySQL 数据库访问。

电子活页 7-7

【实现过程】

扫描二维码，打开电子活页 7-7，在线浏览【实例 7-1】的相关代码。

【实例 7-1】的实现过程如表 7-8 所示。

表 7-8 【实例 7-1】的实现过程

序号	步骤名称	相关内容	对应代码或图片
1	新建 Java Web 项目	在 Eclipse IDE 主界面中切换工作空间为 Unit07，创建一个动态 Web 项目，项目名称为“demo7-1”	—
2	创建包或文件夹	com.demo、com.demo.entity（存放实体类文件）、com.demo.test（存放测试文件）	—
3	复制所需的 JAR 包	Spring、MyBatis 相关的 JAR 包和其他相关库	—
4	创建或完善配置文件	配置文件的名称：web.xml	默认配置
		配置文件的位置：src/main/java。 配置文件的名称：mybatis-config.xml	参考电子活页 7-5
		配置文件的位置：src/main/java。 配置文件的名称：db.properties	如表 7-5 所示
		配置文件的位置：src/main/java。 配置文件的名称：log4j.properties	如表 7-7 所示
5	创建模型层的类	实体类名称：User	如表 7-9 所示
		数据访问接口：UserMapper	如【代码 1】所示
		数据访问接口映射文件：UserMapper.xml	如【代码 2】所示
		项目测试类名称：Test1	如【代码 3】所示
6	创建控制器层的类	—	—
7	创建前端页面文件	—	—
8	在服务器上运行项目	运行测试类：选择“运行方式”→“JUnit 测试”命令	—
		运行结果出现在 Eclipse IDE 的“控制台”视图中	—

表 7-9 实体类 User 的定义代码

```
package com.demo.entity;
public class User {
    private String userId;
    private String username;
    private String password;
    private String sex;
    private String email;
    public String getUserId() {
        return userId;
    }
    public void setUserId(String userId) {
        this.userId = userId;
    }
    public String getUsername() {
        return username;
    }
    public void setUsername(String username) {
        this.username = username;
    }
    public String getPassword() {
        return password;
```

续表

```
    }
    public void setPassword(String password) {
        this.password = password;
    }
    public String getSex() {
        return sex;
    }
    public void setSex(String sex) {
        this.sex = sex;
    }
    public String getEmail() {
        return email;
    }
    public void setEmail(String email) {
        this.email = email;
    }
    @Override
    public String toString() {
        return  "User{" +
                "userId=" + userId +
                ", username='" + username + '\'' +
                ", password='" + password + '\'' +
                ", sex='" + sex + '\'' +
                ", email='" + email + '\'' +
                '}';
    }
}
```

【知识梳理】

【知识 7-8】MyBatis 的 Mapper 接口和映射文件

1. MyBatis 的 Mapper 接口

MyBatis 中的 Mapper 接口相当于以前的 DAO 接口。与 DAO 接口不同的是，Mapper 接口仅仅是接口，不需要提供实现类。

2. MyBatis 的映射文件

MyBatis 映射文件的命名规则如下：数据表映射的实体类的类名+Mapper.xml。

例如，数据表为 t_user，映射的实体类为 User，所对应的映射文件为 UserMapper.xml。

因此，一个映射文件对应一个实体类，对应一张数据表的操作。

MyBatis 映射文件用于编写 SQL 语句、访问及操作表中的数据。Maven 项目的 MyBatis 映射文件的存储位置是 src/main/resources/mappers。

MyBatis 中可以面向接口操作数据，要保证以下两个一致。

（1）Mapper 接口的完整类名和映射文件的命名空间（namespace）保持一致。

（2）Mapper 接口中的方法名和映射文件中编写 SQL 语句的标签的 id 属性保持一致。

示例代码如下。

```
<mapper namespace="com.demo.dao.UserDao">
```

```
    <select id="getAllUser" resultType="com.demo.entity.User">
        select * from t_user
    </select>
</mapper>
```

【实例 7-2】探求基于 MyBatis 获取数据表中全部数据的方法

【操作要求】

使用 Eclipse IDE 创建一个 Maven 项目 demo7-2，该项目主要用于熟悉数据库配置文件 db.properties 的创建、MyBatis 的基本配置与探求基于 MyBatis 获取数据表中全部数据的方法。

相关要求如下。

（1）创建数据库配置文件 db.properties。

（2）创建 mybatis-config.xml 配置文件与编写配置代码。

（3）创建 Java 实体类 User。

（4）创建数据访问接口 UserMapper 与接口映射文件 UserMapper.xml。

（5）创建配置文件 log4j.properties。

（6）使用 SqlSessionFactoryBuilder 对象及其 build()方法、SqlSessionFactory 对象及其 openSession()方法、Resources 类的 getResourceAsReader()方法、SqlSession 对象及其 selectList()方法和 selectOne()方法、SqlSession 对象的 close()方法实现 MySQL 数据库访问。

电子活页 7-8

【实现过程】

扫描二维码，打开电子活页 7-8，在线浏览【实例 7-2】的相关代码，学习【知识 7-9】【知识 7-10】【知识 7-11】的相关内容。

【实例 7-2】的实现过程如表 7-10 所示。

表 7-10 【实例 7-2】的实现过程

序号	步骤名称	相关内容	对应代码或图片
1	新建 Java Web 项目	项目类型：Maven 项目。 项目名称：demo7-2	—
2	创建包或文件夹	resources、com.demo、com.demo.dao、com.demo.utils、com.demo.test、resources.mapper	—
3	引入所需的 JAR 包	通过配置文件 pom.xml 将项目所需的以下 JAR 包下载到项目指定文件夹中： （1）junit 4.13.2； （2）mybatis 3.5.14； （3）mysql-connector-java 8.0.29； （4）log4j 1.2.17	—
4	创建或完善配置文件	配置文件的名称：web.xml	默认配置
		配置文件的位置：src/main/java。 配置文件的名称：mybatis-config.xml	参考电子活页 7-5
		配置文件的位置：src/main/resources。 配置文件的名称：db.properties	如表 7-5 所示
		配置文件的位置：src/main/java。 配置文件的名称：log4j.properties	如表 7-7 所示

续表

序号	步骤名称	相关内容	对应代码或图片
5	创建模型层的类	实体类：User	如表 7-9 所示
		数据访问接口的位置：src/main/java/com/demo/dao。 数据访问接口的名称：UserDao	如【代码 1】所示
		数据访问接口映射文件的位置：src/main/resources/mapper。 数据访问接口映射文件的名称：UserMapper.xml	如【代码 2】所示
		工具类的位置：src/main/java/com/demo/utils。 工具类的名称：MyBatisUtils	如【代码 3】所示
		项目测试类的位置：src/main/java/com/demo/test。 项目测试类的名称：Test1	如【代码 4】所示
6	创建控制器层的类	—	—
7	创建前端页面文件	—	—
8	在服务器上运行项目	运行测试类：选择“运行方式”→“JUnit 测试”命令	—
		运行结果出现在 Eclipse IDE 的“控制台”视图中	—

【知识梳理】

【知识 7-9】MyBatis 三大对象

在 MyBatis 中，一个会话相当于一次访问数据库的过程，一个会话对象类似于一个 Connection 连接对象。MyBatis 三大对象如下。

（1）SqlSessionFactoryBuilder。

（2）SqlSessionFactory。

（3）SqlSession。

【知识 7-10】SqlSession 的使用方法

SqlSession 的使用方法有以下两种。

（1）Session 获取映射器，让映射器通过命名空间和方法名称找到对应的 SQL，发送给数据库执行后返回结果。

（2）直接通过命名信息去执行 SQL 语句且返回结果，这是 IBatis 版本留下的方式。

【知识 7-11】基于 MyBatis 的数据访问的实现步骤

基于 MyBatis 的数据访问的基本操作步骤如下。

（1）通过框架提供的 Resources 类，加载 mybatis-config.xml，得到文件输入流 InputStream 对象。

（2）实例化 SqlSessionFactoryBuilder 类，通过 SqlSessionFactoryBuilder 对象读取核心配置文件的输入流，得到 SqlSessionFactory 类。

（3）使用 SqlSessionFactory 对象创建 SqlSession 对象。

（4）SqlSession 执行 DAO 对象（数据访问对象）定义的操作方法。

（5）执行 CRUD 操作。

（6）关闭会话，释放资源。

【实例 7-3】探求基于 MyBatis 实现数据检索与新增的方法

【操作要求】

使用 Eclipse IDE 创建一个动态 Web 项目 demo7-3，该项目主要用于探求基于 MyBatis 实现数据检索与新增的方法。

电子活页 7-9

【实现过程】

扫描二维码，打开电子活页 7-9，在线浏览【实例 7-3】的相关代码。

【实例 7-3】的实现过程如表 7-11 所示。

表 7-11 【实例 7-3】的实现过程

序号	步骤名称	相关内容	对应代码或图片
1	新建 Java Web 项目	项目类型：动态 Web 项目。 项目名称：demo7-3	—
2	创建包或文件夹	com.demo、com.demo.dao、com.demo.mapper、com.demo.test	—
3	复制所需的 JAR 包	Spring、MyBatis 相关的 JAR 包和其他相关库	—
4	创建或完善配置文件	配置文件的名称：web.xml	默认配置
		配置文件的位置：src/main/java。 配置文件的名称：mybatis-config.xml	参考电子活页 7-5
		配置文件的位置：src/main/java。 配置文件的名称：db.properties	如表 7-5 所示
		配置文件的位置：src/main/java。 配置文件的名称：log4j.properties	如表 7-7 所示
5	创建模型层的类	实体类：User	如表 7-9 所示
		数据访问接口：UserDao	如【代码 1】所示
		数据访问接口映射文件：UserMapper.xml	如【代码 2】所示
		项目测试类：Test1	如【代码 3】所示
		项目测试类：Test2	如【代码 4】所示
6	创建控制器层的类	—	—
7	创建前端页面文件	—	—
8	在服务器上运行项目	运行测试类：选择“运行方式”→“JUnit 测试”→“Java 应用程序”命令	—
		运行结果出现在 Eclipse IDE 的“控制台”视图中	—

【实例 7-4】探求基于 MyBatis 实现数据库综合操作的方法

【操作要求】

微课 7-1

使用 Eclipse IDE 创建一个动态 Web 项目 demo7-4，该项目主要用于探求基于 MyBatis 实现数据库综合操作的方法。

相关要求如下。

（1）测试查询、修改、增加、删除数据表中数据的功能。

（2）熟悉获取参数值的多种方式。

（3）熟悉各种查询功能。

（4）了解特殊 SQL 语句的执行。

电子活页 7-10

【实现过程】

扫描二维码，打开电子活页 7-10，在线浏览【实例 7-4】的相关代码，学习【知识 7-12】的相关内容。

【实例 7-4】的实现过程如表 7-12 所示。

表 7-12 【实例 7-4】的实现过程

序号	步骤名称	相关内容	对应代码或图片
1	新建 Java Web 项目	项目类型：动态 Web。 项目名称：demo7-4	—
2	创建包或文件夹	com.demo、com.demo.entity	—
3	复制所需的 JAR 包	Spring、MyBatis 相关的 JAR 包和其他相关库	—
4	创建或完善配置文件	配置文件的名称：web.xml	默认配置
		配置文件的位置：src/main/java。 配置文件的名称：mybatis-config1.xml、mybatis-config2.xml、mybatis-config3.xml	配置文件的通用代码参考电子活页 7-5，增加的代码如【代码 1】所示
		配置文件的位置：src/main/java。 配置文件的名称：db.properties	如表 7-5 所示
		配置文件的位置：src/main/java。 配置文件的名称：log4j.properties	如表 7-7 所示
5	创建模型层的类	实体类：User	如表 7-9 所示
		工具类：SqlSessionUtils1、SqlSessionUtils2、SqlSessionUtils3	如【代码 2】所示
		数据访问接口：UserMapper1、UserMapper2、UserMapper3	如【代码 3】~【代码 5】所示
		数据访问接口映射文件：UserMapper1.xml、UserMapper2.xml、UserMapper3.xml	如【代码 6】~【代码 8】所示
5	创建模型层的类	项目测试类：Test1、Test2_1、Test2_2、Test2_3、Test2_4、Test2_5、Test2_6、Test2_7、Test3_1、Test3_2、Test3_3	如【代码 9】~【代码 19】所示
6	创建控制器层的类	—	—
7	创建前端页面文件	—	—
8	在服务器上运行项目	运行测试类：选择“运行方式”→“JUnit 测试”命令	—
		运行结果出现在 Eclipse IDE 的“控制台”视图中	—

【知识梳理】

【知识 7-12】MyBatis 获取参数值的方式

（1）获取单个字面量类型的参数。

（2）获取多个字面量类型的参数。

（3）获取 map 集合类型的参数。

（4）获取实体类类型的参数。

（5）使用@Param 标识参数。

【实例 7-5】探求基于 MyBatis 实现一对一映射和多对一映射处理的方法

【操作要求】

微课 7-2

使用 Eclipse IDE 创建一个动态 Web 项目 demo7-5，该项目主要用于探求基于 MyBatis 实现一对一映射和多对一映射处理的方法。

相关要求如下。

（1）使用全局配置处理字段名和属性名不一致的情况。

（2）使用<resultMap>标签处理字段和属性的映射关系。

这里涉及处理一对一映射和处理多对一映射两种情况，其中多对一映射关系可以用级联方式处理，也可使用<association>标签处理。

电子活页 7-11

电子活页 7-12

【实现过程】

扫描二维码，打开电子活页 7-11，在线浏览实体类 Department 和 Employee 的定义代码。

扫描二维码，打开电子活页 7-12，在线浏览【实例 7-5】的相关代码，学习【知识 7-13】的相关内容。

【实例 7-5】的实现过程如表 7-13 所示。

表 7-13 【实例 7-5】的实现过程

序号	步骤名称	相关内容	对应代码或图片
1	新建 Java Web 项目	项目类型：动态 Web 项目。 项目名称：demo7-5	—
2	创建包或文件夹	com.demo、com.demo.dao	—
3	复制所需的 JAR 包	Spring、MyBatis 相关的 JAR 包和其他相关库	—
4	创建或完善配置文件	配置文件的名称：web.xml	默认配置
		配置文件的位置：src/main/java。 配置文件的名称：mybatis-config.xml、mybatis-config2.xml。 mybatis-config.xml 中对应的<mappers>属性：<package name="com.demo.dao"/>。 mybatis-config2.xml 中对应的<mappers>属性：<package name="com.demo.mapper"/>	通用配置代码参考电子活页 7-5
		配置文件的位置：src/main/java。 配置文件的名称：db.properties	如表 7-5 所示
		配置文件的位置：src/main/java。 配置文件的名称：log4j.properties	如表 7-7 所示
5	创建模型层的类	实体类：Department、Employee	参考电子活页 7-11
		数据访问接口的位置：src/main/java/com/demo/dao。 数据访问接口的名称：EmpDao	如【代码 1】所示
		接口映射文件的位置：src/main/java/com/demo/dao。 接口映射文件的名称：EmpDao.xml	如【代码 2】所示
		数据访问接口的位置：src/main/java/com/demo/mapper。 数据访问接口的名称：DeptDao、EmpDao2、EmpDao3	如【代码 3】～【代码 5】所示
		数据访问接口映射文件的位置：src/main/java/com/demo/mapper。 数据访问接口映射文件的名称：DeptDao.xml、EmpDao2.xml、EmpDao3.xml	如【代码 6】～【代码 8】所示
		项目测试类：Test1、Test2、Test3	如【代码 9】～【代码 11】所示
6	创建控制器层的类	—	—
7	创建前端页面文件	—	—
8	在服务器上运行项目	运行测试类：选择“运行方式”→“JUnit 测试”命令	—
		运行结果出现在 Eclipse IDE 的“控制台”视图中	—

【知识梳理】

【知识 7-13】使用 resultMap 标签处理字段和属性的映射关系

（1）一对一映射处理。

（2）多对一映射处理。

（3）使用 association 处理映射关系。

【实例 7-6】探求基于 MyBatis 实现一对多映射处理的方法

【操作要求】

使用 Eclipse IDE 创建一个动态 Web 项目 demo7-6，该项目主要用于探求基于 MyBatis 实现一对多映射处理的方法。

微课 7-3

电子活页 7-13

【实现过程】

扫描二维码，打开电子活页 7-13，在线浏览【实例 7-6】的相关代码。

【实例 7-6】的实现过程如表 7-14 所示。

表 7-14 【实例 7-6】的实现过程

序号	步骤名称	相关内容	对应代码或图片
1	新建 Java Web 项目	项目类型：动态 Web 项目。 项目名称：demo7-6	—
2	创建包或文件夹	com.demo、com.demo.dao、com.demo.entity、com.demo.test	—
3	复制所需的 JAR 包	Spring、MyBatis 相关的 JAR 包和其他相关库	—
4	创建或完善配置文件	配置文件的名称：web.xml	默认配置
		配置文件的位置：src/main/java。 配置文件的名称：mybatis.xml	如电子活页 7-5 所示
		配置文件的位置：src/main/java。 配置文件的名称：db.properties	如表 7-5 所示
		配置文件的位置：src/main/java。 配置文件的名称：log4j.properties	如表 7-7 所示
5	创建模型层的类	实体类：Department、Employee	如电子活页 7-11 所示
		数据访问接口：DeptDao、EmpDao	如【代码 1】与【代码 2】所示
		数据访问接口映射文件：DeptDao.xml、EmpDao.xml	如【代码 3】与【代码 4】所示
		项目测试类：Test1	如【代码 5】所示
6	创建控制器层的类	—	—
7	创建前端页面文件	—	—
8	在服务器上运行项目	运行测试类：选择“运行方式”→“JUnit 测试”命令	—
		运行结果出现在 Eclipse IDE 的“控制台”视图中	—

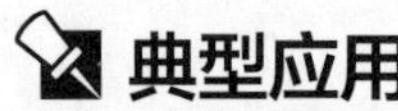

典型应用

【任务 7-1】基于 MyBatis 实现用户信息的增、删、改、查操作

微课 7-4

电子活页 7-14

【任务描述】

使用 Eclipse IDE 创建一个 Maven 项目 task7-1，该项目基于 MyBatis 实现用户数据表中用户信息的增、删、改、查操作。

【任务实施】

扫描二维码，打开电子活页 7-14，在线浏览【任务 7-1】的相关代码。

【任务 7-1】的实现过程如表 7-15 所示。

表 7-15 【任务 7-1】的实现过程

序号	步骤名称	相关内容	对应代码或图片
1	新建 Java Web 项目	项目类型：Maven 项目。 项目名称：task7-1	—
2	创建包或文件夹	resources、com.example、com.example.dao、com.example.entity、com.example.utils、com.example.test、resources.mapper	—
3	引入所需的 JAR 包	通过配置文件 pom.xml 将项目所需的 JAR 包下载到项目指定文件夹中	—
4	创建或完善配置文件	配置文件的名称：web.xml	默认配置
		配置文件的位置：src/main/java。 配置文件的名称：mybatis-config.xml	参考电子活页 7-5
		配置文件的位置：src/main/resources。 配置文件的名称：db.properties	如表 7-5 所示
		配置文件的位置：src/main/java。 配置文件的名称：log4j.properties	如表 7-7 所示
5	创建模型层的类	实体类：User	如表 7-9 所示
		数据访问接口的位置：src/main/java/com/example/dao。 数据访问接口的名称：UserDao	如【代码 1】所示
		数据访问接口映射文件的位置：src/main/resources/mapper。 数据访问接口映射文件的名称：UserMapper.xml	如【代码 2】所示
		工具类的位置：src/main/java/com/example/utils。 工具类的名称：MybatisUtils	如【代码 3】所示
		项目测试类的位置：src/main/java/com/example/test。 项目测试类的名称：Test1	如【代码 4】所示
6	创建控制器层的类	—	—
7	创建前端页面文件	—	—
8	在服务器上运行项目	运行测试类：选择“运行方式”→“JUnit 测试”命令	—
		运行结果出现在 Eclipse IDE 的“控制台”视图中	—

【任务 7-2】基于 MyBatis 实现用户登录与注册功能

【任务描述】

微课 7-5

使用 Eclipse IDE 创建一个动态 Web 项目 task7-2，该项目基于 MyBatis 实现用户登录与注册功能。该项目的开发环境为 MyBatis+Servlet+MySQL +Tomcat +HTML，MyBatis 框架用于简化 JDBC 来操作数据库，Servlet 作为一个接口由 Tomcat 运行，以处理浏览器的请求和响应，MySQL 作为数据库存放用户信息，使用 HTML 制作静态网页。

（1）用户登录的需求分析。

① 用户在登录页面中输入用户名和密码，提交请求给 LoginServlet。

② 在 LoginServlet 中接收请求和数据（用户名和密码）。

③ 在 LoginServlt 中通过 MyBatis 调用 UserMapper 来根据用户名和密码查询用户数据表。

④ 将查询结果封装到 User 对象中进行返回。

⑤ 在 LoginServlet 中判断返回的 User 对象是否为 null。如果为 null，则说明根据用户名和密码没有查询到用户，登录失败，返回“登录失败”数据给前端页面。如果不为 null，则说明用户存在并且密码正确，登录成功，返回“登录成功”数据给前端页面。

（2）用户注册的需求分析。

① 用户在注册页面中输入用户名和密码，提交请求给 RegisterServlet。

② 在 RegisterServlet 中接收请求和数据（用户名和密码）。

③ 在 RegisterServlet 中通过 MyBatis 调用 UserMapper 来根据用户名查询用户数据表。

④ 将查询结果封装到 User 对象中进行返回。

⑤ 在 RegisterServlet 中判断返回的 User 对象是否为 null。如果为 null，则说明输入的用户名可用，调用 UserMapper 来添加用户。如果不为 null，则说明输入的用户名已存在，返回“用户名已存在”数据给前端页面。

电子活页 7-15

【任务实施】

扫描二维码，打开电子活页 7-15，在线浏览【任务 7-2】的相关代码。

【任务 7-2】的实现过程如表 7-16 所示。

表 7-16 【任务 7-2】的实现过程

序号	步骤名称	相关内容	对应代码或图片
1	新建 Java Web 项目	项目类型：动态 Web 项目。 项目名称：task7-2	—
2	创建包或文件夹	（1）在 src/java 路径下创建包：com.example、com.example.controller、com.example.entity、com.example.mapper。 （2）在 webapp/WEB-INF 路径下创建文件夹 css、js，将所需的 CSS 样式文件 login.css、register.css 和 JavaScript 文件复制到对应的文件夹中	—
3	复制所需的 JAR 包	Spring、MyBatis 相关的 JAR 包和其他相关库	—

续表

序号	步骤名称	相关内容	对应代码或图片
4	创建或完善配置文件	配置文件的名称：web.xml	默认配置
		配置文件的位置：src/main/java。 配置文件的名称：mybatis-config.xml。 如果 Mapper 接口名称和 SQL 映射文件名称相同，并在同一文件夹下，则可以使用包扫描的方式简化 SQL 映射文件的加载，代码如下： <package name="com.example.mapper"/>	参考电子活页 7-5
		配置文件的位置：src/main/java。 配置文件的名称：db.properties	如表 7-5 所示
		配置文件的位置：src/main/java。 配置文件的名称：log4j.properties	如表 7-7 所示
5	创建模型层的类	实体类：User	如表 7-9 所示
		数据访问接口及映射文件的位置：src/main/java/com/example/mapper。 数据访问接口的名称：UserMapper。 数据访问接口映射文件的名称：UserMapper.xml	如【代码 1】和【代码 2】所示
6	创建控制器层的类	类位置：src/main/java/com/example/controller。 类名称：LoginServlet	如【代码 3】所示
		类位置：src/main/java/com/example/controller。 类名称：RegisterServlet	如【代码 4】所示
7	创建前端页面文件	文件位置：src/main/webapp/WEB-INF。 文件名称：login.html	如【代码 5】所示
		文件位置：src/main/webapp/WEB-INF。 文件名称：register.html	如【代码 6】所示
8	在服务器上运行项目	运行 task7-2/src/main/webapp/WEB-INF 文件夹中的登录页面 login.html	—
		运行结果	如图 7-3 所示
		运行 task7-2/src/main/webapp/WEB-INF 文件夹中的注册页面 register.html	—
		运行结果	如图 7-4 所示

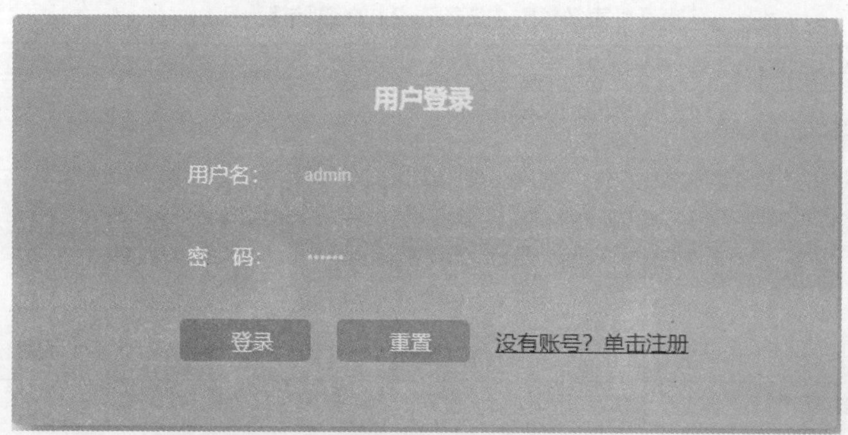

图 7-3　登录页面 login.html 的运行结果

在图 7-3 所示的登录页面中单击【登录】按钮，进入一个新的页面，该页面中显示“登录成功”的提示信息。在该登录页面中单击【没有账号？单击注册】超链接，进入图 7-4 所示的注册页面。

图 7-4 注册页面 register.html 的运行结果

在图 7-4 所示的注册页面中单击【注册】按钮，进入一个新的页面，该页面中显示“用户注册成功”的提示信息。在该注册页面中单击【登录】超链接，进入图 7-3 所示的登录页面。

【任务 7-3】基于 MyBatis 分层实现用户登录功能

【任务描述】

使用 Eclipse IDE 创建一个动态 Web 项目 task7-3，该项目基于 MyBatis 分层实现用户登录功能。具体需求分析如下。

1. 前端页面实现的流程与功能

（1）给登录按钮绑定单击事件。

（2）获取用户名和密码。

（3）判断用户名是否为空。如果用户名为空，则提示用户（<span>标签赋值），返回值。

（4）判断密码是否为空。如果密码为空，则提示用户（<span>标签赋值），返回值。

（5）如果用户名和密码都不为空，则手动提交表单。

2. 实现用户登录功能

（1）接收客户端的请求（接收参数：用户名、密码）。

（2）参数的非空判断。如果参数为空，则通过消息模型对象返回结果（设置状态、设置提示信息、回显数据），将消息模型对象设置到 request 作用域中，请求转发到登录页面。

（3）通过用户名查询用户对象。

（4）判断用户对象是否为空。如果用户对象为空，则通过消息模型对象返回结果（设置状态、设置提示信息、回显数据），将消息模型对象设置到 request 作用域中，请求转发到登录页面。

（5）将数据库中查询到的密码与前端页面传递的密码做比较。

如果不相等，则通过消息模型对象返回结果（设置状态、设置提示信息、回显数据），将消息模型对象设置到 request 作用域中，请求转发到登录页面。

如果相等，则表示登录成功，将用户信息设置到 session 作用域中，重定向跳转到首页。

3. 分层实现所需功能

这里细分为 Controller 层、Service 层、Mapper（DAO）层。

（1）Controller 层。

① 接收客户端的请求（接收参数：用户名、密码）。

② 调用 Service 层的方法，返回消息模型。

③ 判断消息模型的状态码。

如果状态码指示请求失败，则将消息模型对象设置到 request 作用域中，请求转发到 login.jsp 页面。

如果状态码指示请求成功，则将消息模型对象设置到 session 作用域中，重定向到 success.jsp 页面。

（2）Service 层。

① 参数的非空判断。如果参数为空，则通过消息模型对象返回结果（设置状态、设置提示信息、回显数据）。

② 调用 DAO 层的查询方法，通过用户名查询用户对象。

③ 判读用户对象是否为空。通过消息模型对象返回结果（设置状态、设置提示信息、回显数据）。

④ 将数据库中查询到的用户密码与前端页面传递过来的密码做比较。

如果登录不成功，则通过消息模型对象返回结果（设置状态、设置提示信息、回显数据）。

如果登录成功，则将成功状态、提示信息、用户对象设置成消息模型对象。

（3）Mapper 层。

Mapper 层就是前面配置 MyBatis 的 Mapper 层，用于定义对应的接口。

4. 其他工具类

定义消息模型对象（数据响应）MessageModel、MyBatisUtils（基于 MyBatis 实现 MySQL 数据库访问）和字符串工具类 StringUtils（判断字符串是否为空，如果为空则返回 true）。

电子活页 7-16

【任务实施】

扫描二维码，打开电子活页 7-16，在线浏览【任务 7-3】的相关代码。

【任务 7-3】的实现过程如表 7-17 所示。

表 7-17 【任务 7-3】的实现过程

序号	步骤名称	相关内容	对应代码或图片
1	新建 Java Web 项目	项目类型：动态 Web 项目。 项目名称：task7-3	—
2	创建包或文件夹	（1）在 src/java 路径下创建包：com.example、com.example.controller、com.example.entity、com.example.entity.message、com.example.service、com.example.mapper、com.example.util、com.example.test。 （2）在 webapp 文件夹下创建文件夹 css、js，将所需的 CSS 样式文件和 JavaScript 文件复制到对应的文件夹中	—

续表

序号	步骤名称	相关内容	对应代码或图片
3	复制所需的 JAR 包	Spring、MyBatis 相关的 JAR 包和其他相关库如下： （1）mybatis-3.15.4.jar; （2）mysql-connect-j-8.0.32.jar; （3）commons-logging-1.2.jar; （4）junit-4.13.jar; （5）log4j-1.2.17.jar; （6）servlet-api.jar	—
4	创建或完善配置文件	配置文件的名称：web.xml	如【代码 1】所示
		配置文件的位置：src/main/java。 配置文件的名称：mybatis-config.xml	参考电子活页 7-5
		配置文件的位置：src/main/java。 配置文件的名称：db.properties	如表 7-5 所示
		配置文件的位置：src/main/java。 配置文件的名称：log4j.properties	如表 7-7 所示
5	创建模型层的类	实体类：User	如表 7-9 所示
		模型类的位置：com/example/entity/message。 模型类的名称：MessageModel	如【代码 2】所示
		数据访问接口及映射文件的位置：src/main/java/com/example/mapper。 数据访问接口的名称：UserMapper。 数据访问接口映射文件的名称：UserMapper.xml	如【代码 3】和【代码 4】所示
		工具类的位置：src/main/java/com/example/util。 工具类的名称：MybatisUtils、StringUtils	如【代码 5】和【代码 6】所示
		业务逻辑实现类的位置：src/main/java/com/example/service。 业务逻辑实现类的名称：UserService	如【代码 7】所示
		测试类的位置：src/main/java/com/example/test。 测试类的名称：Test1	如【代码 8】所示
6	创建控制器层的类	类位置：src/main/java/com/example/controller。 类名称：UserController	如【代码 9】所示
7	创建前端页面文件	文件位置：src/main/webapp。 文件名称：login.jsp	如【代码 10】所示
		文件位置：src/main/webapp。 文件名称：success.jsp	如【代码 11】所示
8	在服务器上运行项目	访问地址：http://localhost:8081/task7-3/login.jsp	—
		运行结果	如图 7-5 所示

直接单击【登录】按钮，由于此时没有输入用户名，登录页面中会出现“用户名不可为空”的提示信息，如图 7-6 所示。

用户名：

密　码：

登录　注册

图 7-5　JSP 页面 login.jsp 在服务器上的运行结果

用户名：

密　码：

用户名不可为空　登录　注册

图 7-6　登录页面中出现“用户名不可为空”的提示信息

在“用户名”文本框中输入正确的用户名，如“admin”，再一次单击【登录】按钮，由于此时没有输入密码，登录页面中会出现“密码不可为空”的提示信息，如图 7-7 所示。

图 7-7　登录页面中出现“密码不可为空”的提示信息

接下来输入正确的密码，如“123456”，再一次单击【登录】按钮，此时由于输入的用户名和密码都是正确的，成功登录，且进入另一个页面 success.jsp，在该页面中显示“登录成功”的提示信息。

拓展应用

【任务 7-4】基于 MyBatis 实现员工管理功能

【任务描述】

使用 Eclipse IDE 创建一个动态 Web 项目 task7-4，该项目主要用于基于 MyBatis 实现员工管理功能。

相关要求如下。

（1）根据 ID 查询员工信息。

（2）新增员工信息。

（3）根据 ID 修改员工信息。

（4）根据 ID 删除员工信息。

【任务实施】

电子活页 7-17

扫描二维码，打开电子活页 7-17，在线浏览【任务 7-4】的相关代码。

【任务 7-4】的实现过程如表 7-18 所示。

表 7-18　【任务 7-4】的实现过程

序号	步骤名称	相关内容	对应代码或图片
1	新建 Java Web 项目	项目类型：动态 Web 项目。 项目名称：task7-4	—
2	创建包或文件夹	com.example、com.example.entity、com.example.test、com.example.mapper、com.example.util	—
3	复制所需的 JAR 包	Spring 相关的 JAR 包和其他相关库	—
4	创建或完善配置文件	配置文件的名称：web.xml	默认配置
		配置文件的位置：src/main/java。 配置文件的名称：mybatis-config.xml	参考电子活页 7-5
		配置文件的位置：src/main/java。 配置文件的名称：db.properties	如表 7-5 所示
		配置文件的位置：src/main/java。 配置文件的名称：log4j.properties	如表 7-7 所示

续表

序号	步骤名称	相关内容	对应代码或图片
5	创建模型层的类	实体类的位置：src/main/java/com/example/entity。 实体类的名称：Employee	如【代码 1】所示
		数据访问接口映射文件的位置：src/main/java/com/example/mapper。 数据访问接口映射文件的名称：EmployeeMapper.xml	如【代码 2】所示
		工具类：MyBatisUtils	如【代码 3】所示
		测试类：Test1	如【代码 4】所示
6	创建控制器层的类	—	—
7	创建前端页面文件	—	—
8	在服务器上运行项目	运行测试类：选择"运行方式"→"JUnit 测试"命令	—
		运行结果出现在 Eclipse IDE 的"控制台"视图中	—

【任务 7-5】在具有一对多关系的数据表中增加相关数据

【任务描述】

使用 Eclipse IDE 创建一个动态 Web 项目 task7-5，该项目主要用于在具有一对多关系的数据表（Classinfo、Studentinfo）中增加相关数据。由于 Studentinfo 数据表中包含 Classinfo 数据表中的字段 cid，因此当 Studentinfo 数据表中增加数据时，应在 Classinfo 数据表中增加对应的 cid。

电子活页 7-18

【任务实施】

扫描二维码，打开电子活页 7-18，在线浏览【任务 7-5】的相关代码。

【任务 7-5】的实现过程如表 7-19 所示。

表 7-19 【任务 7-5】的实现过程

序号	步骤名称	相关内容	对应代码或图片
1	新建 Java Web 项目	项目类型：Maven 项目。 项目名称：task7-5	—
2	创建包或文件夹	com.example、com.example.entity、 com.example.mapper、com.example.test、resources	—
3	引入所需的 JAR 包	通过配置文件 pom.xml 将项目所需的以下 JAR 包下载到项目指定文件夹中： （1）junit 4.13.2； （2）mybatis 3.5.14； （3）mysql-connector-java 8.0.29； （4）log4j 1.2.17	—
4	创建或完善配置文件	配置文件的名称：web.xml	默认配置
		配置文件的位置：src/main/java。 配置文件的名称：mybatis-config.xml	参考电子活页 7-5
		配置文件的位置：src/main/resources。 配置文件的名称：db.properties	如表 7-5 所示
		配置文件的位置：src/main/java。 配置文件的名称：log4j.properties	如表 7-7 所示

续表

序号	步骤名称	相关内容	对应代码或图片
5	创建模型层的类	实体类的位置：src/main/java/com/example/entity。 实体类的名称：Classinfo	如【代码 1】所示
		实体类的位置：src/main/java/com/example/entity。 实体类的名称：Studentinfo	如【代码 2】所示
		数据访问类的位置：src/main/java/com/example/mapper。 数据访问类的名称：ClassinfoMapper、StudentinfoMapper	如【代码 3】和【代码 4】所示
		数据访问接口映射文件的位置：src/main/java/com/example/mapper。 数据访问接口映射文件的名称：ClassinfoMapper.xml、StudentinfoMapper.xml	如【代码 5】和【代码 6】所示
		项目测试类：Test1	如【代码 7】所示
6	创建控制器层的类	—	—
7	创建前端页面文件	—	—
8	在服务器上运行项目	运行测试类：选择“运行方式”→“JUnit 测试”命令	—
		运行结果出现在 Eclipse IDE 的“控制台”视图中	—

学习回顾

模块 7　思维导图

扫描二维码，打开模块 7 思维导图，回顾本模块的学习内容。

模块小结

MyBatis 是一个优秀的持久层框架，它支持自定义 SQL、存储过程及高级映射。在 Web 应用程序开发中，MyBatis 通过简化 JDBC 的开发，提供了高效、灵活且易于维护的数据访问方式。基于 MyBatis 技术的 Web 应用程序开发具有诸多优势，能够显著提高开发效率、优化性能并降低维护成本。MyBatis 与 Spring 等主流 Web 框架的整合非常便捷，通过对 MyBatis 与 Spring 进行整合，可以利用 Spring 的 IoC 容器管理 MyBatis 的 Mapper 对象，实现依赖注入和事务管理等功能。这种整合方式不仅简化了开发过程，还提高了系统的可维护性和可扩展性。在实际开发中，人们可以根据项目的需求选择合适的 MyBatis 配置和使用方式，以充分发挥其优势，为用户带来更好的体验。

模块习题

扫描二维码，完成模块 7 的在线测试，检验学习成效。

模块 7　在线测试

模块 8 基于Spring的Web应用程序开发

08

Spring 是一个轻量级的开源框架，为 Java 带来了一种全新的编程思想，是为了降低企业级应用开发的复杂性而创建的，目标是简化 Java 企业级应用的开发和缩短开发周期。Spring 以 IoC 和 AOP 两种先进技术为基础，完美地降低了企业级应用开发的复杂度、开发成本并整合了各种流行框架。

Spring 的最大目标是使 Java EE 开发更加容易。Spring 不同于 Struts、Hibernate 等单层框架，它致力于以统一的、高效的方式构造整个应用系统，并将单层框架以最佳的组合糅合在一起，建立一个连贯的体系。可以说 Spring 是一个提供了更完善的开发环境的框架，可以为 POJO 提供企业级的服务。

Spring 最初来自 Rod Jahnson 所著的一本很有影响力的书——《Expert One-on-One J2EE Design and Development》，这本书出版于 2002 年，其中第一次出现了 Spring 的一些核心思想。另外一本书《Expert One-on-One J2EE Development without EJB》进一步阐述了不使用 EJB 开发 J2EE 企业级应用的一些设计思想和具体做法。2004 年 4 月，Spring 1.0 正式发布。Spring Framework 也经历了很多版本的变更，每个版本都有相应的调整。Spring 官网地址为 https://spring.io。

释疑解惑

【问题 8-1】何谓 Spring?

Spring 通常被称为 Spring 框架，是一个可以在 Java SE/EE 中使用的 Java 开源框架。Spring 是为了降低企业级应用开发的复杂性而创建的，使用基本的 JavaBean 来完成以前只可能由 EJB 完成的事情。然而，Spring 的用途不仅限于服务器端的开发，从简单、可测试和松耦合度的特点而言，任何 Java 应用都可以从 Spring 中受益。Spring 除了自身提供的丰富功能外，还提供了整合其他技术和框架的能力。

Spring 是一个解决了许多 Java EE 开发中常见问题并能够替代 EJB 技术的强大的轻量级框架，这里所说的轻量级指的是 Spring 本身，而不是指 Spring 只能用于轻量级的应用开发。Spring 的轻盈体现在其框架本身的基础结构及对其他应用工具的支持和装配能力上。与 EJB 这种“庞然大物”相比，Spring 可帮助程序开发者降低各个技术层次的开发风险。

Spring 提供了管理业务对象的一致方法并且鼓励了注入对接口编程而不是对类编程的良好习惯。Spring 提供了唯一的数据访问抽象，包括简单和有效率的 JDBC 框架，极大地提高了效率并且减少了可能的错误。Spring 的数据访问架构集成了 Hibernate 和其他 ORM 解决方案。Spring 提供了一个用标准 Java 编写的 AOP 框架，它给 POJO 提供了声明式的事务管理和其他企业级服务。Spring 使得应用程序能够抛开 EJB 的复杂性，同时享受和传统 EJB 相关的关键服务。Spring 还提供了可以和 IoC 容器集成的强大而灵活的 MVC Web 框架。

Spring 的核心概念分别是 IoC 和 AOP。Spring 框架的核心机制是 IoC/DI 机制。IoC 是指由容器（为组件提供特定服务和技术支持的一个标准化的运行时环境）控制组件之间的关系，而非传统实现中由程序代码直接操控，这种控制权从程序代码到外部容器的转移被称为“反转”。DI（Dependence Injection，依赖注入）是对 IoC 更形象的解释，即由容器在运行期间动态地将依赖关系（如构造参数、构造对象或接口）注入组件之中。Spring 采用 Setter 注入（使用 Setter 方法实现依赖）和构造注入（在构造方法中实现依赖）的机制，通过配置文件管理组件的协作对象，创建可以构造组件的 IoC 容器。这样，不需要编写工厂模式、单实例模式或者其他构造的方法，就可以通过容器直接获取所需的业务组件。

Spring 框架可以成为企业级应用程序一站式的解决方案，同时它是模块化的框架，允许开发者自由地挑选适合自己应用的模块进行开发。Spring 框架是一个松耦合的框架，框架的部分耦合度被设计为最小，在各个层次上具体选用哪个框架取决于开发者的需要。

【问题 8-2】何谓 IoC?

在面向对象程序设计中，使用 new 关键字创建对象，开发者控制了对象的创建、属性赋值、对象从开始到销毁的全过程，这种程序形式模式下开发者有对对象的全部控制权，我们可以称之为“正转”。控制是指对象创建、属性赋值、对象生命周期管理。

可以把开发者管理对象的权限转移给代码之外的容器，由容器完成对象的创建和管理。通过容器，可以使用容器中的对象（容器已经创建了对象，对对象属性进行了赋值，对象也组装好了）。

使程序组件或类之间尽量形成松耦合的结构，将创建类实例的任务交给 IoC 容器，这样开发应用程序时只需要直接使用类的实例，这就是控制反转。由于在控制反转模式下把对象放入 XML 配置文件中定义，因此开发者实现一个子类更为简单，即只需要修改 XML 文件。此外，控制反转颠覆了“对象在使用之前必须创建”的传统观念，开发者不必再关注类是如何创建的，只需从容器中获取一个类后直接调用。

IoC 是一种编程思想，将对象的创建和管理交由框架来完成，避免开发者手动创建和管理，即反转资源获取方向，把自己创建资源、向环境索取资源的方式变为环境自动将资源准备好，程序开发者享受资源注入带来的便利。

IoC 容器是用来实现 IoC 思想的一种工具或者技术手段，它能够自动扫描应用程序中的对象，将它们实例化，并自动注入它们所需要的依赖对象，使应用程序的开发者能够更加专注于业务逻辑的实现，而不用关心对象的创建和管理。Spring 通过 IoC 容器来管理所有 Java 对象的实例化和初始化，控制着对象与对象之间的依赖关系。将由 IoC 容器管理的 Java 对象称为 SpringBean，它与使用关键字 new 创建的 Java 对象没有任何区别。

IoC 的优势是降低了耦合性，如果某个类的一个属性以前由该类自己控制，则引入 Spring 后，这个类的属性由 Spring 控制。

【问题 8-3】何谓 DI?

DI 可以看作 IoC 的一个特例。DI 类似于工厂模式，是一种解决调用者和被调用者依赖、耦合关系问题的模式，现已成为 Java 和其他领域的主流模式。它解决了对象之间的依赖关系的问题，使得对象只依赖 IoC/DI 容器，不再直接相互依赖，然后在对象创建时，由 IoC/DI 容器将其依赖的对象注入，最大程度上实现了松耦合。特别是 Autowiring/Autowired 自动配对的引入结合 Java 的垃圾回收机制，使得 Java 中的对象不再需要开发者自己创建，也不需要开发者自己销毁，直接使用即可，大大提升了开发效率。通俗而言，DI 就是容器将某个类依赖的其他类注入这个类中。

扫描二维码，打开电子活页 8-1，在线浏览【问题 8-3】的相关内容。

电子活页 8-1

【问题 8-4】IoC 和 DI 有何关系？

IoC 是需要实现的目标，DI 是实现 IoC 的一种技术手段。

在面向对象程序设计中，当需要使用类的某个属性时，需要由该类自己初始化。而 Spring 中类的某些属性不用自己初始化，可以交给 Spring 管理。这样的转换就是 IoC 思想。Spring 的 IoC 容器在初始化的时候会根据配置对相应的对象进行初始化，并将其放在容器中。同时，根据配置对相应类的属性进行初始化，也就是 DI。至此，类的初始化不再由类本身负责，而是交给了 Spring 容器。

IoC 是指把对象的创建、初始化、销毁交给 Spring 框架管理，而不是由程序控制，实现控制反转。

在 Spring 创建对象的过程中，对对象的依赖属性通过配置进行注入，DI 可以通过 Setter 注入（设值注入）、构造注入和注解注入 3 种方式来实现。

使用构造注入时，实例化依赖的对象后才实例化原对象。而使用 Setter 注入时，Spring 先实例化对象，再实例化所有依赖的对象。

当 Setter 注入与构造注入同时存在时，先执行 Setter 注入，再执行构造注入。

【问题 8-5】何谓 AOP？

AOP 为人们带来了新的想法、新的思想和新的模式。AOP 是一个概念、一个规范，本身并没有设定具体语言的实现，这实际上提供了非常广阔的发展空间。AOP 是一种技术思想，其目标是实现业务功能和非业务功能的解耦合。业务功能是独立的模块，其他功能（如事务功能、日志功能等）也是独立的模块，这些事务、日志功能是可以被复用的。

AOP 是一种动态的编程思想，当目标方法需要一些相同的功能时，可以在不修改、不能修改源代码的情况下使用 AOP 技术在程序执行期间生成代理对象（ServiceProxy），通过代理执行业务方法，同时增加功能。给业务方法增加非业务功能也可以使用 AOP。

AOP 的主要作用：让方面功能复用，让开发者专注于业务逻辑，提高开发效率；实现业务功能和其他非业务功能解耦合；在不修改已有代码的前提下给已有的业务方法增加功能。

可以使用框架实现 AOP。实现 AOP 的框架有很多，知名的有以下两个。

① AspectJ：一个专门实现 AOP 的独立框架，它能够和 Java 配合使用。

② Spring：Spring 框架实现了 AOP 思想中的部分功能，但 Spring 框架实现 AOP 的操作比较烦琐。

【问题 8-6】何谓 Spring AOP？

Spring AOP 是继 Spring IoC 之后的 Spring 框架的又一特性，也是该框架的核心内容。Spring AOP 建立在 Java 的代理机制之上。Spring AOP 的接口实现了 AOP 联盟定制的标准化接口，这意味着它已经走向了标准化，在众多的 AOP 实现技术中，Spring AOP 最为成熟。

AOP 是通过预编译方式和运行期动态代理实现程序功能的统一维护的技术，是 Spring 框架中的重要内容。利用 AOP 可以对业务逻辑的各个部分进行隔离，从而使得业务逻辑各部分之间的耦合度降低，提高程序的可重用性，同时提高开发效率。

Spring AOP 可以对某类对象进行监督和控制（也就是在调用这类对象的具体方法的前后调用指定的模块），从而达到对一个模块进行扩充的目的，并且这些都是通过配置类实现的。

【问题 8-7】Spring AOP 的常用注解有哪些？

Spring AOP 的常用注解主要包括以下几种。

（1）@Aspect：用于声明一个类为方面类，该注解放置在方面类定义上方。方面是 AOP 中的一个核心概念，用于定义横切关注点（Crosscutting Concerns）的行为，如日志记录、事务管理等。@Aspect 必须与@Component 或者@Bean 一起使用，以便 Spring 识别并将其纳入 IoC 容器中。

（2）@Pointcut：用于定义切入点（Pointcut），该注解放置在切入点方法定义上方。切入点是程序中特定的动作，如方法调用、异常抛出等。通过@Pointcut 注解，可以将这些动作拆分成可重用的代码块。

（3）@Before：在切入点方法执行之前执行方面方法。该注解用于定义前置通知（Before Advice），即在目标方法被调用之前执行特定的逻辑。

（4）@AfterReturning：在切入点方法执行完成并正常返回后执行方面方法。该注解用于定义返回后通知（After Returning Advice），用于在目标方法正常完成后执行特定的逻辑。

（5）@AfterThrowing：在切入点方法抛出异常时执行方面方法。该注解用于定义异常通知（After Throwing Advice），用于处理目标方法中未处理的异常。

（6）@After：在目标方法完成之后执行方面方法，而无论目标方法是否成功完成。该注解用于定义后置通知（After Advice），用于在目标方法执行完毕后执行特定的逻辑。

@ Around：用于声明一个方法为环绕通知（Around Advice）。该注解可以在目标方法执行前后进行增强处理，并且可以决定是否继续执行目标方法。

这些注解在 Spring AOP 中扮演着重要的角色，它们使得开发者能够更方便地定义横切关注点，从而实现日志记录、事务管理、权限校验等跨业务逻辑的功能。

【问题 8-8】AOP 与 OOP 有何区别及联系?

如果说 OOP（Object-Oriented Programming，面向对象程序设计）是关注如何将功能划分为不同且相对独立、封装良好的类，并让它们有属于自己的行为，依靠继承和多态等来定义彼此的关系，那么 AOP 是希望将通用功能从不相关的类中分离出来，使很多类能够共享一个行为，一旦发生变化，不必修改很多类，而只需要修改这个行为。

AOP 和 OOP 是可以互补的两种编程思想。OOP 主要用于为同一对象层次的公共行为建模，但其在处理跨越多个不相关的对象模型的公共行为时表现较弱，而这恰恰是 AOP 所擅长的。有了 AOP 就可以定义交叉的关系，并将这些关系应用于跨模块的、彼此不同的对象模型。AOP 使得代码有更好的可读性并且易于维护，它会和 OOP 合作得很好。

OOP 是一种计算机编程思想，它的一条基本原则是计算机程序由单个能够起到子程序作用的单元或对象组合而成。AOP 是一种编程技术，它提供了一种更好的办法，能够用更少的工作量来解决现有的一些问题，并且使得系统更加健壮、可维护性更好。同时，它让人们在进行系统架构和模块设计的时候多了新的选择和新的思路。

扫描二维码，打开电子活页 8-2，在线浏览【问题 8-8】的相关内容。

电子活页 8-2

【问题 8-9】何谓 DAO?

Spring 中的数据持久化服务主要支持 DAO 和 JDBC，其中 DAO 是实际开发过程中应用比较广泛的技术。Spring 提供了一套抽象的 DAO 类供开发者扩展，这有利于以统一方式应用各种 DAO 技术，这些抽象的 DAO 类提供了设置数据源及相关辅助信息的方法，而其中的一些方法与具体的 DAO 技术相关。

DAO 描述了一个应用中的 DAO 角色，它提供了读写数据库中数据的一种方法。DAO 通过接口提供对外服务，程序的其他模块通过这些接口来访问数据库。这样会带来很多好处。首先，服务对象不再和特定的接口实现绑定在一起，更易于测试。因为它提供的是一种服务，在不需要连接数据库的条件下即可进行单元测试，极大地提高了开发效率。其次，通过使用与持久化技术无关的方法访问数据库，在应用程序的设计和使用上都有很大的灵活性，有利于提升系统性能。

DAO 的主要作用是将持久性相关的问题与一般的业务规则和工作流隔离开来，它为定义业务层可以访问的持久性操作引入了一个接口，并且隐藏了具体的实现细节。该接口的功能将随着采用的持久性技术而改变，但是 DAO 接口可以基本上保持不变。

DAO 属于 ORM 技术的一种，在该技术发布之前，开发者需要直接借助 JDBC 和 SQL 来完成与数据库的通信。该技术发布之后，开发者能够使用 DAO 或者其他不同的 DAO 框架来实现与关系数据库管理系统的交互。借助于 ORM 技术，开发者能够将对象属性映射到数据表的字段并将对象映射到关系数据库管理系统中，这些 ORM 技术能够为应用程序自动创建高效的 SQL 语句等；除此之外，ORM 技术还提供了延迟加载和缓存等高级技术。因此使用 DAO 能够节省开发时间，并减少代码量和开发成本。

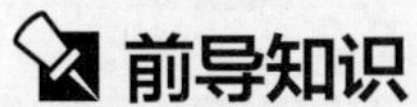

前导知识

【知识 8-1】Spring 系统架构

Spring 通常指的是 Spring Framework，Spring Framework 是 Spring 生态圈中最基础的项目，是其他项目的根基。Spring 系统架构是一个复杂但高度模块化的体系，其核心设计思想是简化企业级应用的开发。

Spring 4 系统架构的主要组成部分如下。

（1）核心容器（Core Container）。

（2）数据访问（Data Access）/集成（Integration）模块。

（3）Web 模块。

（4）其他模块。

Spring 4 的系统架构高度模块化并且可扩展，开发者可以根据项目需求选择相应的模块，还可以通过配置和编程进行定制。

随着技术的不断发展和更新，Spring 4 的系统架构可能也会有所调整和优化。因此，为了获取最新和最准确的信息，建议查阅 Spring 的官方文档和社区资源。同时，随着后续版本的发布，Spring 的架构和功能会不断进步和完善。所以，对于更高级别的版本，其架构和功能可能有所差异。

电子活页 8-3

扫描二维码，打开电子活页 8-3，在线浏览【知识 8-1】的相关内容。

【知识 8-2】Spring 的主要作用与特性

Spring 的主要作用是为代码“解耦”，降低代码间的耦合度，即让对象和对象（模板和模板）之间不使用代码关联，而是通过配置来说明它们的关系[在 Spring 中说明对象（模块）的关系]。

Spring 根据代码的功能特点，使用 IoC 降低业务对象之间的耦合度。IoC 使得主业务在相互调用的过程中不用再自己维护关系，即不用再自己创建要使用的对象，而是由 Spring 容器统一管理，自动“注入”，注入即赋值。而 AOP 使得系统服务得到了最大程度的复用，且不用再由程序手动将系统及服务“混杂”到主业务逻辑中，而是由 Spring 容器统一完成。

Spring 的主要特性如下。

（1）轻量。

（2）控制反转。

（3）面向方面。

（4）容器。

（5）框架。

扫描二维码，打开电子活页 8-4，在线浏览【知识 8-2】的相关内容。

【知识 8-3】Spring 的优点

Spring 具有以下优点。

（1）使 J2EE 开发更加容易，降低了企业级应用开发的复杂性。

（2）更多地强调面向对象的设计，而不是现行的技术（如 J2EE）。面向对象的设计比任何实现技术都重要。

（3）面向接口编程，而不是针对类编程。Spring 提供了 IoC，由容器管理对象和对象的依赖关系。原来在程序代码中进行的对象创建现在由容器完成，对象之间的依赖解耦合。

（4）使应用程序更加容易测试。

（5）使用基本的 JavaBean 代替 EJB，并提供了更多的企业级应用功能，为 JavaBean 提供了一个更好的应用配置框架。

（6）尽量减少不必要的异常捕获。

（7）支持 AOP 编程。通过 Spring 提供的 AOP 功能可以方便地进行面向方面的程序设计，许多不容易用传统 OOP 实现的功能可以通过 AOP 轻松实现。

（8）方便集成各种优秀框架。Spring 不排斥各种优秀的开源框架，还可以降低各种框架的使用难度。Spring 提供了对各种优秀框架（如 MyBatis、Struts、Hibernate 等）的直接支持，简化了框架的使用。

【知识 8-4】AOP 核心要素

扫描二维码，打开电子活页 8-5，在线浏览【知识 8-4】的相关内容。

（1）AOP 的核心概念。

（2）AOP 切入点表达式。

（3）AOP 通知类型。

（4）AOP 通知获取数据。

【知识 8-5】基于注解管理 Bean

一个 Bean 表示一个 Java 对象。在 Spring 框架规范中，所有由 Spring 管理的 Java 对象通常称为 Bean 对象。管理 Bean 指创建 Bean 对象，以及给 Bean 对象中的属性赋值。

扫描二维码，打开电子活页 8-6，在线浏览【知识 8-5】的相关内容。

（1）定义 Bean 对象。

（2）获取 Bean 对象。

【知识 8-6】Spring 中实现依赖注入的方式

通常，依赖注入有以下 3 种实现方式，Spring 支持后两种实现方式。

（1）接口注入。

（2）Setter 注入。

（3）构造器注入。

扫描二维码，打开电子活页 8-7，在线浏览【知识 8-6】的相关内容。

（1）通过@Value 注解注入属性值。

（2）通过@Autowired 注解注入属性值。

（3）通过@Qualifier 注解注入属性值。

（4）通过@Resource 注解注入属性值。

【知识 8-7】引用外部属性文件

在实际开发中，很多情况下需要对一些变量或属性进行动态配置，而这些配置可能不应该硬编码到代码中，因为这样会降低代码的可读性和可维护性。

可以将这些配置放到外部属性文件中，如 db.properties 文件，并在代码中引用属性值，如 jdbc.url、jdbc.username 等。这样，当用户修改这些属性值时，只需要修改属性文件，而不需要修改代码，这样修改起来更加方便和安全。

此外，通过将应用程序特定的属性值放在属性文件中，可以对应用程序的配置和代码逻辑进行分离，这可以使程序代码更加通用、灵活。

示例如下。

（1）创建外部属性文件。

在项目的 src/main/java 路径下创建外部属性文件 db.properties，代码如下。

```
jdbc.driver=com.mysql.cj.jdbc.Driver
jdbc.url=jdbc://mysql://localhost:3306/test
jdbc.user=root
jdbc.password=123456
```

（2）引入外部属性文件与获取外部属性文件中的属性值。

在项目中创建 com.demo.jdbc 包，在该包中创建类 JdbcConfig，对应的代码如下。

```
@Component
//引入外部属性文件
@PropertySource("classpath:db.properties")
public class JdbcConfig{
    //获取外部属性文件中的属性值
    @Value("${jdbc.url}")
    private String url;
    @Value("${jdbc.user}")
    private String username;
    @Value("${jdbc.password}")
    private String password;
    @Value("${jdbc.driver}")
    private String driver;
    @Override
    public String toString() {
        return "Database{" +
                "url='" + url + '\'' +
                ", username='" + username + '\'' +
                ", password='" + password + '\'' +
                ", driver='" + driver + '\'' +
                '}';
    }
}
```

代码中通过@PropertySource 注解引入外部文件 db.properties，通过${变量名}获取属性值，通过@Value 注解进行属性值注入。

（3）进行属性值注入。

在 com.demo.jdbc 包中创建测试类 TestJdbc 进行测试，代码如下。

```
public class TestJdbc {
    @SuppressWarnings("resource")
    @Test
    public void testJdbc(){
        ApplicationContext context =
                new AnnotationConfigApplicationContext("com.demo.jdbc");
        JdbcConfig jc = context.getBean(JdbcConfig.class);
        System.out.println(jc);
    }
}
```

运行结果如下。

```
Database{url='jdbc://mysql://localhost:3306/test', username='root', password='123456',
                                        driver='com.mysql.cj.jdbc.Driver'}
```

【知识 8-8】配置文件 applicationContext.xml

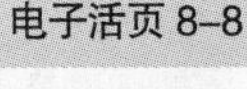

在 Spring 中，无论使用哪种容器，都需要从配置文件中读取 JavaBean 的定义信息，根据定义信息创建 JavaBean 的实例对象并注入其依赖的属性。

扫描二维码，打开电子活页 8-8，在线浏览【知识 8-8】的相关内容。

（1）配置文件 applicationContext.xml 的<beans>元素。

（2）为 setter()方法传参。

（3）为构造方法传参。

【知识 8-9】在 Spring 项目中使用多个配置文件

电子活页 8-9

在 Spring 项目中，使用多个配置文件是一种常见的做法，特别是当项目复杂且需要模块化配置时。多个配置文件可以帮助开发者更好地组织和管理配置，使每个配置文件专注于特定的功能或模块。

以下是使用多个 Spring 配置文件的常见方法和最佳实践。

扫描二维码，打开电子活页 8-9，在线浏览【知识 8-9】的相关内容。

（1）使用<import>元素合并配置文件。

（2）使用 Java 配置。

（3）在 Web 应用中集成。

（4）使用环境变量或属性文件。

【知识 8-10】自动扫描配置

自动扫描配置是 Spring 框架提供的一种基于注解的配置方式，用于自动发现和注册 Spring 容器中的组件。当使用自动扫描配置的时候，在需要被 Spring 管理的组件（如 Service、Controller、Repository 等）上添加对应的注解时，Spring 就会自动地将这些组件注册到容器中，从而可以在其他组件中使用它们。

在 Spring 中，通过@ComponentScan 注解来实现自动扫描配置。@ComponentScan 注解用

于指定要扫描的包或类。Spring 会在指定的包及其子包下扫描所有被@Component（或@Service、@Controller、@Repository 等）注解的类，把这些类注册为 Spring 的 Bean，并纳入 Spring 容器进行管理。

示例如下。

在项目中创建 com.demo.demo04 包，在该包下创建接口 Device、实现类 Appliance、类 JdbcConfig。在 com.demo 包下创建子包 config，在 com.demo.config 包下创建类 SpringConfig，该类对应的代码如下。

```
@Configuration
@ComponentScan("com.demo.demo04")
public class SpringConfig {
}
```

在类 SpringConfig 中，@Configuration 注解表示将类 SpringConfig 标识为一个 Spring 配置类，Spring 会加载这个类并读取其中的配置。

@ComponentScan 注解用于指定要扫描的包 com.demo.demo04，Spring 在对该包进行扫描时，会递归地扫描这个包下的所有子包。

Spring 会自动在 com.demo.demo04 包及其子包下扫描所有被@Component 等注解标注的类，并将这些类注册为 Spring 的 Bean。

在项目的 com.demo.demo04 包下创建测试类 Test04 进行测试，代码如下。

```
public class Test04 {
    @Test
    public void testScan(){
        //指定配置类：SpringConfig
        @SuppressWarnings("resource")
        ApplicationContext context =
                new AnnotationConfigApplicationContext(SpringConfig.class);
        //获取 Bean 对象
        JdbcConfig jc = context.getBean(JdbcConfig.class);
        System.out.println(jc);
        //获取 Bean 对象
        Appliance appliance = context.getBean(Appliance.class);
        System.out.println(appliance);
    }
}
```

运行结果如下。

```
Database{url='jdbc://mysql://localhost:3306/test', username='root', password='123456',
                                                  driver='com.mysql.cj.jdbc.Driver'}
com.demo.demo04.Appliance@51bd8b5c
```

【知识 8-11】Spring 中 IoC 容器的两种实现方式

Spring 中的 IoC 容器就是 IoC 思想的一个具体实现，IoC 容器中管理的组件也叫作 Bean。Spring 提供了 IoC 容器的两种主要实现方式，它们分别是 BeanFactory 和 ApplicationContext。

扫描二维码，打开电子活页 8-10，在线浏览【知识 8-11】的相关内容。

电子活页 8-10

（1）BeanFactory。

（2）ApplicationContext。

（3）BeanFactory 和 ApplicationContext 的主要区别。

【知识 8-12】ApplicationContext 接口的实现类

ApplicationContext 由 BeanFactory 派生而来，它扩展了 BeanFactory，并提供了更多面向实际应用的功能，如国际化支持、资源访问、事件传递等，是 Spring 中强大的企业级 IoC 容器。

以下是 ApplicationContext 接口的 3 个主要实现类，可以通过实例化其中任何一个类来创建 Spring 的 ApplicationContext 容器。

（1）ClassPathXmlApplicationContext。

（2）FileSystemXmlApplicationContext。

（3）AnnotationConfigApplicationContext。

这些实现类十分灵活，开发者可以根据项目的具体需求选择合适的实现类来创建和管理 Spring 容器。例如，如果配置文件位于类路径下，则可以使用 ClassPathXmlApplicationContext；如果配置文件位于磁盘的特定位置，则可以使用 FileSystemXmlApplicationContext；如果项目主要依赖注解进行配置，则 AnnotationConfigApplicationContext 将是一个更好的选择。

扫描二维码，打开电子活页 8-11，在线浏览【知识 8-12】的相关内容。

电子活页 8-11

【知识 8-13】Spring 编程的常用注解

Spring 编程的常用注解类别如下。

（1）用于创建对象的注解，相当于<bean id="" class=""/>。

（2）用于注入数据的注解，相当于<property name="" ref=""/>、<property name="" value=""/>。

（3）用于改变作用范围的注解，相当于<bean id="" class="" scope=""/>。

（4）和生命周期相关的注解，相当于<bean id="" class="" init-method="" destroy-method="" />。

（5）新添加的注解。

扫描二维码，打开电子活页 8-12，在线浏览【知识 8-13】的相关内容。

电子活页 8-12

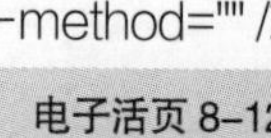

【知识 8-14】Spring 事务简介

Spring 事务是一个逻辑上的操作单元，它确保了一组相关的数据库操作要么全部成功，要么全部失败。这主要依赖于事务的四大特性，即原子性、一致性、隔离性和持久性。

（1）原子性：事务是一个不可分割的工作单位，事务中的操作要么全部发生，要么全部不发生。

（2）一致性：事务执行后，数据库状态应该与其他业务规则保持一致。例如，在转账业务中，无论事务执行成功与否，参与的两个账号余额之和是不应发生改变的。

（3）隔离性：在并发操作中，不同的事务应该隔离开来，事务之间不能存在干扰。这确保了每个事务都在一个独立的环境中执行，不会受到其他事务的影响。

（4）持久性：一旦事务提交成功，它对数据库中数据的改变就是永久性的，即使数据库发生故障也不应该对其有任何影响。

Spring 框架提供了多种事务传播行为，其中常用的是 PROPAGATION_REQUIRED。如果当前存在事务，则加入该事务；如果当前没有事务，则新建一个事务。这种策略可以确保被调用方法运行在同一个事务上下文中，从而保持数据的一致性。

在使用 Spring 事务时，还需要注意一些事项，如多线程调用时不同线程中的事务是独立的，方法内部调用时需要确保被调用的方法具有正确的事务配置，以及避免将方法定义为 final。因为 final 方法不能被 Spring 代理，可能导致事务失效。

总的来说，Spring 事务为数据库操作提供了强大的支持和保障，确保了数据的完整性和一致性。在实际应用中，应根据具体的业务场景和需求选择合适的事务配置及传播行为。

为了管理事务，Spring 提供了一个平台事务管理器 PlatformTransactionManager，它只是一个接口，Spring 还为其提供了一个具体的实现——DataSourceTransactionManager。

从名称可以看出，只需要给它一个 DataSource 对象，它就可以在业务层管理事务。其内部采用的是 JDBC 的事务。所以如果持久层采用的是 JDBC 相关的技术，则可以采用这个事务管理器来管理事务。而 MyBatis 内部采用的就是 JDBC 的事务，所以后期 Spring 整合 MyBatis 时就会采用 DataSourceTransactionManager 事务管理器。

前导操作

【操作 8-1】下载与配置 Spring

Spring 官方网站的网址是 http://www.spring.io，在该网站上可以获取 Spring 的最新版本的 JAR 包及帮助文档，本书所使用的 Spring 开发包为 spring-5.3.32。

在 Sping 项目开发之前，需要添加 Spring 的类库支持，即将 JAR 包复制到 WEB-INF\lib 文件夹中，Web 服务器启动时会自动加载 lib 中的所有 JAR 包。在使用 Eclipse IDE 开发工具时，可以将这些包配置为一个用户库，并在需要应用 Spring 的项目中加载这个用户库。

【操作 8-2】创建基于 Spring MVC 的 Web 应用程序的基本操作

（1）准备开发 Web 应用程序所需的图片文件、CSS 样式文件和 JavaScript 文件。

（2）启动 Eclipse IDE，进入 Eclipse IDE 主界面，设置工作空间为 Unit08。

（3）在 Eclipse IDE 中自定义名称为“My HTML File（html5）”的 HTML 模板。

（4）在 Eclipse IDE 中自定义名称为“My JSP File（html5）”的 JSP 模板。

（5）在 Eclipse IDE 中配置与启动 Tomcat 服务器。

【操作 8-3】创建数据库与数据表

（1）创建数据库 account。

在 MySQL Server 8.0 中创建数据库 account。

（2）创建数据表 bankaccount。

在数据库 account 中创建数据表 bankaccount，其结构信息如表 8-1 所示。

表 8-1　数据表 bankaccount 的结构信息

字段名称	数据类型	字段名称	数据类型
id	int	money	double(12,2)
name	varchar(35)		

创建数据表 bankaccount 的命令如下。

```
use account;
create table bankaccount (
```

```
        id int primary key auto_increment,
        name varchar(35),
        money double
);
```

（3）创建日志数据表 tbl_log。

创建日志数据表 tbl_log 的命令如下。

```
create table tbl_log(
    id int primary key auto_increment,
    info varchar(255),
    createDate datetime
)
```

实例探析

【实例 8-1】创建动态 Web 项目验证 Spring 的使用

【操作要求】

使用 Eclipse IDE 创建一个动态 Web 项目 demo8-1，该项目主要用于验证 Spring 的使用。相关要求如下。

（1）创建 Spring 的配置文件 applicationContext1.xml。

（2）使用 getBean("对象名称")方法获取对象。

（3）获取容器（ApplicationContext）中定义的对象信息。

（4）创建非自定义类对象。

（5）创建没有接口的类的对象。

【实现过程】

1. 创建动态 Web 项目

在 Eclipse IDE 主界面中切换工作空间为 Unit08，创建一个 Java Web 项目，项目类型为动态 Web 项目，项目名称为“demo8-1”。

2. 创建包或文件夹

在 src/main/java 路径下创建 com.demo、com.demo.service、com.demo.service.impl、com.demo.test 包。

3. 复制所需的 JAR 包和其他相关库

将以下与 Spring 相关的 JAR 包和其他相关库复制到 src/main/webapp/WEB-INF/lib 下。

```
spring-context-5.3.32-SNAPSHOT.jar
junit-4.13.2.jar
hamcrest-all-1.3.jar
hamcrest-core-2.2.jar
```

4. 创建接口和定义实现类

创建接口的主体代码如下。

```
public interface SomeService {
    void doSome();
}
```

定义实现类的主体代码如下。

```
public class SomeServiceImpl implements SomeService {
    public SomeServiceImpl() {
        System.out.println("调用了 SomeServiceImpl 类的无参构造方法");
    }
    @Override
    public void doSome() {
        System.out.println("执行了 SomeServiceImpl 类的方法 doSome()");
    }
}
```

5. 创建 Spring 的配置文件 applicationContext1.xml

Spring 的配置文件 applicationContext1.xml 的完整代码如下。

```
<?xml version="1.0" encoding="UTF-8"?>
<beans xmlns="http://www.springframework.org/schema/beans"
       xmlns:xsi="http://www.w3.org/2001/XMLSchema-instance"
       xsi:schemaLocation="http://www.springframework.org/schema/beans
       http://www.springframework.org/schema/beans/spring-beans.xsd">
    <bean id="someService" class="com.demo.service.impl.SomeServiceImpl"/>
</beans>
```

6. 使用 new 创建类的对象

创建测试类 Test1，在该类中定义方法 testdoSomething()，对应的代码如下。

```
public class Test1 {
    @Test
    public void testdoSomething() {
        SomeServiceImpl service = new SomeServiceImpl();
        service.doSome();
    }
}
```

testdoSomething()方法中使用 new 关键字创建了类 SomeServiceImpl 的对象 service，并调用类的方法 doSome()。

测试类 Test1 的运行结果如下。

```
调用了 SomeServiceImpl 类的无参构造方法
执行了 SomeServiceImpl 类的方法 doSome()
```

7. 使用容器（ApplicationContext）中的对象

创建测试类 Test2，对应的代码如下。

```
public class Test2 {
    @Test
    public void testdoSomething() {
        //指定 Spring 配置文件：从类路径之下开始的路径
        String config="applicationContext1.xml";
        //创建容器对象，ApplicationContext 表示 Spring 容器对象
        //通过 ctx 获取某个 Java 对象
        @SuppressWarnings("resource")
        ApplicationContext ctx = new ClassPathXmlApplicationContext(config);
        //从容器中获取指定名称的对象
        SomeService service = (SomeService)ctx.getBean("someService");
        //调用对象的方法
        service.doSome();
    }
}
```

在测试类 Test2 中，ctx 创建了一个表示 Spring 容器 ApplicationContext 的对象，使用 getBean("对象名称")获取对象。

测试类 Test2 的运行结果如下。

```
调用了 SomeServiceImpl 类的无参构造方法
执行了 SomeServiceImpl 类的方法 doSome()
```

测试类 Test2 的运行结果与测试类 Test1 的运行结果完全一致。

下面探究以下 3 个问题。

（1）通过 Spring 创建对象是调用类的无参构造方法吗?

从测试类 Test2 的运行结果可以看出，的确调用了无参构造方法。也就是说，Spring 默认调用的是无参构造方法，所以若类中存在有参构造方法，则必须显式地声明无参构造方法。

（2）Spring 是在什么时候创建的对象?

创建测试类 Test3，对应的代码如下。

```
public class Test3 {
    @Test
    public void testdoSomething() {
        String config="applicationContext1.xml";
        @SuppressWarnings({ "resource", "unused" })
        ApplicationContext ctx = new ClassPathXmlApplicationContext(config);
    }
}
```

测试类 Test3 的运行结果如下。

```
调用了 SomeServiceImpl 类的无参构造方法
```

从测试类 Test3 的运行结果可以看出，其调用了无参构造方法。这说明对象创建完成了，也就是说创建 Spring 容器对象时会读取配置文件，并创建文件中声明的 Java 对象。

这样做的优点是获取对象的速度快，因为对象已经创建完成了，缺点是占用内存。

（3）Spring 容器一次能创建几个对象?

创建配置文件 applicationContext2.xml，在配置文件 applicationContext1.xml 的基础上进行修改。配置文件 applicationContext2.xml 的主体代码如下。

```
<bean id="someService1" class="com.demo.service.impl.SomeServiceImpl"/>
<bean id="someService2" class="com.demo.service.impl.SomeServiceImpl"/>
```

也就是说，有两个相同的<bean>配置项。

创建测试类 Test4，对应的代码如下。

```
public class Test4 {
    @Test
    public void testdoSomething() {
        String config="applicationContext2.xml";
        @SuppressWarnings({ "resource", "unused" })
        ApplicationContext ctx = new ClassPathXmlApplicationContext(config);
    }
}
```

测试类 Test4 的运行结果如下。

```
调用了 SomeServiceImpl 类的无参构造方法
调用了 SomeServiceImpl 类的无参构造方法
```

从测试类 Test4 的运行结果可以看出，其调用了两次无参构造方法。也就是说，在创建容器（ApplicationContext）对象时，会把配置文件中的所有对象都创建出来（Spring 的默认规则）。

8. 获取容器（ApplicationContext）中定义的对象信息

主要通过以下两个方法获取容器中定义的对象信息。

```
getBeanDefinitionCount()          //获取容器中定义的对象的数量
getBeanDefinitionNames()          //获取容器中定义的对象的名称
```

创建测试类 Test5，对应的代码如下。

```
public class Test5 {
    @Test
    public void testdoSomething() {
        String config="applicationContext2.xml";
        @SuppressWarnings({ "resource"})
        ApplicationContext ctx = new ClassPathXmlApplicationContext(config);
        //获取容器中定义的对象的数量
        int nums = ctx.getBeanDefinitionCount();
        System.out.println("容器中定义的对象的数量=" + nums);
        //获取容器中定义的对象的名称
        String names[] = ctx.getBeanDefinitionNames();
        for (String name :
```

```
                names) {
            System.out.println("容器中定义的对象的名称=" + name);
        }
    }
}
```

测试类 Test5 的运行结果如下。

```
调用了 SomeServiceImpl 类的无参构造方法
调用了 SomeServiceImpl 类的无参构造方法
容器中定义的对象的数量=2
容器中定义的对象的名称=someService1
容器中定义的对象的名称=someService2
```

从测试类 Test5 的运行结果可以看出，已经获取到容器中定义的所有对象的信息。

9. 创建非自定义类的对象

Spring 如何创建非自定义类（如 Date 类）的对象呢？

创建配置文件 applicationContext3.xml，其主体代码如下。

```
<bean id="mydate" class="java.util.Date"></bean>
```

创建测试类 Test6，对应的代码如下。

```
public class Test6 {
    @Test
    public void testdoSomething() {
        String config="applicationContext3.xml";
        @SuppressWarnings({ "resource"})
        ApplicationContext ctx = new ClassPathXmlApplicationContext(config);
        Date date = (Date) ctx.getBean("mydate");
        System.out.println("date==" + date);
    }
}
```

测试类 Test6 的运行结果如下。

```
date==Thu Feb 29 06:35:20 CST 2024
```

从测试类 Test6 的运行结果可以看出，Date 类的对象创建成功了，运行结果表示编者运行该程序的日期。

10. 创建没有接口的类的对象

前面创建的是有接口的类的对象，那么 Spring 能否创建没有接口的类的对象呢？下面来试验一下。创建一个类 OtherService，该类没有实现接口，对应的代码如下。

```
public class OtherService {
    public void doOther() {
        System.out.println("执行了 OtherService 类的 doOther()方法");
    }
}
```

创建配置文件 applicationContext4.xml，其主体代码如下。

```
<bean id="otherService" class="com.demo.service.impl.OtherService"></bean>
```

创建测试类 Test7，对应的代码如下。

```
public class Test7 {
    @Test
    public void testdoSomething() {
        String config="applicationContext4.xml";
        @SuppressWarnings({ "resource"})
        ApplicationContext ctx = new ClassPathXmlApplicationContext(config);
        OtherService service = (OtherService) ctx.getBean("otherService");
        service.doOther();
    }
}
```

测试类 Test7 的运行结果如下。

```
执行了 OtherService 类的 doOther()方法
```

从测试类 Test7 的运行结果可以看出，对象创建成功了，也就是说，Spring 创建对象只需要得到<bean>标签中的 id。

【知识梳理】

【知识 8-15】Spring 标准的配置文件 applicationContext.xml

Spring 标准的配置文件 applicationContext.xml 的主要作用是声明对象，并把对象交给 Spring 创建和管理。配置文件 applicationContext.xml 包括一个<beans>标签和多个<bean>标签，<beans>标签是配置文件的根标签，<beans>标签后面的代码表示约束文件说明。

示例代码如下。

```
<beans xmlns="http://www.springframework.org/schema/beans"
       xmlns:xsi="http://www.w3.org/2001/XMLSchema-instance"
       xsi:schemaLocation="http://www.springframework.org/schema/beans
       http://www.springframework.org/schema/beans/spring-beans.xsd">
    <bean id="someService" class="com.demo.service.impl.SomeServiceImpl"/>
</beans>
```

【知识 8-16】Spring 容器的对象

Spring 容器创建对象时，通过容器（ApplicationContext）对象获取要使用的其他 Java 对象。

1. 创建 Spring 容器（ApplicationContext）中的对象

示例代码如下。

```
<bean id="someService" class="com.demo.service.impl.SomeServiceImpl"/>
```

在声明对象的语句中，id 属性表示自定义对象名称，必须为唯一值，也可以没有，此时 Spring 可以提供默认名称；class 属性为类的全限定名，Spring 通过反射机制创建对象。

Spring 根据 id、class 创建对象，并通过 map.put(id,对象)方法把对象放入 Spring 的一个 map 对象中。

2. 使用 Spring 容器（ApplicationContext）中的对象

先创建一个表示 Spring 容器（ApplicationContext）的对象，再从容器中使用 getBean("对象名称")获取对象。

示例代码如下。

```
//指定 Spring 配置文件
String config="applicationContext1.xml";
//创建容器对象 ApplicationContext
//通过 ctx 获取某个 Java 对象
@SuppressWarnings("resource")
ApplicationContext ctx = new ClassPathXmlApplicationContext(config);
//使用 getBean("对象名称")从容器中获取指定名称的对象
SomeService service = (SomeService)ctx.getBean("someService");
//调用对象的方法
service.doSome();
```

【实例 8-2】使用 XML 配置文件中的标签和属性给 Spring 对象的属性赋值

【操作要求】

使用 Eclipse IDE 创建一个动态 Web 项目 demo8-2，该项目主要用于使用 XML 配置文件中的标签和属性给 Spring 对象的属性赋值。Spring 调用类的无参构造方法创建对象，对象创建后就可以给属性赋值了。

相关要求如下。

（1）XML 配置文件中属性未赋初值。

（2）在 XML 配置文件中使用 Setter 注入给属性赋值。

（3）在 XML 配置文件中使用 Setter 注入给非自定义类的属性赋值。

（4）在 XML 配置文件中使用 Setter 注入给引用类型赋值。

（5）在 XML 配置文件中使用构造注入给属性赋值。

（6）使用 byName（按名称注入）给引用类型自动注入。

（7）使用 byType（按类型注入）给引用类型自动注入。

电子活页 8-13

【实现过程】

扫描二维码，打开电子活页 8-13，在线浏览【实例 8-2】的相关代码，学习【知识 8-17】的相关内容。

【实例 8-2】的实现过程如表 8-2 所示。

表 8-2 【实例 8-2】的实现过程

序号	步骤名称	相关内容	对应代码或图片
1	新建 Java Web 项目	项目类型：动态 Web 项目。 项目名称：demo8-2	—
2	创建包或文件夹	com.demo、com.demo.entity、com.demo.test	—

续表

序号	步骤名称	相关内容	对应代码或图片
3	复制所需的 JAR 包	Spring 相关的 JAR 包和其他相关库	—
4	创建实体类	实体类：Student	如【代码 1】所示
5-1	XML 配置文件中属性未赋初值	（1）创建 Spring 的配置文件：applicationContext1.xml	如【代码 2】所示
		（2）创建与运行测试类 Test1。 测试类 Test1 的运行结果如下。 student == Student{name='null', age=0} 从测试类 Test1 的运行结果可以看出，对象创建成功了，但是还没有赋初值	如【代码 3】所示
5-2	在 XML 配置文件中使用 Setter 注入给属性赋值	（1）创建 Spring 的配置文件：applicationContext2.xml	如【代码 4】所示
		（2）创建与运行测试类 Test2。 测试类 Test2 的运行结果如下。 student == Student{name='张珊', age=19} 从测试类 Test2 的运行结果可以看出，定义的类中属性必须要有对应的 Setter 方法，否则会报错	如【代码 5】所示
5-3	在 XML 配置文件中使用 Setter 注入给非自定义类的属性赋值	（1）创建 Spring 的配置文件：applicationContext3.xml	如【代码 6】所示
		（2）创建与运行测试类 Test3。 测试类 Test3 的运行结果如下。 date == Mon Jan 22 08:57:31 CST 2024（仅参考，实际结果需要以真实运行情况为准）	如【代码 7】所示
5-4	在 XML 配置文件中使用 Setter 注入给引用类型赋值	（1）创建一个 School 类	如【代码 8】所示
		（2）创建一个 Student2 类	如【代码 9】所示
		（3）创建 Spring 的配置文件：applicationContext4.xml	如【代码 10】所示
		（4）创建与运行测试类 Test4	如【代码 11】所示
5-5	在 XML 配置文件中使用构造注入给属性赋值	（1）创建一个 Student3 类	如【代码 12】所示
		（2）创建 Spring 的配置文件：applicationContext5.xml	如【代码 13】所示
		（3）创建与运行测试类 Test5	如【代码 14】所示
		（4）创建 Spring 的配置文件：applicationContext6.xml	如【代码 15】所示
		（5）创建与运行测试类 Test6	如【代码 16】所示
		（6）创建 Spring 的配置文件：applicationContext7.xml	如【代码 17】所示
		（7）创建与运行测试类 Test7	如【代码 18】所示
5-6	使用 byName（按名称注入）给引用类型自动注入	（1）创建 Spring 的配置文件：applicationContext8.xml	如【代码 19】所示
		（2）创建与运行测试类 Test8	如【代码 20】所示
5-7	使用 byType（按类型注入）给引用类型自动注入	（1）创建 Spring 的配置文件：applicationContext9.xml	如【代码 21】所示
		（2）创建与运行测试类 Test9	如【代码 22】所示

【知识梳理】

【知识 8-17】给对象的属性赋值

给对象的属性赋值的常用方法如下。

（1）使用 Setter 注入给属性赋值。
（2）使用构造注入给属性赋值。
（3）引用类型的自动注入。

【实例 8-3】使用注解给 Spring 对象的属性赋值

【操作要求】

使用 Eclipse IDE 创建一个动态 Web 项目，项目名称为 demo8-3，该项目主要用于使用注解给 Spring 对象的属性赋值。使用 Spring 提供的注解完成 Java 对象的创建，给属性赋值。

相关要求如下。

（1）在属性定义上使用注解给简单类型属性赋值。
（2）在 Setter 方法上使用注解给简单类型属性赋值。
（3）使用外部属性配置文件给简单类型属性赋值。
（4）使用@Autowired 注解+byType 方式给引用类型属性自动注入。
（5）使用@Autowired 注解+byName 方式给引用类型属性自动注入。
（6）使用@Resource 注解给引用类型属性自动注入。
（7）使用@Resource 注解+byName 方式给引用类型属性自动注入。

电子活页 8-14

【实现过程】

扫描二维码，打开电子活页 8-14，在线浏览【实例 8-3】的相关代码，学习【知识 8-18】【知识 8-19】【知识 8-20】的相关内容。

【实例 8-3】的实现过程如表 8-3 所示。

表 8-3 【实例 8-3】的实现过程

序号	步骤名称	相关内容	对应代码或图片
1	新建 Java Web 项目	项目类型：动态 Web 项目。 项目名称：demo8-3	—
2	创建包或文件夹	com.demo、com.demo.entity、com.demo.test、 com.demo.entity.entity01～com.demo.entity.entity08	—
3	复制所需的 JAR 包	Spring 相关的 JAR 包和其他相关库	—
4-1	XML 配置文件中属性未赋初值	（1）创建一个 Student 类	如【代码 1】所示
		（2）创建 Spring 的配置文件：applicationContext1.xml	如【代码 2】所示
		（3）创建与运行测试类 Test1。 测试类 Test1 的运行结果如下。 执行了 Student 类的无参构造方法 Student() Student{name='null', age=0} 从测试类 Test1 的运行结果可以看出，使用@Component 注解成功创建了对象	如【代码 3】所示
4-2	在属性定义上使用注解给简单类型属性赋值	（1）创建一个 Student 类	如【代码 4】所示
		（2）创建 Spring 的配置文件：applicationContext2.xml	如【代码 5】所示

续表

序号	步骤名称	相关内容	对应代码或图片
4-2	在属性定义上使用注解给简单类型属性赋值	（3）创建与运行测试类 Test2。 测试类 Test2 变化的代码如下。 String config="applicationContext2.xml"; 测试类 Test2 的运行结果如下。 执行了 Student 类的无参构造方法 Student() Student{name='张珊', age=19}	—
4-3	在 Setter 方法上使用注解给简单类型属性赋值	（1）创建一个 Student 类	如【代码 6】所示
		（2）创建 Spring 的配置文件：applicationContext3.xml	如【代码 7】所示
		（3）创建与运行测试类 Test3。 测试类 Test3 变化的代码如下。 String config="applicationContext3.xml"; 测试类 Test3 的运行结果如下。 执行了 Student 类的无参构造方法 Student() Student{name='李斯', age=21}	—
4-4	使用外部属性配置文件给简单类型属性赋值	（1）创建外部属性配置文件 myconf.properties。 在 myconf.properties 中输入以下代码给属性赋值。 myname=万宁 myage=21	—
		（2）创建一个 Student 类	如【代码 8】所示
		（3）创建 Spring 的配置文件：applicationContext4.xml	如【代码 9】所示
		（4）创建与运行测试类 Test4。 测试类 Test4 变化的代码如下。 String config="applicationContext4.xml"; 测试类 Test4 的运行结果如下。 执行了 Student 类的无参构造方法 Student() Student{name='万宁', age=21}	—
4-5	使用@Autowired 注解+byType 方式给引用类型属性自动注入	（1）创建一个 School 类	如【代码 10】所示
		（2）创建一个 Student 类	如【代码 11】所示
		（3）创建 Spring 的配置文件：applicationContext5.xml	如【代码 12】所示
		（4）创建与运行测试类 Test5	如【代码 13】所示
4-6	使用@Autowired 注解+byName 方式给引用类型属性自动注入	（1）创建一个 School 类	如【代码 14】所示
		（2）创建一个 Student 类	如【代码 15】所示
		（3）创建 Spring 的配置文件：applicationContext6.xml	如【代码 16】所示
		（4）创建与运行测试类 Test6。 测试类 Test6 变化的代码如下。 String config="applicationContext6.xml"; 测试类 Test6 的运行结果如下。 执行了 Student 类的无参构造方法 Student() Student{name='万宁', age=21, school=School {name='明德学院', address='湖南省长沙市'}}	—
4-7	使用@Resource 注解给引用类型属性自动注入	（1）创建一个 School 类	如【代码 17】所示
		（2）创建一个 Student 类	如【代码 18】所示
		（3）创建 Spring 的配置文件：applicationContext7.xml	如【代码 19】所示

续表

序号	步骤名称	相关内容	对应代码或图片
4-7	使用@Resource 注解给引用类型属性自动注入	（4）创建与运行测试类 Test7。 测试类 Test7 变化的代码如下。 String config="applicationContext7.xml"; 测试类 Test7 的运行结果如下。 执行了 Student 类的无参构造方法 Student() Student{name='万宁', age=21, school=School {name='明德学院',address='湖南省长沙市'}}	—
4-8	使用@Resource 注解+byName 方式给引用类型属性自动注入	（1）创建一个 School 类	如【代码 20】所示
		（2）创建一个 Student 类	如【代码 21】所示
		（3）创建 Spring 的配置文件：applicationContext8.xml	—
		（4）创建与运行测试类 Test8。 测试类 Test8 变化的代码如下。 String config="applicationContext8.xml"; 测试类 Test8 的运行结果如下。 执行了 Student 类的无参构造方法 Student() Student{name='万宁', age=21, school=School {name='明德学院',address='湖南省长沙市'}}	—

【知识梳理】

【知识 8-18】使用注解创建对象

使用注解创建对象的常用方法如下。

（1）使用@Component 注解创建对象。

（2）使用定义组件角色的注解创建对象。

【知识 8-19】扫描多个包的 3 种方式

（1）使用多次组件扫描器。

（2）使用分隔符（,或;）指定多个包。

（3）指定父包。

【知识 8-20】使用注解给属性赋值

（1）在属性定义上使用@Value 注解给简单类型属性赋值。

（2）使用@Autowired 注解给引用类型自动注入赋值。

（3）使用@Resource 注解给引用类型属性自动注入赋值。

【实例 8-4】实现 Spring AOP 编程

【操作要求】

使用 Eclipse IDE 创建一个动态 Web 项目，项目名称为“demo8-4”，该项目主要实现 Spring AOP 编程。

【实例 8-4-1】使用 Spring AOP 注解方式在方法执行之前输出当前系统时间

【操作要求】

使用 Spring AOP 注解方式在方法执行之前输出当前系统时间。

相关要求如下。

（1）采用 Spring 整合 ApsectJ 的方式进行 AOP 开发。

导入 spring-context 和 AspectJ 的 JAR 包，由于 spring-context 中已经导入了 spring-aop，因此不需要再单独导入 spring-aop。AspectJ 是 AOP 思想的具体实现，Spring 也有自己的 AOP 实现，但是使用起来比 AspectJ 麻烦，所以本实例直接采用 Spring 整合 ApsectJ 的方式进行 AOP 开发。

（2）定义 DAO 接口 GoodsDao 与实现类 GoodsDaoImpl。

DAO 接口 GoodsDao 的代码如下。

```
public interface GoodsDao {
    public void save();
    public void update();
}
```

实现类 GoodsDaoImpl 的代码如下。

```
@Repository
public class GoodsDaoImpl implements GoodsDao {
    public void save() {
        System.out.println(System.currentTimeMillis());
        System.out.println("goods dao save ...");
        }
    public void update(){
        System.out.println("goods dao update ...");
        }
}
```

（3）使用 Spring AOP 的方式增加 update()方法的功能。

因为目前 save()方法中有输出系统时间的语句，所以程序运行后可以看到输出的系统时间。update()方法没有实现该功能。这里使用 Spring AOP 的方式，在不改变 update()方法的前提下，让 update()方法具有输出系统时间的功能。

电子活页 8-15

【实现过程】

扫描二维码，打开电子活页 8-15，在线浏览【实例 8-4-1】的相关代码。

【实例 8-4-1】的实现过程如表 8-4 所示。

表 8-4 【实例 8-4-1】的实现过程

序号	步骤名称	相关内容	对应代码或图片
1	新建 Java Web 项目	项目类型：动态 Web 项目。 项目名称：demo8-4	—
2	创建包或文件夹	com.demo、com.demo.demo01～com.demo.demo05。 demo01～demo05 文件夹下分别创建 aop、config、dao、dao.impl、test 等多个子文件夹	—
3	复制所需的 JAR 包	Spring 相关的 JAR 包和其他相关库	如【代码 1】所示
4	Spring AOP 编程验证	（1）制作连接点（DAO 接口与实现类）。 ①定义接口 GoodsDao。 ②定义接口实现类 GoodsDaoImpl	如【代码 2】和【代码 3】所示

续表

序号	步骤名称	相关内容	对应代码或图片
4	Spring AOP 编程验证	（2）制作共性功能（定义通知类 MyAdvice 和通知 method()）。 通知就是将共性功能抽取出来后形成的方法 method()，这里的共性功能指的就是当前系统时间的输出。这里的类名和方法名没有要求	如【代码 4】所示
		（3）定义切入点@Pointcut。 GoodsDaoImpl 中有两个方法，分别是 save()、update()，需要增强的是 update()方法。 切入点定义依托一个不具有实际意义的方法 pt()进行，即无参数、无返回值、方法体无实际逻辑	如【代码 5】所示
		（4）制作方面。 方面用来描述切入点和通知之间的关系，制作方面是指实现绑定切入点与通知的关系，并指定通知添加到原始连接点的具体执行位置的操作。 private void pt(){} @Before("pt()") @Before 表示通知会在切入点方法执行之前执行	如【代码 6】所示
		（5）将通知类配置给容器并标识其为方面类。 添加以下注解： @Component; @Aspect	如【代码 7】所示

		（6）创建 Spring 的配置类，对应的代码如下。
		@Configuration
		@ComponentScan("com.demo.demo01")
		public class SpringConfig {
		}
		开启注解格式 AOP 功能，添加的注解如下。
		@EnableAspectJAutoProxy
			如【代码 8】所示

		（7）创建与运行测试类 Test1。 测试类 Test1 main()方法的运行结果如下。 1709281164924 goods dao update ... 从 main()方法的运行结果可以看出，在执行 update()方法之前输出了系统时间，说明对原始方法进行了增强，AOP 编程成功	如【代码 9】所示

【实例 8-4-2】探析 AOP 返回后通知的使用方法

【操作要求】

本实例通过接口 GoodsDao 中的 select()方法探析 AOP 返回后通知的使用方法。

电子活页 8-16

【实现过程】

扫描二维码，打开电子活页 8-16，在线浏览【实例 8-4-2】的相关代码。【实例 8-4-2】的实现过程如表 8-5 所示。

表 8-5 【实例 8-4-2】的实现过程

序号	步骤名称	相关内容	对应代码或图片
—	AOP 返回后通知的使用方法	（1）定义接口 GoodsDao	如【代码 1】所示
		（2）定义接口实现类 GoodsDaoImpl	如【代码 2】所示
		（3）创建 Spring 的配置类 SpringConfig	如【代码 3】所示
		（4）创建通知类 MyAdvice	如【代码 4】所示
		（5）创建与运行测试类 Test5。 测试类 Test5 main()方法的运行结果如下。 goods dao select is running ... afterThrowing advice ... 100 AOP 返回后通知在原始方法 select()正常执行后才会被执行，如果 select()方法执行的过程中出现了异常，那么返回后通知不会被执行	如【代码 5】所示

【实例 8-5】探析 AOP 通知如何获取数据

微课 8-1

电子活页 8-17

【操作要求】

本实例将从获取参数、返回值和异常 3 个方面来探析 AOP 通知如何获取数据。

【实现过程】

扫描二维码，打开电子活页 8-17，在线浏览【实例 8-5】的相关代码。

【实例 8-5】的实现过程如表 8-6 所示。

表 8-6 【实例 8-5】的实现过程

序号	步骤名称	相关内容	对应代码或图片
1	准备环境，在通知类 MyAdvice1 中使用 5 种通知类型	（1）定义接口 UserDao1	如【代码 1】所示
		（2）定义接口实现类 UserDaoImpl1	如【代码 2】所示
		（3）创建 Spring 的配置类 SpringConfig	如【代码 3】所示
		（4）创建通知类 MyAdvice1	如【代码 4】所示
		（5）创建与运行测试类 Test1。 测试类 Test1 main()方法的运行结果如下。 before advice ... id:100 afterReturning advice ... after advice ... mymark1	如【代码 5】所示
2	通过 JoinPoint 对象获取切入点方法一个参数的值	（1）修改通知类 MyAdvice1 的方法 before()的定义代码。 （2）再一次运行测试类 Test1。 测试类 Test1 main()方法的运行结果如下。 [100] before advice ... id:100 afterReturning advice ... after advice ... mymark1 思考：方法的参数只有一个，为什么获取的是一个数组？因为参数的个数是不固定的，所以使用数组更通配一些	如【代码 6】所示

续表

序号	步骤名称	相关内容	对应代码或图片
3	通过 JoinPoint 对象获取切入点方法两个参数的值	（1）定义接口 UserDao2	如【代码 7】所示
		（2）定义接口实现类 UserDaoImpl2	如【代码 8】所示
		（3）创建 Spring 的配置类 SpringConfig	如【代码 3】所示
		（4）创建通知类 MyAdvice2	如【代码 9】所示
		（5）创建与运行测试类 Test2。 测试类 Test2 main()方法的运行结果如下。 [100, 123456] before advice ... id:100 mymark2	如【代码 10】所示
4	使用环绕通知方式，通过 Proceeding JoinPoint 对象获取切入点方法两个参数的值	（1）定义接口 UserDao3	如【代码 11】所示
		（2）定义接口实现类 UserDaoImpl3	如【代码 12】所示
		（3）创建 Spring 的配置类 SpringConfig	如【代码 3】所示
		（4）创建通知类 MyAdvice3	如【代码 13】所示
		（5）创建与运行测试类 Test3。 测试类 Test3 main()方法的运行结果如下。 [100, 123456] id:100 mymark3	如【代码 14】所示
5	使用环绕通知和返回后通知两种方式获取切入点方法的返回值	（1）定义接口 UserDao4	如【代码 15】所示
		（2）定义接口实现类 UserDaoImpl4	如【代码 16】所示
		（3）创建 Spring 的配置类 SpringConfig	如【代码 3】所示
		（4）创建通知类 MyAdvice4	如【代码 17】所示
		（5）创建与运行测试类 Test4。 测试类 Test4 main()方法的运行结果如下。 [100] id:666 afterReturning advice ...mymark4 mymark4	如【代码 18】所示
6	获取抛出的异常	（1）定义接口 UserDao5	如【代码 19】所示
		（2）定义接口实现类 UserDaoImpl5	如【代码 20】所示
		（3）创建 Spring 的配置类 SpringConfig	如【代码 3】所示
		（4）创建通知类 MyAdvice5	如【代码 21】所示
		（5）创建与运行测试类 Test5。 测试类 Test5 main()方法的运行结果如下。 [100] id:666 afterThrowing advice ...java.lang.NullPointerException java.lang.NullPointerException ...	如【代码 22】所示

【实例 8-6】实现 MyBatis+Spring 的整合

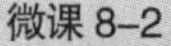

【操作要求】

使用 Eclipse IDE 创建一个动态 Web 项目 demo-6，该项目主要用于实现

MyBatis+Spring 的整合。目前大部分的 Java 互联网项目是用 Spring MVC + Spring + MyBatis 搭建平台的。使用 Spring IoC 可以有效地管理各类 Java 资源，实现即插即拔；通过 Spring AOP 框架，数据库事务可以委托给 Spring 管理，消除很大一部分的事务代码，配合 MyBatis 的高灵活、可配置、可优化 SQL 等特性，完全可以构建高性能的大型网站。

MyBatis 框架+Spring 框架是 Java 互联网技术主流框架组合，它们经受住了大量数据和大批量请求的考验，在互联网系统中得到了广泛的应用。MyBatis+Spring 使得业务层和模型层得到了更好的分离，同时，在 Spring 环境中使用 MyBatis 更加简单，减少了代码量，甚至可以不用 SqlSessionFactory、SqlSession 等对象，因为 MyBatis+Spring 已封装了它们。

电子活页 8-18

【实现过程】

扫描二维码，打开电子活页 8-18，在线浏览【实例 8-6】的相关代码。

【实例 8-6】的实现过程如表 8-7 所示。

表 8-7 【实例 8-6】的实现过程

序号	步骤名称	相关内容	对应代码或图片
1	新建 Java Web 项目	项目类型：动态 Web 项目。 项目名称：demo8-6	—
2	创建包或文件夹	com.demo、com.demo.dao、com.demo.entity、com.demo.mapper、com.demo.test	—
3	复制所需的 JAR 包	Spring 相关的 JAR 包和其他相关库	如【代码 1】所示
4	创建或完善配置文件	配置文件的名称：web.xml	默认值
		资源配置文件的位置：src/main/java。 资源配置文件的名称：applicationContext.xml	如【代码 2】所示
		MyBatis 全局配置文件的名称：mybatis.xml	如【代码 3】所示
		数据库连接参数设置文件的名称：db.properties	如表 7-5 所示
		日志系统参数设置文件的名称：log4j.properties	如表 7-7 所示
5	创建模型层的类	实体类：User	如【代码 4】所示
		数据访问接口：UserDao	如【代码 5】所示
		数据访问接口实现类：UserDaoImpl	如【代码 6】所示
		Mapper 映射文件：UserMapper.xml	如【代码 7】所示
		数据访问代理接口：UserQueryMapper	如【代码 8】所示
		项目测试类：Test1。 测试类 Test1 运行正常，运行结果正确	如【代码 9】所示

典型应用

微课 8-3

【任务 8-1】多方式编程查询银行账户数据

【任务描述】

使用 Eclipse IDE 创建一个动态 Web 项目 task8-1，该项目主要实现多方式编程查询银行账户数据。

（1）使用 MyBatis 编程查询指定的账户数据。

（2）使用 Spring 整合 MyBatis 编程查询指定的账户数据。

（3）使用 Spring 整合 MyBatis、JUnit 编程查询指定的账户数据和银行账户数据表中的所有账户数据。

电子活页 8-19

【任务实施】

扫描二维码，打开电子活页 8-19，在线浏览【任务 8-1】的相关代码。

【任务 8-1】的实现过程如表 8-8 所示。

表 8-8 【任务 8-1】的实现过程

序号	步骤名称	相关内容	对应代码或图片
1	新建 Java Web 项目	项目类型：动态 Web 项目。 项目名称：task8-1	—
2	创建包或文件夹	com.example、com.example.config、com.example.dao、com.example.entity、com.example.service、com.example.test、com.example.service.impl	—
3	复制所需的 JAR 包	Spring 相关的 JAR 包和其他相关库如下。 （1）mybatis-3.5.14.jar; （2）mybatis-spring-1.3.3.jar; （3）mysql-connector-java-8.0.29.jar; （4）junit-4.13.2.jar; （5）spring-jdbc-5.3.32-SNAPSHOT.jar; （6）spring-test-5.3.32-SNAPSHOT.jar; （7）spring-××××-5.3.32-SNAPSHOT.jar; （8）druid-1.1.6.jar	—
4	创建或完善配置文件	配置文件的名称：web.xml	默认配置
		数据库连接参数设置文件的名称：jdbc.properties。 该文件包含用于配置数据库连接的 4 个要素	如表 7-5 所示
		日志系统参数设置文件的名称：log4j.properties	如表 7-7 所示
5	创建模型层的类	实体类：Account	如【代码 1】所示
		数据访问接口：AccountDao	如【代码 2】所示
		业务逻辑接口的名称：AccountService	如【代码 3】所示
		业务逻辑实现类的名称：AccountServiceImpl	如【代码 4】所示
6-1	使用MyBatis编程查询指定的账户数据	资源配置文件的位置：src/main/java。 资源配置文件的名称：sqlMapConfig.xml	如【代码 5】所示
		项目测试类：Test1。 测试类 Test1 main()方法的运行结果如下。 Account{id=5, name='安心', money=32000.0} 运行结果正确	如【代码 6】所示
6-2	使用Spring整合MyBatis编程查询指定的账户数据	数据源的配置类：JdbcConfig。 在该配置类中完成数据源的创建	如【代码 7】所示
		MyBatis 配置类：MybatisConfig。 创建 MyBatis 配置类并配置 SqlSessionFactory	如【代码 8】所示
		Spring 的主配置类：SpringConfig。 在主配置类中读取 jdbc.properties 的数据库连接参数，并引入数据源配置类和 MyBatis 配置类	如【代码 9】所示

续表

序号	步骤名称	相关内容	对应代码或图片
6-2	使用 Spring 整合 MyBatis 编程查询指定的账户数据	项目测试类：Test2。 在测试类 Test2 中，从 IoC 容器中获取 Service 对象，调用方法获取结果。 测试类 Test2 main()方法的运行结果如下。 Account{id=4, name='简单', money=113456.0}	如【代码 10】所示
6-3	使用 Spring 整合 MyBatis、JUnit 编程查询指定的账户数据和银行账户数据表中的所有账户数据	项目测试类：Test3。 测试类 Test3 运行正常，运行结果正确	如【代码 11】所示

微课 8-4

【任务 8-2】百度网盘密码数据兼容处理

【任务描述】

使用 Eclipse IDE 创建一个动态 Web 项目 task8-2，该项目主要对百度网盘分享链接输入密码时尾部多输入的空格做兼容处理。

当从他人发给自己的百度网盘分享链接中复制提取码的时候，有时候会多复制一些空格，如果直接将其粘贴到百度网盘的提取码输入框中，由于实际的提取码是没有空格的，则会出现无法访问百度网盘中的内容的情况。简单地说，多输入一个空格可能会导致项目的功能无法正常使用。

考虑使用 AOP 统一将输入的参数中的空格去掉。

AOP 有多种通知类型，环绕通知是其中最灵活的通知类型之一，能够在原始方法执行的前后灵活地插入自定义的逻辑。

综上所述，将输入的参数中的空格去掉可以考虑使用以下操作。

① 在业务方法执行之前使用 trim()方法对输入的所有参数进行格式处理。

② 使用处理后的参数调用原始方法。

电子活页 8-20

【任务实施】

扫描二维码，打开电子活页 8-20，在线浏览【任务 8-2】的相关代码。

【任务 8-2】的实现过程如表 8-9 所示。

表 8-9 【任务 8-2】的实现过程

序号	步骤名称	相关内容	对应代码或图片
1	新建 Java Web 项目	项目类型：动态 Web 项目。 项目名称：task8-2	—
2	创建包或文件夹	com.example、com.example.aop、com.example.config、com.example.dao、com.example.dao.impl、com.example.service、com.example.service.impl、com.example.test	—
3	复制所需的 JAR 包	Spring 相关的 JAR 包和其他相关库	—
4	创建或完善配置文件	配置文件的名称：web.xml	默认配置
		Spring 的配置类：SpringConfig	如【代码 1】所示
5	创建模型层的类	接口：ResourcesDao	如【代码 2】所示
		接口实现类：ResourcesDaoImpl	如【代码 3】所示
		业务逻辑接口：ResourcesService	如【代码 4】所示
		业务逻辑实现类：ResourcesServiceImpl	如【代码 5】所示

续表

序号	步骤名称	相关内容	对应代码或图片
6	创建 AOP 通知类	AOP 通知类：DataAdvice	如【代码 6】所示
7	创建项目测试类	项目测试类：Test1。 测试类 Test1 main()方法的运行结果如下。 4 true	如【代码 7】所示

【任务 8-3】使用 Spring 的 IoC 实现银行账户的 CURD 操作

【任务描述】

使用 Eclipse IDE 创建一个动态 Web 项目 task8-3，该项目主要使用 Spring 的 IoC 实现银行账户的 CURD 操作，CURD 操作是指创建（Create）、更新（Update）、读取（Read）和删除（Delete）操作。

微课 8-5

电子活页 8-21

【任务实施】

扫描二维码，打开电子活页 8-21，在线浏览【任务 8-3】的相关代码。

【任务 8-3】的实现过程如表 8-10 所示。

表 8-10 【任务 8-3】的实现过程

序号	步骤名称	相关内容	对应代码或图片
1	新建 Java Web 项目	项目类型：动态 Web 项目。 项目名称：task8-3	—
2	创建包或文件夹	com.example、com.example.entity、com.example.dao、com.example.dao.impl、com.example.service、com.example.service.impl、com.example.test	—
3	复制所需的 JAR 包	Spring 相关的 JAR 包和其他相关库	如【代码 1】所示
4	创建或完善配置文件	配置文件的名称：web.xml	默认配置
		配置文件的名称：bean.xml	如【代码 2】所示
5-1	创建模型层的类	实体类：Account	如【代码 3】所示
		接口：IAccountDao	如【代码 4】所示
		接口实现类：AccountDaoImpl	如【代码 5】所示
		业务逻辑接口：IAccountService	如【代码 6】所示
		业务逻辑实现类：AccountServiceImpl	如【代码 7】所示
5-2	创建项目测试类	项目测试类：Test1。 测试类 Test1 main()方法的运行正常，运行结果正确	如【代码 8】所示

【任务 8-4】Spring 整合 MyBatis 实现用户登录功能

【任务描述】

使用 Eclipse IDE 创建一个动态 Web 项目 task8-4，该项目主要通过 Spring 与 MyBatis 的整合实现用户登录功能。

微课 8-6

电子活页 8-22

【任务实施】

扫描二维码，打开电子活页 8-22，在线浏览【任务 8-4】

的相关代码。

【任务 8-4】的实现过程如表 8-11 所示。

表 8-11 【任务 8-4】的实现过程

序号	步骤名称	相关内容	对应代码或图片
1	新建 Java Web 项目	项目类型：动态 Web 项目。 项目名称：task8-4	—
2	创建包或文件夹	com.example、com.example.controller、com.example.mapper、com.example.entity、com.example.service、com.example.service.impl	—
3	复制所需的 JAR 包	Spring 相关的 JAR 包和其他相关库	—
4	创建或完善配置文件	配置文件的名称：web.xml	如【代码 1】所示
		配置文件的位置：src/main/java。 配置文件的名称：applicationContext.xml	如【代码 2】所示
5	创建模型层的类	实体类的位置：src/main/java/com/example/entity。 实体类的名称：User	如表 7-9 所示
		数据访问类的位置：src/main/java/com/example/mapper。 数据访问类的名称：UserMapper	如【代码 3】所示
		业务逻辑接口的位置：src/main/java/com/example/service。 业务逻辑接口的名称：LoginService	如【代码 4】所示
		业务逻辑实现类的位置：src/main/java/com/example/service/impl。 业务逻辑实现类的名称：LoginServiceImpl	如【代码 5】所示
6	创建控制器层的类	类位置：src/main/java/com/example/controller。 类名称：LoginController	如【代码 6】所示
7	创建前端页面文件	文件位置：src/main/webapp。 文件名称：index.jsp	如【代码 7】所示
		文件位置：src/main/webapp。 文件名称：login.jsp	如【代码 8】所示
8	在服务器上运行项目	访问地址：http://localhost:8081/task8-4/	—
		运行结果	如图 8-1 所示

图 8-1 用户未成功登录时 JSP 页面 index.jsp 的运行结果

在 JSP 页面 index.jsp 中单击【请先登录】超链接，在进入的 login.jsp 页面中输入用户名和密码，如图 8-2 所示。

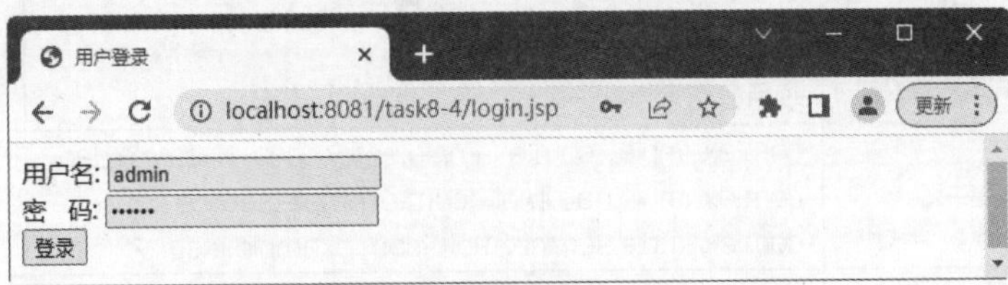

图 8-2 在 login.jsp 页面中输入用户名和密码

如果 login.jsp 页面中输入的用户名或密码有误，则单击【登录】按钮时会显示图 8-3 所示的提示信息。

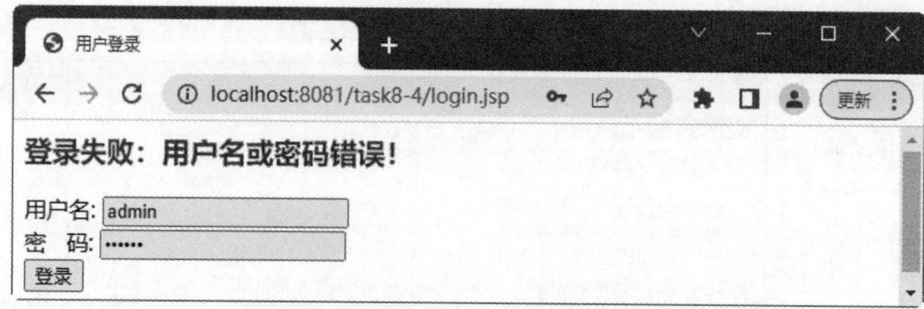

图 8-3　在 login.jsp 页面中输入的用户名或密码有误时显示的提示信息

如果 login.jsp 页面中输入的用户名和密码都正确，则单击【登录】按钮时，JSP 页面 index.jsp 中会显示"×××，欢迎您!!!"的提示信息，如图 8-4 所示。

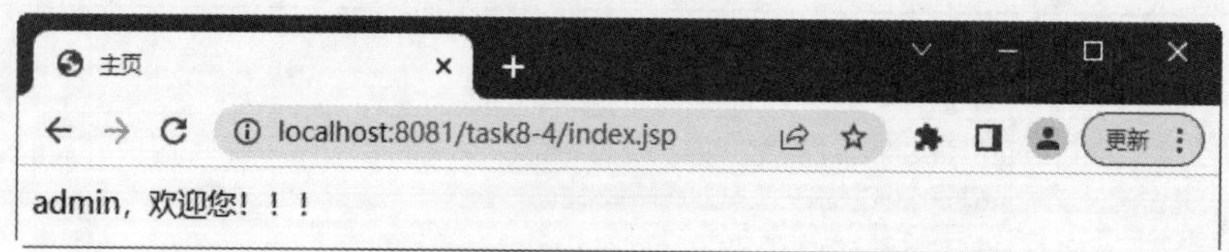

图 8-4　用户成功登录时 JSP 页面 index.jsp 的运行结果

拓展应用

【任务 8-5】使用 Spring 的 IoC 结合注解实现银行账户的 CURD 操作

【任务描述】

使用 Eclipse IDE 创建一个动态 Web 项目 task8-5，该项目主要使用 Spring 的 IoC 结合注解实现银行账户的 CURD 操作。

【任务实施】

扫描二维码，打开电子活页 8-23，在线浏览【任务 8-5】的相关代码。

【任务 8-5】的实现过程如表 8-12 所示。

表 8-12 【任务 8-5】的实现过程

序号	步骤名称	相关内容	对应代码或图片
1	新建 Java Web 项目	项目类型：动态 Web 项目。 项目名称：task8-5	—
2	创建包或文件夹	com.example、com.example.entity、com.example.dao、com.example.dao.impl、com.example.service、com.example.service.impl、com.example.test	—
3	复制所需的 JAR 包	Spring 相关的 JAR 包和其他相关库	—

续表

序号	步骤名称	相关内容	对应代码或图片
4	创建或完善配置文件	配置文件的名称：web.xml	默认配置
		数据库连接参数设置文件的名称：db.properties	如表 7-5 所示
		数据库连接配置类：JdbcConfig	如【代码 1】所示
		Spring 的主配置类：SpringConfig	如【代码 2】所示
5-1	创建模型层的类	实体类：Account	如【代码 3】所示
		接口：IAccountDao	如【代码 4】所示
		接口实现类：AccountDaoImpl	如【代码 5】所示
		业务逻辑接口：IAccountService	如【代码 6】所示
		业务逻辑实现类：AccountServiceImpl	如【代码 7】所示
5-2	创建项目测试类	项目测试类：Test1。 测试类 Test1 main()方法的运行正常，运行结果正确	如【代码 8】所示
		项目测试类：Test2。 测试类 Test1 main()方法的运行正常，运行结果正确	如【代码 9】所示

【任务 8-6】使用 Spring 的 AOP 分析业务层接口执行效率

【任务描述】

微课 8-8

使用 Eclipse IDE 创建一个动态 Web 项目 task8-6，该项目主要使用 Spring 的 AOP 分析业务层接口执行效率，目的是查看每个业务层执行的时间，这样就可以发现哪个业务比较耗时，方便将其找出来优化。

具体实现思路如下。

（1）开始执行方法之前记录一个时刻。

（2）执行方法。

（3）执行完方法之后记录一个时刻。

（4）以后一个时刻减去前一个时刻得到的差值就是需要的结果。

所以要在方法执行的前后添加业务，经过分析可采用环绕通知方式。

因为原始方法只执行一次，时间太短，两个时刻的差值可能为 0，所以该项目执行一万次原始方法，以便计算该差值。

电子活页 8-24

【任务实施】

扫描二维码，打开电子活页 8-24，在线浏览【任务 8-6】的相关代码。

【任务 8-6】的实现过程如表 8-13 所示。

表 8-13 【任务 8-6】的实现过程

序号	步骤名称	相关内容	对应代码或图片
1	新建 Java Web 项目	项目类型：动态 Web 项目。 项目名称：task8-6	—
2	创建包或文件夹	com.example、com.example.aop、com.example.config、com.example.entity、com.example.dao、com.example.test、com.example.service、com.example.service.impl	—
3	复制所需的 JAR 包	Spring 相关的 JAR 包和其他相关库	如【代码 1】所示

续表

序号	步骤名称	相关内容	对应代码或图片
4-1	创建或完善配置文件	配置文件的名称：web.xml	默认配置
		数据库连接参数设置文件的名称：db.properties	如表 7-5 所示
		日志系统参数设置文件的名称：log4j.properties	如表 7-7 所示
		数据库连接配置类：JdbcConfig	如【代码 2】所示
		MyBatis 配置类：MybatisConfig	如【代码 3】所示
		Spring 的主配置类：SpringConfig	如【代码 4】所示
5-1	创建模型层的类	实体类：Account	如【代码 5】所示
		接口：AccountDao	如【代码 6】所示
		业务逻辑接口：AccountService	如【代码 7】所示
		业务逻辑实现类：AccountServiceImpl	如【代码 8】所示
5-2	创建项目测试类	项目测试类：Test1。 测试类 Test1 运行正常，运行结果正确	如【代码 9】所示
5-3	创建 AOP 的通知类	AOP 的通知类：ProjectAdvice。 该类要被 Spring 管理，需要添加@Component 注解；要标识该类是一个 AOP 的方面类，需要添加 @Aspect 注解；配置切入点表达式，需要添加一个方法，并添加@Pointcut 注解。 在 runSpeed()方法上添加@Around 注解，即添加环绕通知类型，记录执行一万次原始方法的时间	如【代码 10】所示
4-2	创建或完善配置文件	Spring 的主配置类：SpringConfig1	如【代码 11】所示
5-4	创建模型层的类	业务逻辑接口：AccountService1	如【代码 12】所示
		业务逻辑实现类：AccountServiceImpl1	如【代码 13】所示
5-5	创建项目测试类	项目测试类：Test2。 测试类 Test2 运行正常，运行结果正确	如【代码 14】所示

【任务 8-7】使用 Spring 事务管理功能实现任意两个账户间的转账操作

【任务描述】

使用 Eclipse IDE 创建一个动态 Web 项目 task8-7，该项目主要使用 Spring 事务管理功能实现任意两个账户间的转账操作。

转账业务会有两次数据层的调用，一次是加钱，另一次是减钱。如果把事务放在数据层，则加钱和减钱是两个独立的事务，没办法保证它们同时成功或者同时失败，这个时候需要将事务放在业务层进行处理。

（1）分析需求：实现任意两个账户间的正常转账操作。

账户的初始情况：张珊账户的金额为 5000 元，李斯账户的金额为 20000 元。

要实现张珊账户减钱、李斯账户加钱的业务需求，可以考虑以下 4 个方面。

① 数据层提供基础操作，指定账户减钱（outMoney()），指定账户加钱（inMoney()）。

② 业务层提供转账操作（transfer()），调用减钱与加钱的操作。

③ 提供两个账号和操作金额以执行转账操作。

④ 基于 Spring 整合 MyBatis 搭建环境，实现上述操作。

（2）以下示例代码模拟转账的过程中出现了异常，导致转账操作失败，这时需要让事务回滚，且这个事务应该加在业务层上，而 Spring 的事务管理功能就是用来解决这类问题的。

```
@Service
public class AccountServiceImpl2 implements AccountService2 {
    @Autowired
    private AccountDao accountDao;
    public void transfer(String out,String in , Double money) throws IOException {
        accountDao.outMoney(out, money);
        int i = 1/0;     //这个异常事务会回滚
        accountDao.inMoney(in,money);
    }
}
```

使用 Spring 的事务管理功能有效实现事务的回滚。

（3）在转账的业务中添加记录日志。

实现任意两个账户间的转账操作，并针对每次转账操作在数据库中进行留痕，即完成转账后的记录日志。无论转账操作是否成功，都要求记录日志。

上述业务需求实现方法如下。

① 基于转账操作实例添加日志模块，以在数据库中记录日志。

② 业务层转账操作，调用减钱、加钱与记录日志功能。

电子活页 8-25

【任务实施】

扫描二维码，打开电子活页 8-25，在线浏览【任务 8-7】的相关代码。

【任务 8-7】的实现过程如表 8-14 所示。

表 8-14 【任务 8-7】的实现过程

序号	步骤名称	相关内容	对应代码或图片
1	新建 Java Web 项目	项目类型：动态 Web 项目。 项目名称：task8-7	—
2	创建包或文件夹	com.example 、com.example.config 、com.example.dao 、com.example.entity、com.example.service、com.example.service.impl、com.example.test	—
3	复制所需的 JAR 包	Spring 相关的 JAR 包和其他相关库	如【代码 1】所示
4-1	创建或完善配置文件	配置文件的名称：web.xml	默认配置
		数据库连接参数设置文件的名称：jdbc.properties	参考表 7-5
		数据库连接配置类：JdbcConfig	如【代码 2】所示
		MyBatis 配置类：MybatisConfig	如【代码 3】所示
		Spring 的主配置类：SpringConfig	如【代码 4】所示
5-1	创建模型层的类	实体类：Account	如【代码 5】所示
		接口：AccountDao	如【代码 6】所示
		业务逻辑接口：AccountService1	如【代码 7】所示
		业务逻辑实现类：AccountServiceImpl1	如【代码 8】所示
5-2	创建项目测试类	项目测试类：AccountTest1。 测试类 AccountTest1 运行正常，运行结果正确。 查看数据表 bankaccount，可以看出：张珊账户减少了 1000 元，李斯账户增加了 1000 元	如【代码 9】所示

续表

序号	步骤名称	相关内容	对应代码或图片
5-3	创建模型层的类	业务逻辑接口：AccountService2	如【代码 10】所示
		业务逻辑实现类：AccountServiceImpl2。 使用 Spring 的事务管理功能有效实现事务的回滚。 @Transactional 注解写在实现类的方法 transfer()上	如【代码 11】所示
5-4	创建项目测试类	项目测试类：AccountTest2。 测试类 AccountTest2 运行异常，事务进行了回滚	如【代码 12】所示
4-2	创建或完善配置文件	数据库连接配置类：JdbcConfig	如【代码 13】所示
		Spring 的主配置类：SpringConfig2	如【代码 14】所示
5-5	创建模型层的类	业务逻辑接口：AccountService3	如【代码 15】所示
		业务逻辑实现类：AccountServiceImpl3	如【代码 16】所示
5-6	创建项目测试类	项目测试类：AccountTest3。 测试类 AccountTest3 运行异常，可以看出：Error 异常和 RuntimeException 异常及其子类进行了事务回滚，异常类型 IOException 没有回滚	如【代码 17】所示
5-7	添加 LogDao 接口	接口：LogDao	如【代码 18】所示
5-8	添加 LogService 接口与实现类	业务逻辑接口：LogService	如【代码 19】所示
		业务逻辑实现类：LogServiceImpl	如【代码 20】所示
5-9	创建模型层的类	业务逻辑接口：AccountService4	如【代码 21】所示
		业务逻辑实现类：AccountServiceImpl4	如【代码 22】所示
5-10	创建项目测试类	项目测试类：AccountTest4。 测试类 AccountTest4 运行正常，运行结果正确。 （1）当程序正常运行时，bankaccount 数据表中转账成功，tbl_log 数据表中日志记录成功。 （2）当转账业务之间出现异常（例如，int i =1/0）时，转账失败，bankaccount 数据表成功回滚，tbl_log 数据表成功添加日志数据，即无论转账操作是否成功，日志都会保留	如【代码 23】所示

学习回顾

模块 8　思维导图

扫描二维码，打开模块 8 思维导图，回顾本模块的学习内容。

模块小结

Spring 框架是一个开源的 Java 应用框架，它为 Java 带来了一种全新的编程思想，旨在降低企业级应用程序开发的复杂性。它提供了一套全面的编程和配置模型，用于现代 Java Web 开发。Spring 框架的核心特性包括 DI 和 AOP，两者都是用来降低程序间耦合度和提高复用性的关键技术。

在 Web 应用程序开发中，Spring 主要扮演了两个角色：一是作为 Web 层的框架，提供诸如 Spring MVC 这样的模块来处理 HTTP 请求和响应；二是作为业务层的框架，提供 IoC 容器来管理应用程序的组件和它们之间的依赖关系。基于 Spring 的 Web 应用程序开发具有模块化设计、简化开发、松耦合、高度可配置和易于集成等优势。通过使用 Spring 框架，开发者可以更加高效地构建稳定、可靠且易于维护的 Web 应用程序。

模块习题

扫描二维码，完成模块 8 的在线测试，检验学习成效。

模块 9 基于SSM的Web应用程序开发

09

SSM 是 Spring+Spring MVC+MyBatis 的集成框架，是目前企业开发中比较流行的一个框架。SSM 由 Spring、MyBatis 两个开源框架整合而成（Spring MVC 是 Spring 中的部分内容），常作为数据源较简单的 Web 项目的框架。

释疑解惑

【问题 9-1】什么是 SSM 框架?

SSM 即 Spring+Spring MVC+MyBatis，是一种标准的 MVC 设计模式，Spring、Spring MVC、MyBatis 各司其职，在整个框架中有着不同的作用。

SSM 框架在 Java Web 应用程序中的应用如图 9-1 所示。

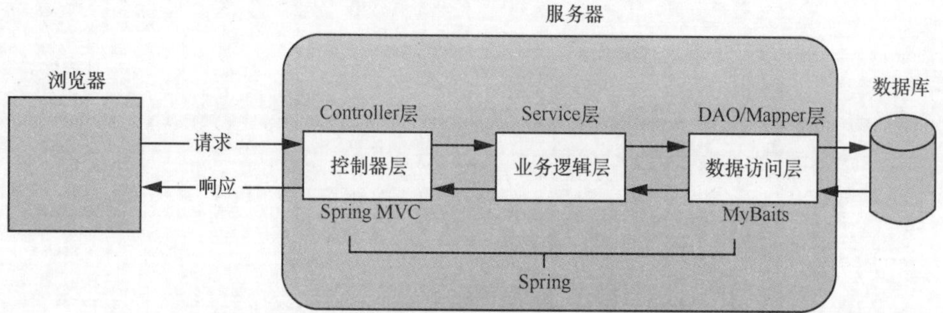

图 9-1　SSM 框架在 Java Web 应用程序中的应用

Spring 是一个轻量级的控制反转和面向方面的程序设计的容器框架，主要实现业务对象管理；Spring MVC 通过实现 MVC 将数据、业务与展现进行分离，主要负责请求的转发和视图管理；MyBatis 是一个基于 Java 的持久层框架，作为数据对象的持久化引擎。

1. Spring

Spring 的核心功能主要有通过控制反转实现对类的实例化和管理，通过依赖注入建立对象之间的依赖关系，以及提供面向方面的程序设计的支持，使得开发者可以更方便地进行事务管理、日志记录等操作。

2. Spring MVC

Spring MVC 是 Spring 提供的一个基于 Java 的实现了 Web MVC 设计模式的请求驱动类型的轻量级 Web 框架。Spring MVC 通过把模型、视图、控制器分离，对 Web 层进行职责解耦，把复杂的 Web 应用分成逻辑清晰的几部分，简化开发，减少出错，方便项目组分工合作，并且有利于工程项目管理各阶段的进行。

3. MyBatis

MyBatis 内部封装了 JDBC，开发者只需要关注 SQL 本身，而不需要花费过多精力去处理注册驱动、创建 Connection、创建 Statement、手动设置参数、结果集检索等 JDBC 繁杂的过程代码。MyBatis 使用简单的 XML 或注解配置和映射原始类型，将接口和 POJO 映射成数据库中的记录。

SSM 框架的集成使用可以充分发挥这 3 个框架的优势，Spring 负责应用对象之间的依赖关系管理和事务管理，Spring MVC 负责请求的接收和响应的发送，以及业务逻辑的处理，而 MyBatis 负责数据的持久化操作。通过合理的配置和整合，SSM 框架可以帮助开发者更加高效、稳定地开发出高质量的 Web 应用程序。

【问题 9-2】SSM 框架有何优势?

SSM 框架的优势主要体现在以下几个方面。

（1）解耦与模块化。

（2）轻量级与灵活性。

（3）强大的 Spring 容器。

（4）优秀的 Web 开发体验。

（5）高效的数据访问。

（6）广泛的社区支持和丰富的资源。

综上所述，SSM 框架通过其解耦与模块化设计、轻量级与灵活性、强大的 Spring 容器、优秀的 Web 开发体验、高效的数据访问及广泛的社区支持和丰富的资源等优势，为 Java Web 应用程序的开发提供了强大的支持。

扫描二维码，打开电子活页 9-1，在线浏览【问题 9-2】的相关内容。

电子活页 9-1

前导知识

【知识 9-1】Spring 和 Spring MVC 框架的整合

Spring 和 Spring MVC 框架的整合主要是为了实现业务逻辑与 Web 请求处理的无缝对接，提供灵活且高效的 Web 开发体验。

Spring 和 Spring MVC 框架的整合为 Java Web 应用程序的开发提供了强大的支持和灵活性，使得开发者能够高效地构建高质量、可维护的 Java Web 应用程序。

扫描二维码，打开电子活页 9-2，在线浏览【知识 9-1】的相关内容。

电子活页 9-2

【知识 9-2】Spring 和 MyBatis 框架的整合

Spring 整合 MyBatis 的主要目的是充分发挥 Spring 和 MyBatis 各自的优势，提高开发效率和代码质量。Spring 提供了一个轻量级的容器和依赖注入的机制，可以简化应用程序的配置和管理；而 MyBatis 是一个优秀的持久层框架，可以方便地进行数据库操作。

扫描二维码，打开电子活页 9-3，在线浏览【知识 9-2】的相关内容。

电子活页 9-3

（1）整合 Spring 和 MyBatis 的步骤。

（2）Spring 和 MyBatis 整合后的优势。

【知识 9-3】SSM 整合

SSM 整合即 Spring、Spring MVC 和 MyBatis 的整合，是一种用于快速开发 Web 应用程序的框架集成方案。

1. SSM 整合的步骤

SSM 整合的步骤如下。

（1）配置 Spring。在 Spring 配置文件中配置数据源、事务管理器、MyBatis 的 SqlSessionFactory 等 Bean。

（2）配置 MyBatis。在 MyBatis 的配置文件中配置数据源、映射文件的位置、Mapper 接口的扫描路径等信息。

（3）集成 Spring、MyBatis 和 Spring MVC。在 web.xml 文件中配置 Spring MVC 的 DispatcherServlet 和 ContextLoaderListener，并将它们与 Spring 和 MyBatis 的配置文件关联起来。

（4）处理请求和响应。在 Controller 层中处理请求和响应，调用 Service 层来处理业务逻辑。

2. SSM 整合的优势

SSM 整合的优势如下。

（1）易于维护。SSM 框架的分层结构非常清晰，开发者能够快速地定位和解决问题。

（2）高度可配置。SSM 框架的配置非常灵活，可以根据具体的业务需求进行配置。

（3）兼容性好。SSM 框架具有较好的兼容性，可以与其他开发框架无缝集成。

（4）具有高效性。SSM 框架采用了轻量级的框架，具有较强的性能，能够快速响应用户请求。

（5）具有易扩展性。SSM 框架的分层结构清晰，模块之间松耦合，易于扩展。

通过 SSM 整合，开发者可以更加高效地开发出高质量的 Web 应用程序，并享受到框架带来的各种便利和优势。

电子活页 9-4

3. SSM 整合的核心要点

SSM 整合的核心要点在于实现 Spring、Spring MVC 和 MyBatis 这 3 个框架之间的无缝协作，以简化 Web 开发流程，提高开发效率和代码质量。

扫描二维码，打开电子活页 9-4，在线浏览【知识 9-3】的相关内容。

前导操作

【操作 9-1】创建基于 SSM 的 Web 应用程序的基本操作

（1）准备开发 Web 应用程序所需的图片文件、CSS 样式文件和 JavaScript 文件。

（2）启动 Eclipse IDE，进入 Eclipse IDE 主界面，设置工作空间为 Unit09。

（3）在 Eclipse IDE 中自定义名称为“My HTML File（html5）”的 HTML 模板。

（4）在 Eclipse IDE 中自定义名称为“My JSP File（html5）”的 JSP 模板。

（5）在 Eclipse IDE 中配置与启动 Tomcat 服务器。

【操作 9-2】创建数据表

（1）创建数据表 tbl_book。

在数据库 test_db 中创建数据表 tbl_book，其结构信息如表 9-1 所示。

表 9-1　数据表 tbl_book 的结构信息

字段名称	数据类型	字段名称	数据类型
id	int	name	varchar(50)
type	varchar(20)	description	varchar(255)

（2）创建数据表 t_book。

在数据库 test_db 中创建数据表 t_book，其结构信息如表 9-2 所示。

表 9-2　数据表 t_book 的结构信息

字段名称	数据类型	字段名称	数据类型
bookid	int	introduction	varchar(50)
bookname	varchar(20)	price	double
author	varchar(30)	booktype	varchar(10)
publish	varchar(30)		

实例探析

【实例 9-1】SSM 整合环境下获取用户表中全部用户的信息

【操作要求】

微课 9-1

使用Eclipse IDE创建一个动态Web项目demo9-1,该项目主要用于在SSM整合环境下获取用户表中全部用户的信息。

相关要求如下。

（1）搭建 Spring 环境，创建动态 Web 项目 demo9-1。

（2）创建实体类 User。

（3）定义数据访问接口 UserDao，因为 DAO 接口使用的是 Mapper 接口代理方式，所以没有单独的接口实现类。

（4）定义接口 UserService 和实现类 UserServiceImpl，查询所有用户的信息。

（5）编写 Spring 的配置文件 applicationContext.xml。配置注解只扫描业务层，不用扫描 Controller 层，避免多次扫描。

（6）使用 Spring Test 进行测试。

电子活页 9-5

【实现过程】

扫描二维码，打开电子活页 9-5，在线浏览【实例 9-1】的相关代码。

【实例 9-1】的实现过程如表 9-3 所示。

表 9-3 【实例 9-1】的实现过程

序号	步骤名称	相关内容	对应代码或图片
1	新建 Java Web 项目	在 Eclipse IDE 主界面中切换工作空间为 Unit09，创建 1 个 Java Web 项目。 项目类型：动态 Web 项目。 项目名称：demo9-1	—
2	创建包或文件夹	com.demo、com.demo.controller、com.demo.dao、com.demo.entity、com.demo.test、com.demo.service、com.demo.service.impl	—
3	复制所需的 JAR 包	SSM 相关的 JAR 包和其他相关库	如【代码 1】所示
4	创建或完善配置文件	配置前端控制器的配置文件：web.xml	如【代码 2】所示
		配置文件的位置：src/main/java。 配置文件的名称：SpringMVC.xml	如【代码 3】所示
		数据库连接参数设置文件的名称：jdbc.properties	如表 7-5 所示
		MyBatis 全局配置文件的名称：mybatis-config.xml	如【代码 4】所示
		配置文件的位置：src/main/java。 配置文件的名称：applicationContext.xml	如【代码 5】所示
		日志系统参数设置文件的名称：log4j.properties	如表 7-7 所示
5	创建模型层的类	实体类的位置：src/main/java/com/demo/entity。 实体类的名称：User	如【代码 6】所示
		数据访问接口的位置：src/main/java/com/demo/dao。 数据访问接口的名称：UserDao	如【代码 7】所示
		业务逻辑接口的位置：src/main/java/com/demo/service。 业务逻辑接口的名称：UserService	如【代码 8】所示
		业务逻辑实现类的位置：src/main/java/com/demo/service/impl。 业务逻辑实现类的名称：UserServiceImpl	如【代码 9】所示
6	创建控制器层的类	类位置：src/main/java/com/demo/controller。 类名称：UserController	如【代码 10】所示
7	创建测试类与运行程序	测试类的位置：src/main/java/com/demo/test。 测试类的名称：Test1	如【代码 11】所示
		测试类的运行结果："控制台"视图中输出了用户表中全部用户的信息	—
	在服务器上运行项目	访问地址：http://localhost:8081/demo9-1/user/findAll	—
		运行结果：以 JSON 格式输出用户表中的全部数据	—

【实例 9-2】SSM 整合环境下应用"接口+实现类"的方式以列表方式输出用户表中全部用户的信息

【操作要求】

微课 9-2

使用 Eclipse IDE 创建一个动态 Web 项目 demo9-2，该项目主要用于在 SSM 整合环境下应用"接口+实现类"的方式在前端页面中以列表方式输出用户表中全部用户的信息。

相关要求如下。

（1）搭建 Spring 环境，创建动态 Web 项目 demo9-2。

（2）创建实体类 User。

（3）创建数据访问接口 UserMapper 和映射文件 UserMapper.xml。

（4）定义接口 UserService 和实现类 UserServiceImpl，查询所有用户的信息。

（5）编写 Spring 的配置文件 spring.xml、springmvc.xml。

（6）创建前端页面 userList.html，将用户表中全部用户的信息以列表方式输出。

电子活页 9-6

【实现过程】

扫描二维码，打开电子活页 9-6，在线浏览【实例 9-2】的相关代码。

【实例 9-2】的实现过程如表 9-4 所示。

表 9-4 【实例 9-2】的实现过程

序号	步骤名称	相关内容	对应代码或图片
1	新建 Java Web 项目	项目类型：动态 Web 项目。 项目名称：demo9-2	—
2	创建包或文件夹	com.demo、com.demo.controller、com.demo.mapper、com.demo.entity、com.demo.service、com.demo.service.impl、templates	—
3	复制所需的 JAR 包	SSM 相关的 JAR 包和其他相关库	如【代码 1】所示
4	创建或完善配置文件	配置前端控制器的配置文件：web.xml	如【代码 2】所示
		数据库连接参数设置文件的名称：jdbc.properties	如表 7-5 所示
		日志系统参数设置文件的名称：log4j.properties	如【代码 3】所示
		配置文件的位置：src/main/java。 MyBatis 配置文件的名称：mybatis-config.xml	如【代码 4】所示
		配置文件的名称：spring.xml	如【代码 5】所示
		配置文件的名称：springmvc.xml	如【代码 6】所示
5	创建模型层的类	实体类的位置：src/main/java/com/demo/entity。 实体类的名称：User	如【代码 7】所示
		数据访问接口的位置：src/main/java/com/demo/mapper。 Mapper 接口的名称：UserMapper	如【代码 8】所示
		映射文件的名称：UserMapper.xml	如【代码 9】所示
		业务逻辑接口的位置：src/main/java/com/demo/service。 业务逻辑接口的名称：UserService	如【代码 10】所示
		业务逻辑实现类的位置：src/main/java/com/demo/service/impl。 业务逻辑实现类的名称：UserServiceImpl	如【代码 11】所示
6	创建控制器层的类	类位置：src/main/java/com/demo/controller。 类名称：UserController	如【代码 12】所示
7	创建前端页面文件	前端页面文件的位置：webapp/WEB-INF/templates。 用户信息输出页面文件的名称：userList.html	如【代码 13】所示
8	在服务器上运行项目	访问地址：http://localhost:8081/demo9-2/user/findAll	—
		运行结果：以 JSON 格式输出用户表中的全部数据	—
		访问地址：http://localhost:8081/demo9-2/user	—
		运行结果	如图 9-2 所示
		访问地址：http://localhost:8081/demo9-2/user/users	—
		运行结果	如图 9-2 所示

用户列表					
序号	姓名	密码	姓别	邮箱	操作
1	admin	123456			删除 修改
2	test01	666			删除 修改
3	test011	7891011			删除 修改
4	安全	123			删除 修改
5	温馨	123456			删除 修改
6	万宁	6543210			删除 修改

图 9-2　用户信息在页面中的输出结果

【实例 9-3】SSM 整合环境下灵活应用 Spring 注解实现数据表中数据的 CRUD 操作

【操作要求】

使用 Eclipse IDE 创建一个动态 Web 项目 demo9-3，该项目主要用于在 SSM 整合环境下实现数据表中数据的 CRUD 操作。

相关要求如下。

（1）编写 Java Web 项目的入口配置类。

在 AbstractAnnotationConfigDispatcherServletInitializer 类中重写以下方法。

① getRootConfigClasses()：返回 Spring 的配置类，加载 SpringConfig 配置类。

② getServletConfigClasses()：返回 Spring MVC 的配置类，加载 SpringMvcConfig 配置类。

③ getServletMappings()：设置 Spring MVC 请求拦截路径规则。

④ getServletFilters()：设置过滤器，解决 POST 请求中文乱码的问题。

（2）编写配置类对 SSM 进行有效整合。

① SpringConfig 配置文件中使用以下注解。

- 标识该类为配置类的注解：@Configuration。
- 扫描 Service 所在的包的注解：@ComponentScan。
- 在 Service 层中管理事务的注解：@EnableTransactionManagement。
- 读取外部的 properties 配置文件的注解：@PropertySource。
- 整合 MyBatis 时需要引入 MyBatis 相关配置类的注解：@Import。

② 创建第三方数据源配置类 JdbcConfig。

- 构建 DataSource 数据源使用 DruidDataSource 类，使用@Value 注解注入数据库连接 4 要素。
- 构建平台事务管理器使用 DataSourceTransactionManager 类。

③ 创建 MyBatis 配置类 MybatisConfig。

- 创建 SqlSessionFactoryBean 对象，并设置别名扫描与数据源。
- 创建 MapperScannerConfigure，并设置 DAO 层的包扫描。

④ SpringMvcConfig 配置类中使用的注解。

- 标识该类为配置类的注解：@Configuration。
- 扫描 Controller 所在的包的注解：@ComponentScan。
- 开启 Spring MVC 注解支持的注解：@EnableWebMvc。

（3）创建功能模块，实现具体的业务逻辑。

① 创建数据表 tbl_book。

② 根据数据表创建对应的模型类 Book。

③ 通过 DAO 层完成数据表的增、删、改、查操作，分别使用接口、自动代理两种方式实现。

④ 通过 Service 接口+实现类方式实现 Service 层时使用的注解：@Service、@Autowired。

⑤ 整合 JUnit 对业务层进行单元测试，测试类中使用的注解。

- @RunWith。
- @ContextConfiguration。
- @Test。

⑥ 实现 Controller 层。

- 接收请求时使用以下注解：@RequestMapping、@GetMapping、@PostMapping、@PutMapping、@DeleteMapping。
- 接收数据类型包括简单数据类型、POJO、嵌套 POJO、集合、数组、JSON 数据类型等。此时，需使用以下注解：@RequestParam、@PathVariable、@RequestBody。
- 转发业务层使用的注解：@Autowired。
- 响应结果使用的注解：@ResponseBody。

电子活页 9-7

【实现过程】

扫描二维码，打开电子活页 9-7，在线浏览【实例 9-3】的相关代码。

创建数据表 tbl_book 的命令如下。

```
use test_db;
create table tbl_book(
  id int primary key auto_increment,
  type varchar(20),
  name varchar(50),
  description varchar(255)
)
```

【实例 9-3】的实现过程如表 9-5 所示。

表 9-5 【实例 9-3】的实现过程

序号	步骤名称	相关内容	对应代码或图片
1	新建 Java Web 项目	项目类型：动态 Web 项目。 项目名称：demo9-3	—
2	创建包或文件夹	com.demo、com.demo.controller、com.demo.config、com.demo.dao、com.demo.entity、com.demo.test、com.demo.service、com.demo.service.impl	—
3	复制所需的 JAR 包	SSM 相关的 JAR 包和其他相关库	如【代码 1】所示
4	创建或完善配置类	配置文件：web.xml	默认配置
		数据库连接参数设置文件：jdbc.properties	如【代码 2】所示
		配置类的位置：src/main/java/config。 SpringConfig 配置类：SpringConfig	如【代码 3】所示
		JdbcConfig 配置类：JdbcConfig	如【代码 4】所示
		MyBatis 配置类：MybatisConfig	如【代码 5】所示
		Spring MVC 配置类：SpringMvcConfig	如【代码 6】所示
		Web 项目入口配置类：ServletConfig	如【代码 7】所示

续表

序号	步骤名称	相关内容	对应代码或图片
5	创建模型层的类	实体类的位置：src/main/java/com/demo/entity。 实体类的名称：Book	如【代码 8】所示
		数据访问类的位置：src/main/java/com/demo/dao。 数据访问类的名称：BookDao。 因为 DAO 接口使用的是 Mapper 接口代理方式，所以没有单独的接口实现类	如【代码 9】所示
		业务逻辑接口的位置：src/main/java/com/demo/service。 业务逻辑接口的名称：BookService	如【代码 10】所示
		业务逻辑实现类的位置：src/main/java/com/demo/service/impl。 业务逻辑实现类的名称：BookServiceImpl	如【代码 11】所示
6-1	创建控制器层的类	类位置：src/main/java/com/demo/controller。 类名称：BookController1	如【代码 12】所示
7-1	创建与运行测试类	测试类的位置：src/main/java/com/demo/test。 测试类的名称：Test1 测试类的运行结果：“控制台”视图中分别输出了图书数据表中的第 2 条记录数据和全部图书记录	如【代码 13】所示
7-2	Postman 测试“查询一本图书信息”	打开 Postman，在其主界面中添加请求，将其命名为“查询一本图书信息”，在命令类型列表中选择“GET”选项，在请求地址文本框中输入网址：http://localhost:8081/demo9-3/mytest/2	如图 9-3 所示
6-2	创建控制器层的类	返回码 Code 类：Code	如【代码 14】所示
		数据返回结果类：Result	如【代码 15】所示
		类位置：src/main/java/com/demo/controller。 类名称：BookController2	如【代码 16】所示
7-3	创建与运行测试类	测试类的位置：src/main/java/com/demo/test。 测试类的名称：Test1	—
		测试类的运行结果：“控制台”视图中输出了数据表中全部图书的信息	—
7-4	Postman 测试	请求名称：查询一本图书信息。 命令类型：GET。 请求地址：http://localhost:8081/demo9-3/books/2	如图 9-4 所示
		请求名称：查询图书数据表中的全部图书。 命令类型：GET。 请求地址：http://localhost:8081/demo9-3/books	如图 9-5 所示
		请求名称：增加新图书。 命令类型：POST。 参数类型：JSON。 请求地址：http://localhost:8081/demo9-3/books	如图 9-6 所示
		请求名称：修改图书信息。 命令类型：PUT。 参数类型：JSON。 请求地址：http://localhost:8081/demo9-3/books	如图 9-7 所示
		请求名称：删除一本图书。 命令类型：DELETE。 请求地址：http://localhost:8081/demo9-3/books/14	如图 9-8 所示

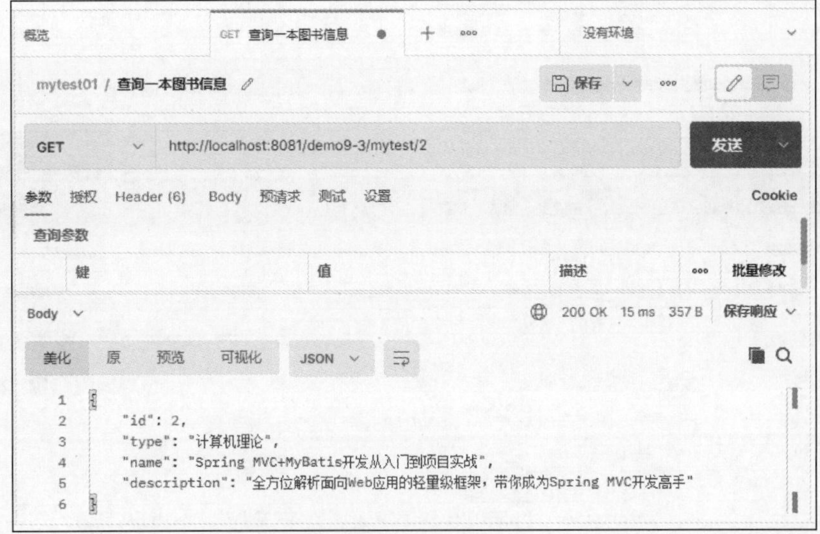

图 9-3　在 Postman 中输入地址“http://localhost:8081/demo9-3/mytest/2”查询一本图书的结果

图 9-4　在 Postman 中输入地址“http://localhost:8081/demo9-3/books/2”查询一本图书的结果

在 Postman 中新建一个名称为“增加新图书”的请求，在命令类型列表中选择“POST”选项，在地址文本框中输入“http://localhost:8081/demo9-3/books”，分别选择“Body”和“raw”选项，设置数据类型为“JSON”，在中部的数据区域中输入以下格式的数据。

```
{
    "type":"网页设计",
    "name":"网页设计与制作实战",
    "description":"选取购物网站中典型的 8 类网页作为网页设计任务"
}
```

图 9-5　查询图书数据表中全部图书的结果

单击图 9-6 中的【发送】按钮，下方的“测试结果”区域中将显示对应的结果。

```
{
    "data": true,
    "code": 20011,
    "msg": null
}
```

增加新图书的过程数据与测试结果如图 9-6 所示。

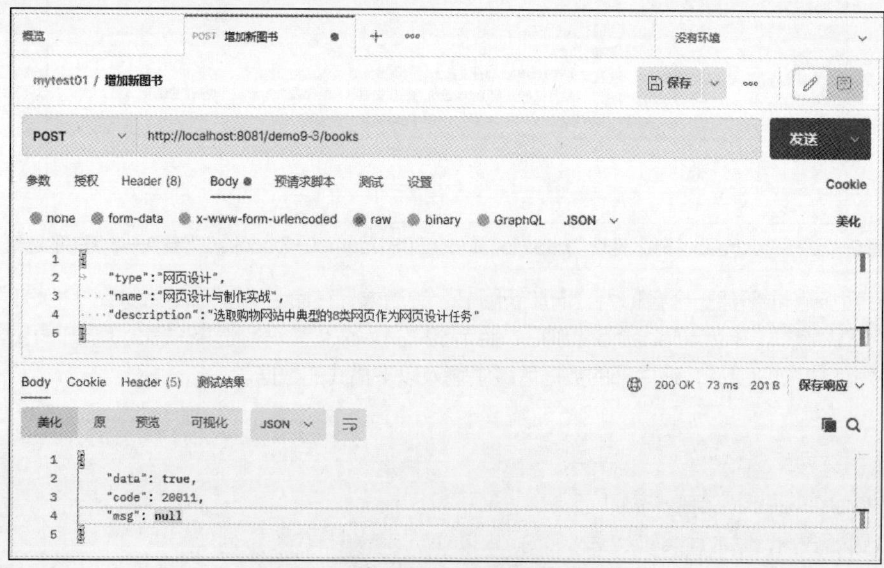

图 9-6　增加新图书的过程数据与测试结果

在 Postman 中新建一个名称为“修改图书信息”的请求，在命令类型列表中选择“PUT”选项，在地址文本框中输入“http://localhost:8081/demo9-3/books”，分别选择“Body”和“raw”选项，设置数据类型为“JSON”，在中部的数据区域中输入以下格式的数据。

```
{
    "id":"14",
    "type":"网页设计",
    "name":"网页设计与制作实战（第 4 版）",
    "description":"选取购物网站中典型的 8 类网页作为网页设计任务"
}
```

单击图 9-7 中的【发送】按钮，下方的“测试结果”区域中将显示对应的结果。

```
{
    "data": true,
    "code": 20031,
    "msg": null
}
```

修改图书的信息与测试结果如图 9-7 所示。

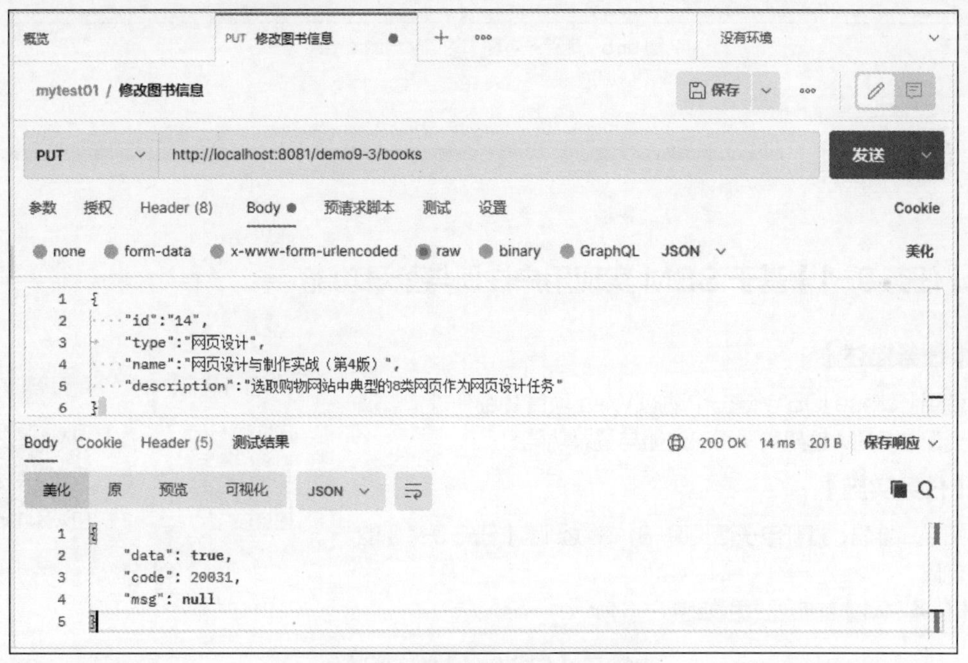

图 9-7　修改图书的信息与测试结果

在 Postman 中新建一个名称为“删除一本图书”的请求，在命令类型列表中选择“DELETE”选项，在地址文本框中输入“http://localhost:8081/demo9-3/books/14”，单击图 9-8 中的【发送】按钮，下方的“测试结果”区域中将显示对应的结果。

```
{
    "data": true,
    "code": 20021,
```

```
    "msg": null
}
```

删除一本图书的信息与测试结果如图 9-8 所示。

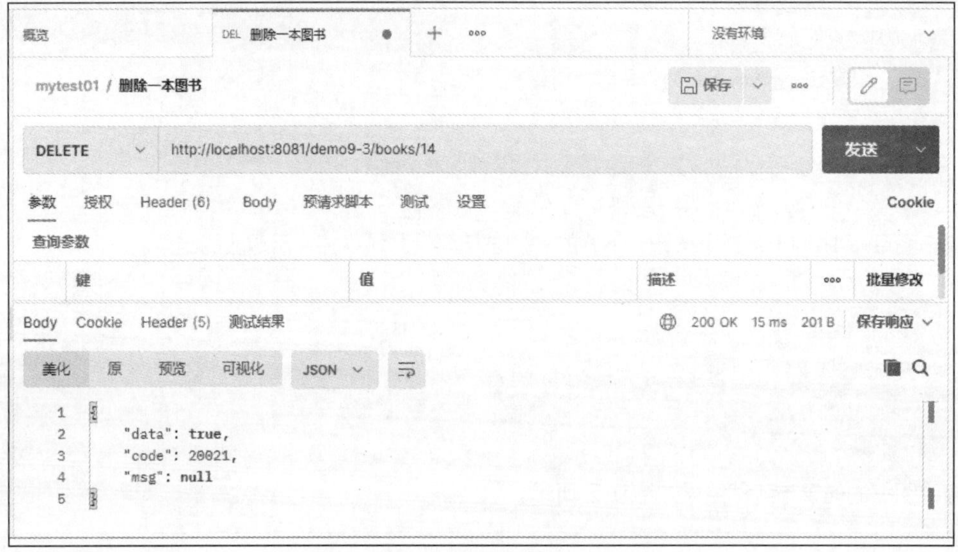

图 9-8 删除一本图书的信息与测试结果

典型应用

【任务 9-1】基于 SSM 实现用户注册与登录功能

【任务描述】

使用 Eclipse IDE 创建一个动态 Web 项目 task9-1，该项目主要通过 SSM 框架实现用户注册与登录功能。

微课 9-4

电子活页 9-8

【任务实施】

扫描二维码，打开电子活页 9-8，在线浏览【任务 9-1】的相关代码。

【任务 9-1】的实现过程如表 9-6 所示。

表 9-6 【任务 9-1】的实现过程

序号	步骤名称	相关内容	对应代码或图片
1	新建 Java Web 项目	项目类型：动态 Web 项目。 项目名称：task9-1	—
2	创建包或文件夹	com.ssm、com.ssm.controller、com.ssm.interceptor、com.ssm.model、com.ssm.entity、com.ssm.mapper、com.ssm.service、com.ssm.service.impl、webapp/resource/css、webapp/resource/js、webapp/WEB-INF/jsp	—

续表

序号	步骤名称	相关内容	对应代码或图片
3	复制所需的 JAR 包	SSM 相关的 JAR 包和其他相关库	—
4	创建或完善配置文件	配置前端控制器的配置文件：web.xml	如【代码 1】所示
		数据库连接参数设置文件的名称：jdbc.properties	如表 7-5 所示
		配置文件的位置：src/main/java。 MyBatis 配置文件的名称：mybatis-config.xml	如【代码 2】所示
		配置文件的名称：springmvc.xml	如【代码 3】所示
		配置文件的名称：applicationContext.xml	如【代码 4】所示
5	创建模型层的类	实体类的位置：src/main/java/com/ssm/model。 实体类的名称：User	如表 7-9 所示
		数据访问接口的位置：src/main/java/com/ssm/mapper。 数据访问接口的名称：UserMapper	如【代码 5】所示
		映射文件的名称：UserMapper.xml	如【代码 6】所示
		业务逻辑接口的位置：src/main/java/com/ssm/service。 业务逻辑接口的名称：UserService	如【代码 7】所示
		业务逻辑接口实现类的名称：UserServiceImpl	如【代码 8】所示
6	创建控制器层的类	类位置：src/main/java/com/ssm/controller。 类名称：UserController	如【代码 9】所示
7	创建前端页面文件	前端页面文件的位置：webapp。 用户登录页面的名称：index.jsp	如【代码 10】所示
		前端页面文件的位置：webapp/WEB-INF/jsp。 登录成功提示页面的名称：loginSuccess.jsp	如【代码 11】所示
		登录失败提示页面的名称：loginError.jsp	如【代码 12】所示
		前端页面文件的位置：webapp/WEB-INF/jsp。 注册页面的名称：register.jsp	如【代码 13】所示
		注册失败提示页面的名称：registerError.jsp	如【代码 14】所示
		注册成功，返回登录页面的名称：reback.jsp	如【代码 15】所示
8	在服务器上运行项目	访问地址：http://localhost:8081/task9-1/	—
		运行结果	如图 9-9 所示

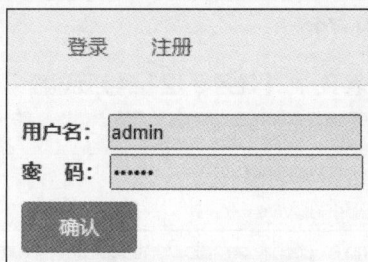

图 9-9　用户登录页面

在用户登录页面中输入正确的用户名和密码，单击【确认】按钮，进入登录成功提示页面，页面中显示欢迎信息；如果输入的用户名或密码有误，则会进入登录失败提示页面，在该页面中单击【返回】按钮，可以返回用户登录页面重新输入登录信息。

在用户登录页面中单击上方的【注册】超链接，进入用户注册页面，如图 9-10 所示。

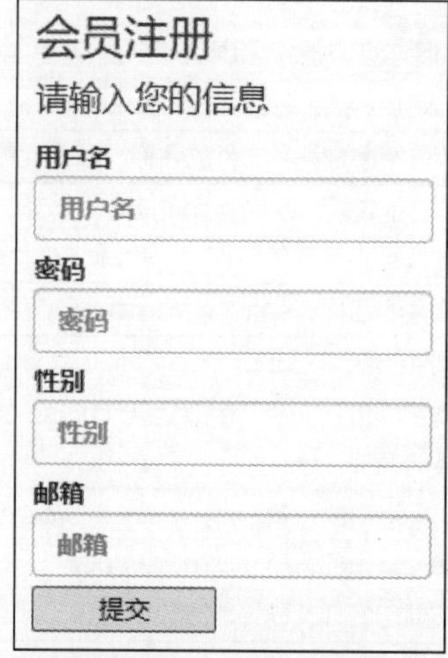

图 9-10　用户注册页面

在该页面中输入用户注册信息，单击【提交】按钮，如果注册成功，则返回登录页面，在该页面中单击【打开登录页面】按钮，可以进入用户登录页面进行登录；否则进入注册失败提示页面，在该页面中单击【返回】按钮，可以返回用户注册页面重新进行注册操作。

【任务 9-2】基于 SSM 实现用户登录与文件上传功能

微课 9-5

【任务描述】

使用 Eclipse IDE 创建一个动态 Web 项目 SpringMvc，该项目主要用于通过 SSM 框架实现以下功能。

（1）在不执行登录拦截的情况下实现用户登录、查询用户数据、新建用户等功能。

电子活页 9-9

（2）在执行登录拦截的情况下实现用户登录、查询用户数据、新建用户等功能。

（3）文件上传。

【任务实施】

扫描二维码，打开电子活页 9-9，在线浏览【任务 9-2】的相关代码。

【任务 9-2】的实现过程如表 9-7 所示。

表 9-7　【任务 9-2】的实现过程

序号	步骤名称	相关内容	对应代码或图片
1	新建 Java Web 项目	项目类型：动态 Web 项目。 项目名称：SpringMvc	—
2	创建包或文件夹	com.example、com.example.controller、com.example.interceptor、com.example.model、com.example.mapper、com.example.service、com.example.utils、webapp/WEB-INF/html、webapp/WEB-INF/js、webapp/WEB-INF/css、webapp/WEB-INF/img	—
3	复制所需的 JAR 包	SSM 相关的 JAR 包和其他相关库	如【代码 1】所示

续表

序号	步骤名称	相关内容	对应代码或图片
4-1	创建或完善配置文件	配置前端控制器的配置文件：web.xml	如【代码 2】所示
		数据库连接参数设置文件的名称：db.properties	如表 7-5 所示
		配置文件的位置：src/main/java。 MyBatis 配置文件的名称：mybatis-config.xml	如【代码 3】所示
		配置文件的名称：spring-servlet.xml	如【代码 4】所示
		配置文件的名称：applicationContext.xml	如【代码 5】所示
5-1	创建模型层的类	实体类的位置：src/main/java/com/example/model。 实体类的名称：User	如表 7-9 所示
		基础模型类：BaseModel	如【代码 6】所示
		数据访问接口的位置：src/main/java/com/example/mapper。 数据访问接口的名称：UserMapper	如【代码 7】所示
		映射文件的名称：UserMapper.xml	如【代码 8】所示
		业务逻辑接口的位置：src/main/java/com/example/service。 业务逻辑接口的名称：UserService	如【代码 9】所示
		工具类：TextUtils	如【代码 10】所示
6-1	创建控制器层的类	类位置：src/main/java/com/example/controller。 类名称：BaseController	如【代码 11】所示
		类位置：src/main/java/com/example/controller。 类名称：IndexController	如【代码 12】所示
		类位置：src/main/java/com/example/controller。 类名称：UserController	如【代码 13】所示
		类位置：src/main/java/com/example/controller。 类名称：FileController	如【代码 14】所示
7-1	创建前端页面文件	前端页面文件的位置：webapp/WEB-INF/html。 用户登录页面的名称：login.html	如【代码 15】所示
		前端页面文件的位置：webapp/WEB-INF/html。 登录成功提示页面的名称：success.html	如【代码 16】所示
		前端页面文件的位置：webapp/WEB-INF/html。 文件上传页面的名称：upload.html	如【代码 17】所示
		JavaScript 文件的位置：webapp/WEB-INF/js。 JavaScript 文件的名称：login.js	如【代码 18】所示
8-1	在服务器上运行项目	实现功能：用户登录。 访问地址：http://localhost:8081/SpringMvc/	—
		运行结果	如图 9-11 所示
		实现功能：以 JSON 格式输出用户表中的全部数据。 访问地址：http://localhost:8081/SpringMvc/user/getAllUser 运行结果：成功以 JSON 格式输出用户表中的全部数据	—
8-2	Postman 测试	请求名称：查询用户数据表中的全部用户数据。 命令类型：GET。 请求地址：http://localhost:8081/SpringMvc/user/getAllUser	如图 9-12 所示
		请求名称：增加新用户。 命令类型：POST。 参数类型：JSON。 请求地址：http://localhost:8081/SpringMvc/user/addUser	如图 9-13 所示

续表

序号	步骤名称	相关内容	对应代码或图片
4-2	修改配置文件	修改配置文件 spring-servlet.xml 的部分代码	如【代码 19】所示
5-2	创建模型层的类	拦截器实现类：IndexInterceptor	如【代码 20】所示
		拦截器实现类：UserInterceptor	如【代码 21】所示
		工具类：Global	如【代码 22】所示
		工具类：MD5Util	如【代码 23】所示
6-2	创建控制器层的类	类位置：src/main/java/com/example/controller。 类名称：UserController2	如【代码 24】所示
7-2	创建前端页面文件	前端页面文件的位置：webapp/WEB-INF/html。 用户登录页面 2 的名称：login2.html。 login2.html 的代码与 login.html 类似，仅两处代码有变化。 变化 1：<script type="text/javascript" src="js/login2.js"></script>。 变化 2：onclick="login2()"	—
		JavaScript 文件的位置：webapp/WEB-INF/js。 JavaScript 文件 2 的名称：login2.js。 login2.js 的代码与 login.js 类似，仅两处代码有变化。 变化 1：函数名称修改为 login2。 变化 2：变量 url 的赋值为“"http://localhost:8081/SpringMvc/myuser/login2?username=" + username + "&password=" + password;”，即将 user 修改为 myuser，login 修改为 login2	—
8-3	在服务器上运行项目	实现功能：用户登录。 访问地址：http://localhost:8081/SpringMvc/index。	—
		运行结果	如图 9-11 所示
		以 JSON 格式输出用户表中的全部数据。 访问地址：http://localhost:8081/SpringMvc/myuser/getAllUser。 运行结果：成功以 JSON 格式输出用户表中的全部数据	—
		实现功能：向用户表中添加新用户。 访问地址：http://localhost:8081/SpringMvc/myuser/addUser?username=newuser01&password=123456。 运行结果：用户表中成功添加一个新用户	—
		实现功能：上传文件。 访问地址：http://localhost:8081/SpringMvc/file/	—
		运行结果	如图 9-14 所示

图 9-11 “用户登录”页面

在“用户登录”页面的用户名文本框中输入正确的用户名，在密码文本框中输入对应的密码，单击【登录】按钮，进入 success.html 页面，该页面中显示“登录成功”提示信息。

图 9-12　查询用户数据表中全部用户数据的结果

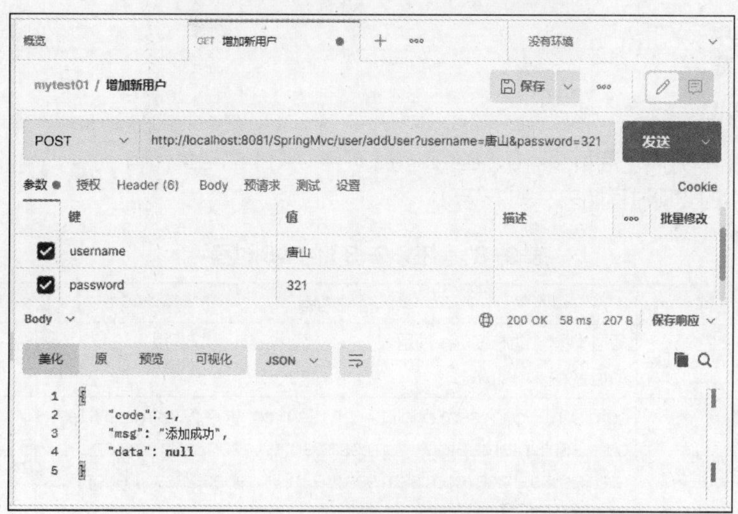

图 9-13　增加新用户的结果

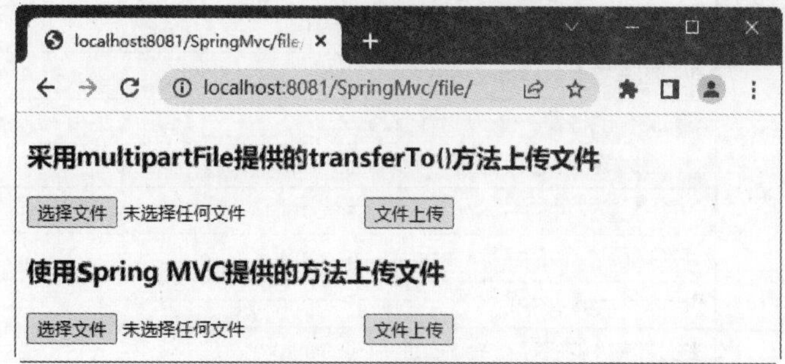

图 9-14　上传文件页面

在进入的上传文件页面中，在“采用 multipartFile 提供的 transferTo()方法上传文件”区域中单击【选择文件】按钮，在弹出的【打开】对话框中选择一个图片文件，如桂林.jpg，单击【文件上传】按钮，将所选的图片文件上传至自定义的文件夹 myfile 中，并进入一个新的页面，在该页面中输出以下信息。

```
{"code":1,"msg":"上传成功","data":null}
```

使用 Spring MVC 提供的方法上传文件的操作与此类似。

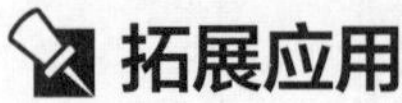

拓展应用

【任务 9-3】基于 SSM 实现图书的 CRUD 操作与注册、登录功能

【任务描述】

微课 9-6

使用 Eclipse IDE 创建一个动态 Web 项目 task9-3，该项目主要用于通过 SSM 框架实现以下功能。

（1）基本的 CRUD 操作。

（2）用户的登录、注册、注销。

（3）分页。

（4）文件上传、文件下载等。

（5）登录拦截。

【任务实施】

电子活页 9-10

扫描二维码，打开电子活页 9-10，在线浏览【任务 9-3】的相关代码。

【任务 9-3】的实现过程如表 9-8 所示。

表 9-8 【任务 9-3】的实现过程

序号	步骤名称	相关内容	对应代码或图片
1	新建 Java Web 项目	项目类型：动态 Web 项目。 项目名称：task9-3	—
2	创建包或文件夹	com.ssm、com.ssm.config、com.ssm.controller、com.ssm.test、com.ssm.interceptor、com.ssm.entity、com.ssm.mapper、com.ssm.service、com.ssm.service.impl、webapp/css、webapp/js、webapp/WEB-INF/jsp	—
3	复制所需的 JAR 包	SSM 相关的 JAR 包和其他相关库	如【代码 1】所示
4	创建或完善配置文件	配置前端控制器的配置文件：web.xml	如【代码 2】所示
		数据库连接参数设置文件的名称：jdbc.properties	如表 7-5 所示
		配置文件的位置：src/main/java。 MyBatis 配置文件的名称：mybatis-config.xml	如【代码 3】所示
		DAO 配置文件的名称：spring-dao.xml	如【代码 4】所示
		MVC 配置文件的名称：spring-mvc.xml	如【代码 5】所示
		Service 配置文件的名称：spring-service.xml	如【代码 6】所示
		主配置文件的名称：applicationContext.xml	如【代码 7】所示

续表

序号	步骤名称	相关内容	对应代码或图片
5	创建模型层的类	实体类的位置：src/main/java/com/ssm/entity。 用户实体类的名称：User	如【代码 8】所示
		图书实体类的名称：Book	如【代码 9】所示
		数据访问接口的位置：src/main/java/com/ssm/mapper。 数据访问接口的名称：BookMapper	如【代码 10】所示
		映射文件的名称：BookMapper.xml	如【代码 11】所示
		业务逻辑接口的位置：src/main/java/com/ssm/service。 业务逻辑接口的名称：BookService	如【代码 12】所示
		业务逻辑接口实现类的位置：src/main/java/com/ssm/service/impl。 业务逻辑接口实现类的名称：BookServiceImpl	如【代码 13】所示
		拦截类的位置：src/main/java/com/ssm/interceptor。 拦截类的名称：LoginInterceptor	如【代码 14】所示
		测试类的位置：src/main/java/com/ssm/test。 测试类的名称：BookTest1	如【代码 15】所示
6	创建控制器层的类	类位置：src/main/java/com/ssm/controller。 类名称：BookController	如【代码 16】所示
7	创建前端页面文件	主页面文件的位置：webapp。 主页面文件的名称：index.jsp	如【代码 17】所示
		前端页面文件的位置：webapp/WEB-INF/jsp。 登录页面文件的名称：login.jsp	如【代码 18】所示
		注册页面文件的名称：register.jsp	如【代码 19】所示
		展示图书页面文件的名称：allbook.jsp	如【代码 20】所示
		新增图书页面文件的名称：addBook.jsp	如【代码 21】所示
		修改图书页面文件的名称：updatebook.jsp	如【代码 22】所示
8	运行测试类	运行结果：在“控制台”视图中成功输出图书数据表中指定 bookid 的图书信息	—
	在服务器上运行项目	访问地址：http://localhost:8081/task9-3/	—
		运行结果	如图 9-15 所示

图 9-15　主页面 index.jsp 的运行结果

由于设置了拦截器，这里无论是单击【进入用户登录页面】按钮，还是单击【进入图书展示页面】按钮，都会被拦截到“用户登录”页面 login.jsp。在“用户登录”页面的“用户名”文本框中输入正确的用户名，在“密码”文本框中输入对应的密码，如图 9-16 所示。

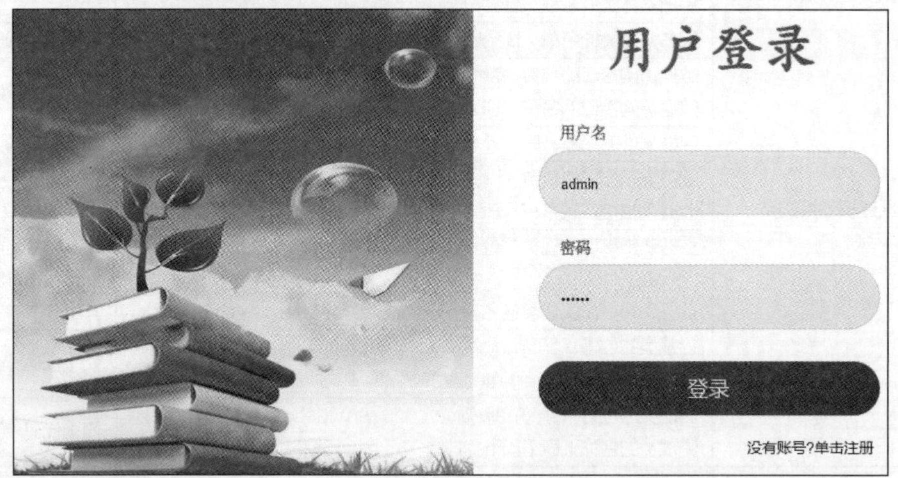

图 9-16 “用户登录”页面

在“用户登录”页面中单击【登录】按钮，进入“图书列表--显示所有图书”页面，如图 9-17 所示。

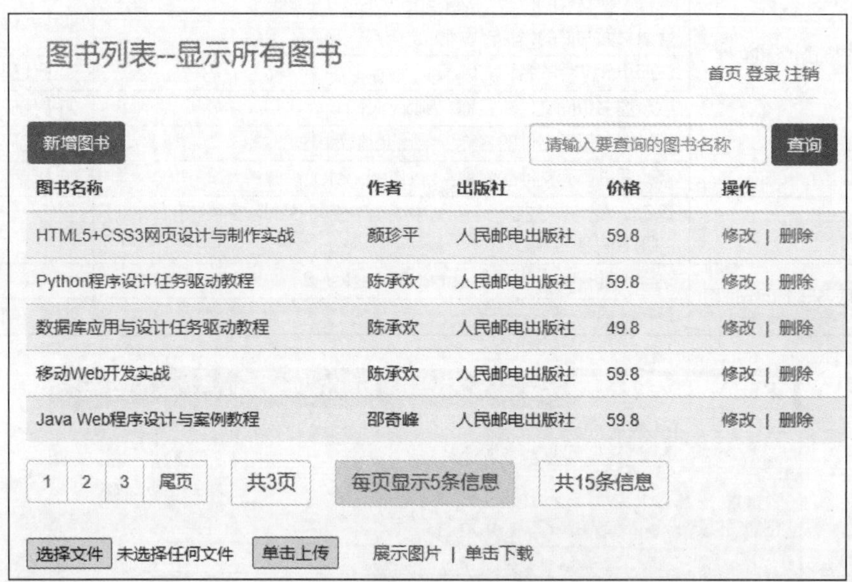

图 9-17 “图书列表--显示所有图书”页面

在“图书列表--显示所有图书”页面中可以完成以下操作。

① 单击【新增图书】按钮，可以进入“新增图书”页面完成图书的新增操作。

② 在图书信息行中单击对应的【修改】超链接，可以进入“修改图书”页面完成图书数据的修改操作。

③ 在图书信息行中单击对应的【删除】超链接，可以删除对应图书的数据。

④ 在“请输入要查询的图书名称”文本框中输入图书名称，单击【查询】按钮，可以显示对应图书

的相关数据。

⑤ 单击【首页】超链接，可以用列表方式显示全部图书。

⑥ 单击页码可以显示对应页码的图书列表。

⑦ 单击【选择文件】按钮，弹出【打开】对话框，在该对话框中选择需要上传的文件，单击【单击上传】按钮，可以将选择的文件上传到指定文件夹中。

⑧ 单击【展示图示】超链接，可以展示指定的图片，单击【单击下载】超链接，可以下载展示的图片。

⑨ 单击【登录】超链接，可以进入“用户登录”页面，单击【注销】超链接，可以注销当前登录用户。

在“用户登录”页面中单击【没有账号？单击注册】超链接，可以进入“新用户注册”页面进行注册操作。

学习回顾

模块 9　思维导图

扫描二维码，打开模块 9 思维导图，回顾本模块的学习内容。

模块小结

SSM 是一种广泛使用的 Java Web 开发框架组合，由 Spring、Spring MVC 和 MyBatis3 个核心框架组成。它们各自在 Web 应用程序开发中扮演着重要的角色，并共同为开发者提供一套高效、稳定且易于维护的解决方案。Spring 框架作为 SSM 的核心，提供了依赖注入和面向方面的程序设计等关键特性，用于管理应用程序的组件和它们之间的依赖关系。Spring MVC 作为 Web 层的框架，负责处理 HTTP 请求和响应。MyBatis 是一个优秀的持久层框架，它支持自定义 SQL、存储过程及高级映射。

基于 SSM 的 Web 应用程序开发具有高度可定制、轻量级、易于维护和易于测试等优势。通过合理使用 SSM 框架的功能和特性，开发者可以构建出稳定、高效且易于维护的 Web 应用程序，满足各种复杂的业务需求。

模块习题

扫描二维码，完成模块 9 的在线测试，检验学习成效。

模块 9　在线测试

模块 10 基于Spring Boot的Web应用程序开发

10

目前，Spring Boot 是后端开发 API 的主流框架。Spring Boot 不是一个新的框架，而是对 Spring 的补充、改善和优化，它默认配置了很多框架的使用方式，Maven 整合了多个 JAR 包。Spring Boot 整合了多个框架，用来简化 Spring 应用程序的创建和部署。

Spring Boot 基于“约定优于配置”的思想，可以让开发者不必在配置与业务逻辑之间进行思维的切换，全身心地投入业务逻辑的代码编写中，从而大大提高了开发的效率，在一定程度上缩短了项目周期。

释疑解惑

【问题 10-1】什么是 Spring Boot?

Spring Boot 是 Spring 平台和第三方库的集成，可以让程序开发者很容易地创建出独立的、生产级别的、基于 Spring 框架的应用。Spring Boot 通过提供默认配置来简化项目的配置过程，这意味着开发者可以快速开始项目而无须关心烦琐的配置。

Spring Boot 提供了一种简便、快捷的方式来设置、配置和运行基于 Web 的简单应用程序。Spring Boot 是一个 Spring 模块，为 Spring 框架提供了 RAD（Rapid Application Development，快速应用程序开发）功能，用于创建独立的基于 Spring 的应用程序，只需要最少的 Spring 配置就可以运行程序。

Spring Boot 项目中不需要 XML 配置（部署描述符），它使用“约定优于配置”的软件设计范式，这可以减少开发者的工作量。可以使用 STS（即 Spring Tool Suite）IDE 或 Spring Initializr 开发 Spring Boot Java 应用程序。

例如，如果使用 Spring Boot 开发一个 RESTful Web 服务，则需要添加 spring-boot-starter-web 依赖，创建一个带有@RestController 和@RequestMapping 注解的类，编写业务逻辑，在 main() 方法中通过 SpringApplication.run()启动应用。无须显式地编写任何服务器配置，Spring Boot 会处理所有事情，开发者可以专注于业务逻辑的实现。

【问题 10-2】为什么要使用 Spring Boot 框架?

Spring Boot 是一个基于 Spring 框架的轻量级开发框架，它极大地简化了 Spring 应用程序的开发和部署流程，让开发者可以更专注于业务逻辑的实现，而不必过多关注底层技术和配置。Spring Boot 框架的优点如下。

① Spring Boot 中使用了依赖注入方法。

② 它包含强大的数据库事务管理功能。

③ 它简化了与其他 Java 框架（如 JPA/Hibernate ORM、Struts 等）的集成。

④ 它减少了应用程序的成本和开发时间。

除了 Spring Boot 框架外，还有许多 Spring 相关的项目，它们共同为构建满足现代业务需求的应用程序提供了强大的支持。以下是一些重要的 Spring 相关项目。

① Spring Framework：作为所有 Spring 项目的核心，Spring Framework 为 Java 应用程序提供了一套全面的编程和配置模型，支持面向方面的程序设计、事务管理、数据访问、Web 开发等。

② Spring Data：Spring Data 项目为关系数据库、NoSQL 数据库等提供了统一的访问接口和编程模型。通过 Spring Data，开发者可以轻松地实现数据的增、删、改、查操作，而无须编写大量的重复代码。

③ Spring Cloud：Spring Cloud 是一系列项目的集合，它为构建微服务架构的应用程序提供了全面的支持。Spring Cloud 包含服务发现、配置管理、断路器、智能路由等功能，使开发者能够更轻松地构建和部署分布式系统。

④ Spring Security：Spring Security 是一个安全框架，它为 Spring 应用程序提供了强大的安全功能，包括认证、授权、加密等。通过 Spring Security，开发者可以轻松地实现用户管理、权限控制等安全功能。

⑤ Spring MVC：Spring MVC 是 Spring 框架中的一个模块，它实现了 Web 应用的 MVC 设计模式。Spring MVC 提供了灵活的控制器、视图解析和数据绑定等功能，使得开发 Web 应用变得更加简单。

⑥ Spring Integration：使用轻量级消息传递和声明性适配器，有助于与其他企业级应用程序集成。

这些 Spring 相关项目共同构成了一个强大的生态系统，为开发者提供了丰富的工具和组件，帮助开发者更高效地构建满足现代业务需求的应用程序。同时，这些项目都有着活跃的社区和持续的更新，为开发者提供了良好的支持和保障。

【问题 10-3】Java Web 项目通常打包为 WAR 包，Spring Boot 项目为什么打包为 JAR 包？

Spring Boot 项目默认打包为 JAR 包。传统的外接 Tomcat 或插件式 Tomcat 与 Web 项目相互独立，相互对接时必须满足一定的规则，WAR 包结构就是规则约定之一。而 Spring Boot 项目采用的是内嵌式（可简单理解为编码方式）Tomcat，项目与 Tomcat 融为一体，部署、启动、运行一体化，就没有各种条条框框的约束了。

【问题 10-4】如何理解 Spring Boot 的“约定优于配置”的设计理念？

“约定优于配置”是一种软件设计范式，最初来源于 Ruby on Rails 社区，后来被 Spring Boot 采纳和推广。这个理念的核心是，如果开发者遵守默认的约定，则几乎不需要进行相关配置，或者只需要进行很少的配置。这样可以大大简化软件开发过程，特别是在配置和引导项目时。

在 Spring Boot 中，这个理念体现在以下多个方面。

（1）默认配置。Spring Boot 提供了一系列默认的配置，这意味着大多数时候开发者不需要自己进行配置。例如，如果添加了 spring-boot-starter-web 依赖，则 Spring Boot 会默认配置好一个内嵌的 Tomcat 服务器和 Spring MVC。

（2）起步依赖。Spring Boot 的起步依赖将常用库聚合在一起，开发者只需要添加一个起步依赖就可以获取一组经过优化和协调的库，这省去了烦琐的依赖管理工作。

（3）自动配置。Spring Boot 会根据 classpath 和其他因素自动配置应用，开发者不需要编写大量的模板代码和配置文件，Spring Boot 会根据“约定”来配置应用。

（4）内嵌服务器。Spring Boot 默认使用内嵌的 Tomcat、Jetty 或 Undertow 服务器，这意味着程序开发者不需要为应用配置外部的应用服务器。此外，应用可以打包为一个 JAR 包或 WAR 包，并直接运行。

这个理念的好处是，它让程序开发者可以专注于应用的业务逻辑，降低了新手的学习难度，并且加快了项目的启动速度和开发速度。

然而，这并不意味着 Spring Boot 不灵活。当默认的“约定”不适合特定需求时，Spring Boot 也允许通过配置来覆盖这些默认的“约定”。这样既提供了灵活性，又保持了简洁性。

【问题 10-5】Spring Boot 项目的 pom.xml 文件中继承的 spring-boot-starter-parent 依赖有何作用?

Spring Boot 项目在 pom.xml 文件中导入 Spring Boot 父项目的示例代码如下。

```
<parent>
    <groupId>org.springframework.boot</groupId>
    <artifactId>spring-boot-starter-parent</artifactId>
    <version>3.2.3-SNAPSHOT</version>
    <relativePath/>
</parent>
```

spring-boot-starter-parent 其实是 Spring Boot 提供的工具项目，该项目收集了市面上常用的各种第三方 JAR 依赖，并对这些 JAR 依赖进行了版本管理。当创建的项目继承这个项目时，创建的项目会自动成为 Spring Boot 项目，并无偿继承这些第三方 JAR 依赖。如果创建的项目中需要某个第三方依赖，则引入依赖坐标即可，不需要关注依赖版本。

引入依赖坐标的示例代码如下。

```
<dependency>
    <groupId>org.projectlombok</groupId>
    <artifactId>lombok</artifactId>
    <optional>true</optional>
</dependency>
```

【问题 10-6】Spring Boot 项目的 pom.xml 文件中导入的 spring-boot-starter-web 依赖有何作用?

pom.xml 文件中导入 spring-boot-starter-web 依赖的代码如下。

```
<dependency>
    <groupId>org.springframework.boot</groupId>
    <artifactId>spring-boot-starter-web</artifactId>
</dependency>
```

Spring Boot 收集了很多常用的第三方 JAR 依赖，为了进一步提高用户体验感，Spring Boot 会根据 JAR 依赖的特点对这些依赖进一步分类、整合、封装，形成一个新的依赖工具集，每个工具集都解决特定领域的依赖问题。Spring Boot 将这些依赖工具称为启动器（组件），其命名规则为“spring-boot-starter-xxx”。对于非 Spring Boot 定制的启动器，一般命名规则为“xxx-spring-boot-starter”。

pom.xml 文件中导入的 spring-boot-starter-web 依赖就用于解决 Web 项目依赖的工具集（启动器）问题。

【问题 10-7】Spring Boot 项目启动类上方的@SpringBootApplication 注解做了什么？

前面的模块使用 Spring MVC 搭建 Web 项目的基本步骤如下。

① 导入 Web、Spring、Spring MVC 依赖。

② 在 web.xml 文件中配置前端控制器 DispatcherServlet。

③ 编写 Controller 类。

④ 配置 Controller 包扫描路径。

⑤ 部署到 Tomcat 并启动。

一个 Spring Boot 项目的启动类的示例代码如下。

```
@SpringBootApplication
public class App {
    public static void main(String[] args) {
            SpringApplication.run(App.class, args);
    }
}
```

@SpringBootApplication 注解实现了以下操作。

① 配置前端控制器 DispatcherServlet。

② 配置包扫描路径。

③ 部署到 Tomcat。

所以，创建 Spring Boot 项目时不需要进行以上 3 项操作。

【问题 10-8】Spring Boot 项目没有配置 Tomcat，也可以不设置端口，程序如何启动？

Spring Boot 使用 Tomcat 嵌入式方式启动程序，默认端口是 8080，后续可以通过 application.properties 文件进行修改。

【问题 10-9】Spring Boot 项目启动类的 main()方法中 SpringApplication.run()的作用是什么？

Spring Boot 项目启动类的 main()方法中 SpringApplication.run()的作用如下。

① 启动 Spring Boot 应用程序。

② 加载自定义的配置类，完成自动配置功能。

③ 把当前项目部署到嵌入的 Tomcat 服务器。

④ 启动 Tomcat 服务器，运行项目。

【问题 10-10】如何实现 Spring Boot 应用程序的热部署？

在开发 Spring Boot 应用程序时，进行代码修改后，常常需要重启应用程序才能看到改动的效果，这无疑会浪费一些宝贵的时间。而热部署技术可以在代码修改后自动重新加载应用程序，从而立即看到改动效果，提高开发效率。

Spring Boot 支持热部署，主要通过 spring-boot-devtools 模块来实现。

（1）添加 DevTools 依赖。

（2）开启自动重启。

（3）使用 LiveReload。

扫描二维码，打开电子活页 10-1，在线浏览【问题 10-10】的相关内容。

电子活页 10-1

【问题 10-11】Spring Boot 中有哪些常用的 Starters?

Spring Boot 中的 Starters 是一组方便的依赖描述符，可以在项目中加入所需要的依赖。这些 Starters 包含开发特定类型应用程序所需的所有依赖，这样开发者就不需要逐个添加 JAR 依赖了。这是 Spring Boot“约定优于配置”理念的一个实例，Starters 会快速搭建起项目结构，让开发者可以更快地开始实际的编码工作。

电子活页 10-2

每个 Starter 都是一个 Maven POM（Project Object Model，项目对象模型），定义了与特定技术相关的依赖集合。当开发者在项目中加入 Starter POM 依赖时，就会间接地加入这个 Starter 所涵盖的所有依赖。

扫描二维码，打开电子活页 10-2，在线浏览【问题 10-11】的相关内容。

【问题 10-12】创建 Spring Boot 应用程序应满足哪些先决条件?

要创建 Spring Boot 应用程序，必须满足以下先决条件。

（1）Java 1.8 及以上版本。

（2）Maven 3.0 及以上版本。

（3）Spring Framework 5.0.0.BUILD-SNAPSHOT 及以上版本。

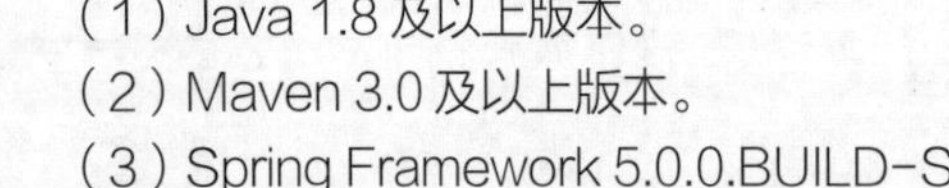

前导知识

【知识 10-1】比较 Spring Boot 与 Spring Framework

Spring Framework 是一个流行的 Java 应用程序开发框架，其主要功能是依赖注入或控制反转。借助 Spring Framework，可以开发松耦合的应用程序。

Spring Boot 是基于 Spring Framework 的模块，它允许构建具有最少配置或零配置的独立应用程序。

Spring Framework 和 Spring Boot 之间的主要区别如表 10-1 所示。

表 10-1　Spring Framework 和 Spring Boot 之间的主要区别

Spring Framework	Spring Boot
Spring Framework 是用于构建应用程序的广泛使用的 Java EE 框架	Spring Boot 被广泛用于开发 REST API
旨在简化 Java EE 开发，从而使开发过程更加高效	旨在缩短代码长度，并提供开发 Web 应用程序的简单方法
Spring Framework 的主要功能是依赖注入	Spring Boot 的主要功能是自动配置，它会根据需求自动配置类
允许开发者开发松耦合的应用程序	有助于创建配置更少的独立应用
开发者需要编写大量代码（模板代码）来完成最小的任务	减少了样板代码
测试 Spring 项目时，需要显式设置服务器	提供了嵌入式服务器，如 Tomcat、Jetty 等
不支持内存数据库	提供了多个插件来处理嵌入式和内存中的数据库，如 H2
开发者在 pom.xml 中为 Spring 项目手动定义依赖项	Spring Boot 在 pom.xml 文件中带有 Starter 功能，该功能负责根据 Spring Boot 要求下载依赖项

【知识 10-2】比较 Spring Boot 与 Spring MVC

Spring Boot 使得快速引导和开发基于 Spring 的过程变得容易，它避免了很多样板代码，隐藏了很多复杂的信息，因此开发者可以快速入门并轻松开发基于 Spring 的应用程序。

Spring MVC 是用于构建 Web 应用程序的 Web MVC 框架，它包含各种功能的配置文件，是一个面向 HTTP 的 Web 应用程序开发框架。

Spring Boot 和 Spring MVC 之间的主要区别如表 10-2 所示。

表 10-2　Spring Boot 和 Spring MVC 之间的主要区别

Spring Boot	Spring MVC
Spring Boot 是 Spring 的模块，用于使用合理的默认值打包基于 Spring 的应用程序	Spring MVC 是 Spring 框架下基于模型、视图、控制器的 Web 框架
无须手动构建配置	需要手动构建配置
不需要部署描述符	需要部署描述符
避免了样板代码，并将依赖项包装在一个单元中	分别指定每个依赖项
可减少开发时间和提高生产效率	要花费更多的时间

【知识 10-3】Spring Boot 的主要特点

Spring Boot 是由 Pivotal 团队提供的全新框架，其设计目标是简化新 Spring 应用程序的初始搭建及开发过程。该框架使用了特定的方式进行配置，从而使开发者不再需要定义样板化的配置。

电子活页 10-3

Spring Boot 是一个快速的开发框架，能够帮助开发者快速整合第三方框架，内置了第三方容器（如 Tomcat、Jetty 等），采用注解方式简化复杂 XML 文件的编写。简而言之，Spring Boot 是 Spring Framework 和嵌入式服务器的组合。

扫描二维码，打开电子活页 10-3，在线浏览【知识 10-3】的相关内容。

【知识 10-4】Spring Boot 提供的核心功能

Spring Boot 提供的核心功能如下。

（1）Web 开发。

（2）以便利的方式来引导 Spring 应用程序。

（3）应用程序事件和侦听器。

（4）应用管理。

（5）外部化配置。

（6）属性文件支持。

（7）YAML 支持。

（8）类型安全配置。

（9）日志和监控。

（10）安全保障。

（11）测试支持。

电子活页 10-4

扫描二维码，打开电子活页 10-4，在线浏览【知识 10-4】的相关内容。

【知识 10-5】Spring Boot 的体系结构

Spring Boot 遵循分层的体系结构，其中每一层都与它的直接下层或上层进行通信。Spring Boot 中有 4 个层——展示层、业务层、持久层、数据库层，如图 10-1 所示。

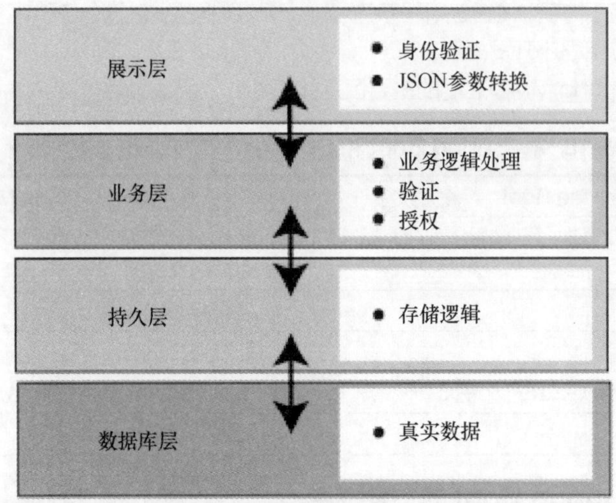

图 10-1　Spring Boot 的体系结构

各层的功能说明如下。

（1）展示层（Web 层）。展示层负责处理 HTTP 请求，将 JSON 参数转换为对象，对请求进行身份验证并将其传输到业务层。简而言之，它由视图（即前端部分）组成，用于实现与 Web 前端的交互。

（2）业务层（Service 层、服务层）。业务层负责处理所有业务逻辑，它由业务接口和业务实现类组成，可以用于执行授权和验证。可以在 service 文件夹中新建 impl 文件夹存放业务实现类，也可以把业务实现类单独放在一个文件夹中。

（3）持久层。持久层包含所有存储逻辑，并对业务对象与数据库进行相互转换。

持久层还可以细分为 DAO 层、模型层。

① DAO 层：也就是项目中的 Mapper，包括 xxxMapper.java（数据库访问接口类）、xxxMapper.xml（数据库连接实现）。

② 模型层（实体层、Model 层、Entity 层、Bean 层）就是数据库表的映射实体类，用于存放 POJO。

（4）数据库层。数据库层中存放了真实数据，主要用于实现 CRUD 操作。

【知识 10-6】Spring Boot 应用程序属性及配置文件

Spring Boot 全局配置文件在 src/main/resources 文件夹中或者类路径 /config 下，其名称如下。

① application.properties。

② application.yaml/yml。

扫描二维码，打开电子活页 10-5，在线浏览【知识 10-6】的相关内容。

（1）使用 application.properties 配置文件。

（2）使用 YAML 属性文件。

【知识 10-7】YAML 格式配置文件

文件扩展名为.yml 的文件是基于 YAML（YAML Ain't Markup Language）标记语言的文件，以数据为中心，比 JSON、XML 等更适合做配置文件。

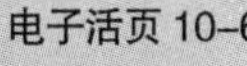

扫描二维码，打开电子活页 10-6，在线浏览【知识 10-7】的相关内容。

（1）YAML 配置文件的基本语法。

（2）YAML 支持的 3 种数据结构。

【知识 10-8】Spring Boot 的依赖管理

Spring Boot 自动管理依赖项和配置，每个 Spring Boot 版本都提供了它所支持的依赖项列表，依赖项列表是可以与 Maven 一起使用的材料清单的一部分。因此，无须在配置中指定依赖项的版本，可由 Spring Boot 自行管理。当更新 Spring Boot 版本时，Spring Boot 会以一致的方式自动升级所有依赖项。

1. 依赖项管理的优点

依赖项管理具有以下优点。

（1）通过在某处指定 Spring Boot 版本，可以实现依赖信息的集中化管理。

（2）避免了不同版本的 Spring Boot 库的不匹配。

（3）只需要写一个库名称并指定版本。

注意　**如果需要，则 Spring Boot 可以覆盖依赖项版本。**

2. Maven 依赖管理系统

Maven 项目从 spring-boot-starter-parent 继承了以下功能。

（1）默认的 Java 编译器版本。

（2）UTF-8 源编码。

（3）智能的资源过滤。

（4）智能的插件配置。

3. Spring Boot 项目 pom.xml 文件中常见的依赖

（1）继承 Starter Parent。

在配置项目时，以下 spring-boot-starter-parent 会自动继承。

```
<parent>
    <groupId>org.springframework.boot</groupId>
    <artifactId>spring-boot-starter-parent</artifactId>
    <version>3.2.3-SNAPSHOT</version>
    <relativePath/> <!-- lookup parent from repository -->
</parent>
```

注意　**在以上依赖项中，仅指定了 Spring Boot 的版本。如果要添加其他启动器，则需要删除标记。同样，可以通过覆盖项目中的属性来覆盖默认依赖版本。**

（2）更改 Java 版本。

可以使用<java.version>标签来更改 Java 版本。

示例代码如下。

```
<properties>
```

```
    <java.version>17</java.version>
</properties>
```

（3）添加 Spring Boot Maven 插件。

可以在 pom.xml 文件中添加 Maven 插件，它将项目包装到可执行的 JAR 包中。

示例代码如下。

```
<build>
    <plugins>
        <plugin>
            <groupId>org.springframework.boot</groupId>
            <artifactId>spring-boot-maven-plugin</artifactId>
        </plugin>
    </plugins>
</build>
```

（4）实现热启动功能。

Spring Boot 提供了一个名为 Spring Boot DevTools 的模块，该模块的目标是在使用 Spring Boot 应用程序时尝试缩短开发时间。Spring Boot DevTools 接受更改并重新启动应用程序。

示例代码如下。

```
<dependency>
    <groupId>org.springframework.boot</groupId>
    <artifactId>spring-boot-devtools</artifactId>
    <scope>runtime</scope>
    <optional>true</optional>
</dependency>
```

（5）使用 Thymeleaf 模板引擎。

可以通过在应用程序的 pom.xml 文件中添加 spring-boot-starter-thymeleaf 依赖项来使用 Thymeleaf 模板引擎。Spring Boot 将模板引擎配置为从 resources/templates 中读取模板文件。

示例代码如下。

```
<dependency>
    <groupId>org.springframework.boot</groupId>
    <artifactId>spring-boot-starter-thymeleaf</artifactId>
</dependency>
```

【知识 10-9】Spring Boot 常用的注解

Spring Boot 注解是一种元数据形式，可以为有关程序提供数据。换句话说，注解用于提供有关程序的补充信息。它不是应用程序的一部分，对其注解的代码的操作没有直接影响，也不会更改已编译程序的操作。

电子活页 10-7

扫描二维码，打开电子活页 10-7，在线浏览【知识 10-9】的相关内容。

【知识 10-10】RESTful 风格的接口

RESTful 风格通过 HTTP 动词（GET/POST/PUT/DELETE）来表示对资源的不同操作类型，并通过固定格式的 URL 来标识这些资源。RESTful 风格的常用接口说明如表 10-3 所示。

表 10-3　RESTful 风格的常用接口说明

动词	接口含义	接口地址示例
GET	查询指定商品（如 id=1）的信息	http://localhost:8081/goods/1
GET	查询所有商品的信息	http://localhost:8081/goods
POST	新增商品	http://localhost:8081/goods
PUT	修改指定商品信息（如 id=1）	http://localhost:8081/goods/1
DELETE	删除指定商品（如 id=1）	http://localhost:8081/goods/1

【知识 10-11】在 Eclipse IDE 中创建 Spring Boot Maven 项目的基本步骤

在 Eclipse IDE 中创建 Spring Boot Maven 项目的基本步骤如下。

（1）创建一个名为 SpringBootDemo 的 Spring Boot Maven 项目。

（2）在 pom.xml 文件中设置项目打包方式。

示例代码如下。

```
<packaging>jar</packaging>
```

（3）在 pom.xml 文件中导入 Spring Boot 父项目。

示例代码如下。

```
<parent>
    <groupId>org.springframework.boot</groupId>
    <artifactId>spring-boot-starter-parent</artifactId>
    <version>3.2.3-SNAPSHOT</version>
    <relativePath/>
</parent>
```

（4）在 pom.xml 文件中导入 Web 项目相关依赖项。

示例代码如下。

```
<dependencies>
    <!-- 导入 Spring Boot 核心 JAR 包 -->
    <dependency>
        <groupId>org.springframework.boot</groupId>
        <artifactId>spring-boot-starter</artifactId>
    </dependency>
    <!-- 导入动态 Web 场景启动器 -->
    <dependency>
        <groupId>org.springframework.boot</groupId>
        <artifactId>spring-boot-starter-web</artifactId>
    </dependency>
    <dependency>
        <groupId>org.springframework.boot</groupId>
        <artifactId>spring-boot-starter-test</artifactId>
        <scope>test</scope>
    </dependency>
</dependencies>
```

（5）创建 Controller 类。

示例代码如下。

```
package com.demo.controller;
import org.springframework.web.bind.annotation.GetMapping;
import org.springframework.web.bind.annotation.Controller;
/**
 * 控制器层
 */
@Controller
public class Controller1 {
    @GetMapping("/test")
    public String index() {
        return "开始 Spring Boot 的学习之旅";
    }
}
```

（6）编写启动类，启动 Spring Boot 项目。

示例代码如下。

```
package com.demo;
import org.springframework.boot.SpringApplication;
import org.springframework.boot.autoconfigure.SpringBootApplication;
/**
 * Spring Boot 项目启动类
 */
@SpringBootApplication
public class SpringBootDemoApplication1 {
    public static void main(String[] args) {
        SpringApplication.run(SpringBootDemoApplication1.class, args);
    }
}
```

（7）浏览器访问测试。

打开浏览器，在其地址栏中输入地址“http://localhost:8080/test”，按【Enter】键，页面中输出指定内容，这里输出“开始 Spring Boot 的学习之旅”。

也可以在 Eclipse IDE 中选择主类并单击鼠标右键，在弹出的快捷菜单中选择“运行方式”→“Java 应用程序”命令，启动 Spring Boot 应用程序。

前导操作

【操作 10-1】使用 Spring Initializr 生成 Spring Boot 项目结构

Spring Initializr 是一种基于网络的工具，借助 Spring Initializr，可以轻松生成 Spring Boot 项目的结构。

Spring Initializr 是 Spring Boot 提供的一个快速创建基础项目的网站，是一种在线生成 Spring Boot 基础项目的工具，可以将其理解为 Spring Boot 项目的“初始化向导”。开发者可以在其中选择所需的依赖关系，并快速生成一个可用的 Spring Boot 基础项目。这种方式无须开发者自己下载和手动配置依赖项，非常适合新手使用。

使用 Spring Initializr 生成一个基础的 Spring Boot 项目结构的步骤如下。

（1）进入 Spring Initializr 网站。

在浏览器地址栏中输入网址“https://start.spring.io/”，按【Enter】键，进入 Spring Initializr 网站。在 Spring Initializr 网站中可以选择生成 Maven 或 Gradle 项目，也可以选择多种不同的语言和模板，这种方式非常灵活，可以适应不同的需求。

（2）选择初始设置。

① 在“spring initializr”页面左侧选择所需的项目类型（可选项包括 Gradle-Groovy、Gradle-Kotlin、Maven）。这里选中“Maven”单选按钮。

② 选择语言（可选项包括 Java、Kotlin、Groovy）。这里选中“Java”单选按钮。

③ 选择 Spring Boot 的版本。这里选中“3.2.2”单选按钮。

④ 在“Project Metadata”设置区域的“Group”文本框中输入“com.example”，在“Artifact”文本框中输入“taskTry”，在“Name”文本框中输入“taskTry”，在“Description”文本框中输入“Demo project for Spring Boot”，在“Package name”文本框中输入“com.example”。

⑤ 选择打包方式（可选项包括 Jar、War）这里选中“Jar”单选按钮，Java 版本为“17”。

⑥ 在“spring initializr”页面右侧的“Dependencies”区域中单击【ADD DEPENDENCIES…】按钮，在进入的依赖项选择界面中选择 Spring Boot 项目所需要的依赖项，如“Spring Web”“Lombok”“Thymeleaf”“MyBatis Framework”“MySQL Driver”。至此，初始化 Spring Boot 项目的选项设置完成，“spring initializr”页面中对应的设置如图 10-2 所示。

注意

在依赖项选择界面中按住【Ctrl】键可以选择多个依赖项。

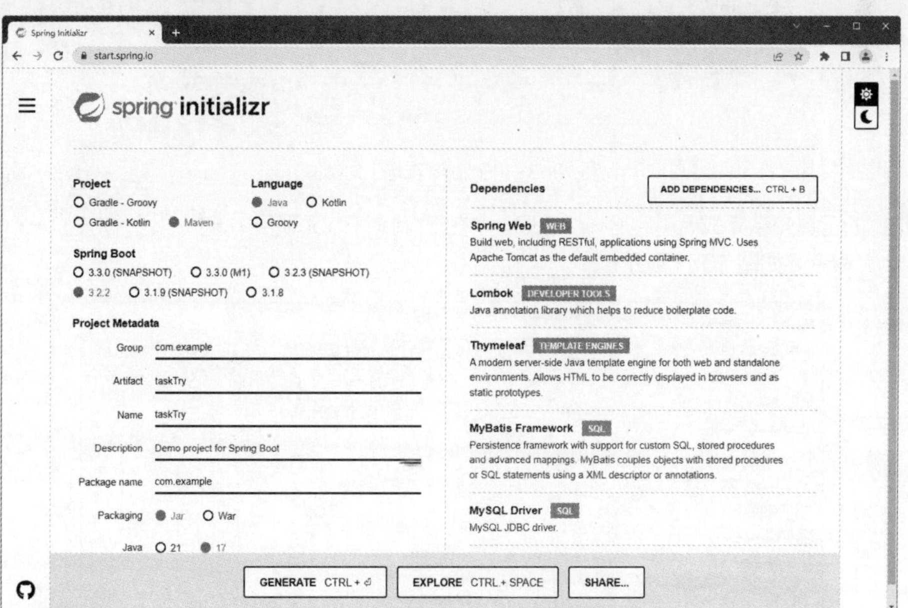

图 10-2 “spring initializr”页面中对应的设置

（3）生成 Spring Boot 基础项目的初始代码。

在“spring initializr”页面中单击底部的【GENERATE】按钮，即可生成一个 Spring Boot 基础项目的压缩文件，如 taskTry.zip，开发者可以下载并解压这个压缩文件。

【操作 10-2】创建基于 Spring Boot 的 Web 应用程序的基本操作

（1）准备开发 Web 应用程序所需的图片文件、CSS 样式文件和 JavaScript 文件。

（2）启动 Eclipse IDE，进入 Eclipse IDE 主界面，设置工作空间为 Unit10。

（3）在 Eclipse IDE 中自定义名称为“My HTML File（html5）”的 HTML 模板。

（4）在 Eclipse IDE 中自定义名称为“My JSP File（html5）”的 JSP 模板。

【操作 10-3】在 Eclipse IDE 中添加 Spring Boot 插件

在 Eclipse IDE 主界面中选择“帮助”→“Eclipse 市场”命令，弹出【Eclipse 市场】对话框，在“查找”文本框中输入“spring tools”，单击【前往】按钮，在查找结果中找到所需的安装工具，如“Spring Tools 4（aka Spring Tool Suite 4）4.21.0.RELEASE”，如图 10-3 所示。单击【安装】按钮，开始安装所选择的工具。

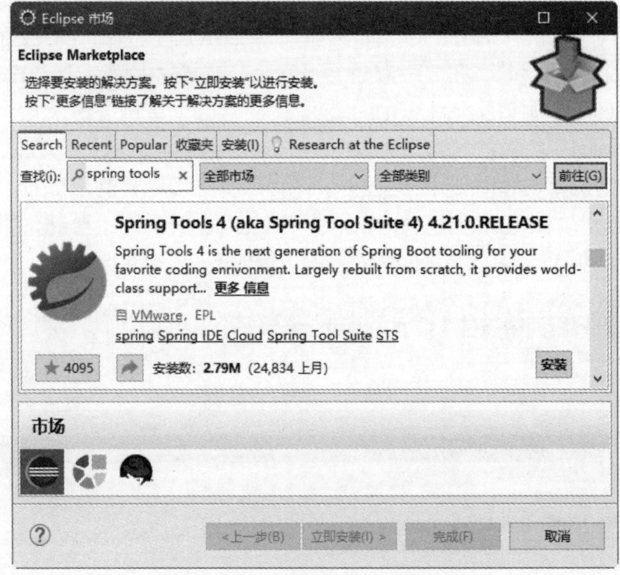

图 10-3 【Eclipse 市场】对话框

所选择的工具安装完成后重启 Eclipse IDE。在 Spring Boot 项目中选择“运行方式”→“Spring Boot App”命令，如图 10-4 所示。

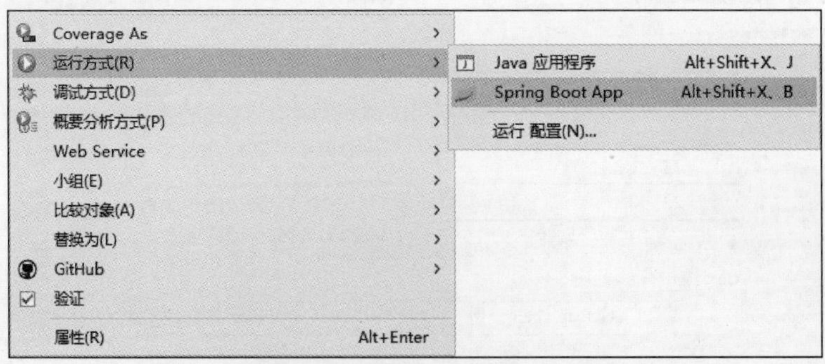

图 10-4 选择“运行方式”→“Spring Boot App”命令

【操作 10-4】在 Eclipse IDE 中导入 Maven 项目

将下载的 ZIP 文件解压，使用 IDE（如 Eclipse IDE、IntelliJ IDEA 等）导入这个项目。在 Eclipse IDE 中导入 Maven 项目的步骤如下。

（1）选择“导入”命令。在 Eclipse IDE 主界面中选择“文件”→“导入”命令，在弹出的【导入】对话框中依次选择“Maven”→“Existing Maven Projects”选项，如图 10-5 所示。

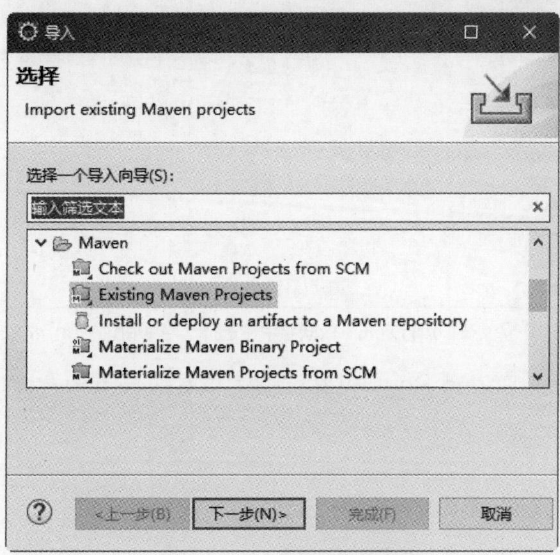

图 10-5 【导入】对话框

（2）选择导入项目的文件夹。单击【下一步】按钮，在弹出的【Import Maven Projects】对话框中单击【Browse...】按钮，弹出【Select Root Folder】对话框，在该对话框中选择一个已有的 Maven 项目，如 taskTry 项目，单击【选择文件夹】按钮，返回【Import Maven Projects】对话框，如图 10-6 所示。

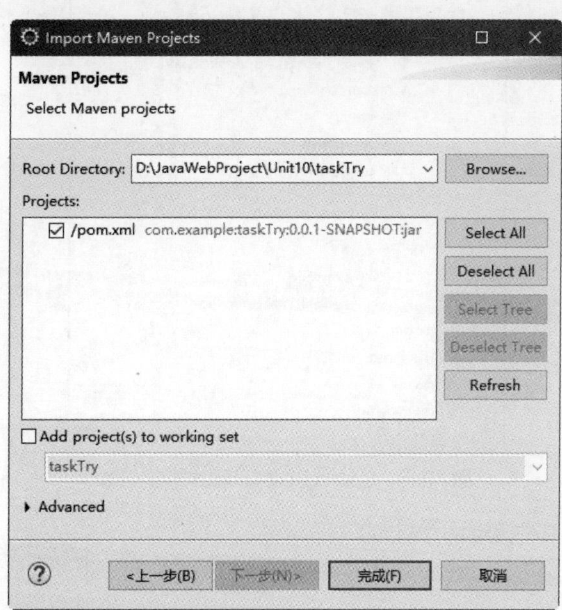

图 10-6 【Import Maven Projects】对话框

在【Import Maven Projects】对话框中单击【完成】按钮，完成 Maven 项目的导入。

（3）构建导入项目所需要的环境。在项目导入成功之后，选择 pom.xml 文件并单击鼠标右键，在弹出的快捷菜单中选择“运行方式”命令，展开级联菜单，先选择“Maven clean”命令清除原有的项目环境设置，如图 10-7 所示，再选择“Maven install”命令构建项目所需要的新环境。

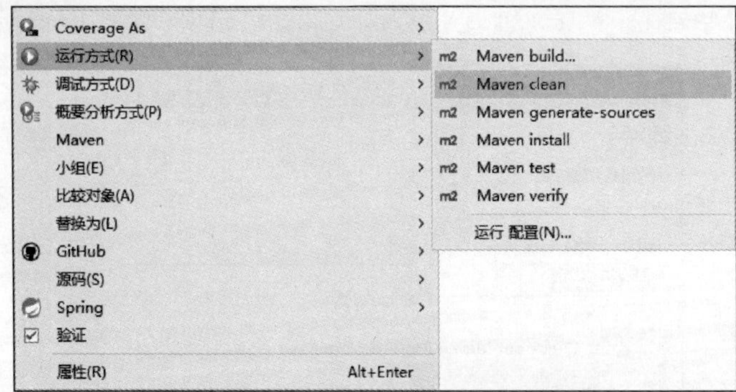

图 10-7 在“运行方式”级联菜单中选择“Maven clean”命令

在 Eclipse IDE 中打开 Spring Boot 项目后，就可以看到 Spring Boot 项目的文件夹结构，如图 10-8 所示。

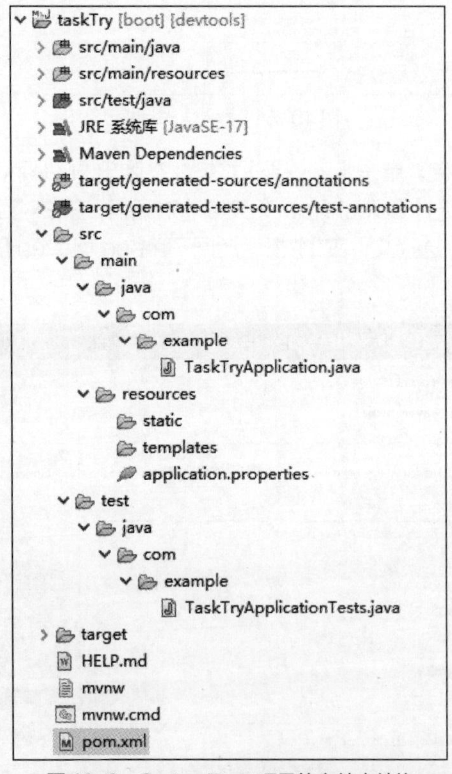

图 10-8 Spring Boot 项目的文件夹结构

Spring Boot 项目的文件夹结构介绍如下。

（1）src/main/java 是存放 Java 应用程序业务代码的文件夹。Spring Boot 项目会有一个主程序类，如 TaskTryApplication。

（2）src/main/resources 主要用于存放静态文件、模板文件和配置文件等。Spring Boot 项目默认有 static 和 templates 两个文件夹。其中，static 文件夹用于存放静态资源文件，如 CSS 样式文件、JavaScript 文件、图片文件等；templates 文件夹用于存放模板文件，如 Thymeleaf 模板文件和 FreeMarker 文件等。

（3）src/test/java 是测试文件夹。

（4）pom.xml 文件用于配置项目依赖项。

【操作 10-5】添加主类

Spring Boot 项目需要一个主入口类来启动应用程序。在 src/main/java 下创建一个新的类，该类应包含一个 main()方法，用于启动 Spring Boot 应用程序。此外，主类应添加@SpringBootApplication 注解，这个注解是@Configuration、@EnableAutoConfiguration 和@ComponentScan 这 3 个注解的组合，用于启动 Spring Boot 的自动配置和组件扫描。

示例代码如下。

```
import org.springframework.boot.SpringApplication;
import org.springframework.boot.autoconfigure.SpringBootApplication;
@SpringBootApplication
public class Application {
    public static void main(String[] args) {
        SpringApplication.run(Application.class, args);
    }
```

【操作 10-6】运行包含 main()方法的启动类

Spring Boot Maven 项目中包含 main()方法的启动类的示例代码如下。

```
@SpringBootApplication
public class DemoApplication1 {
    public static void main(String[] args) {
        SpringApplication.run(DemoApplication1.class, args);
    }
}
```

在 Eclipse IDE 主界面中选择包含 main()方法的启动类（如 DemoApplication1 类）并单击鼠标右键，在弹出的快捷菜单中选择“运行方式”→“Spring Boot App”命令，如图 10-9 所示。

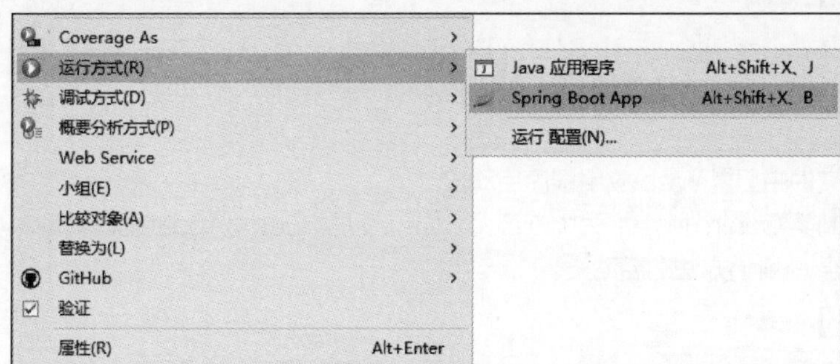

图 10-9　在弹出的快捷菜单中选择“运行方式”→“Spring Boot App”命令

Spring Boot 项目启动类成功启动，运行结果如图 10-10 所示。

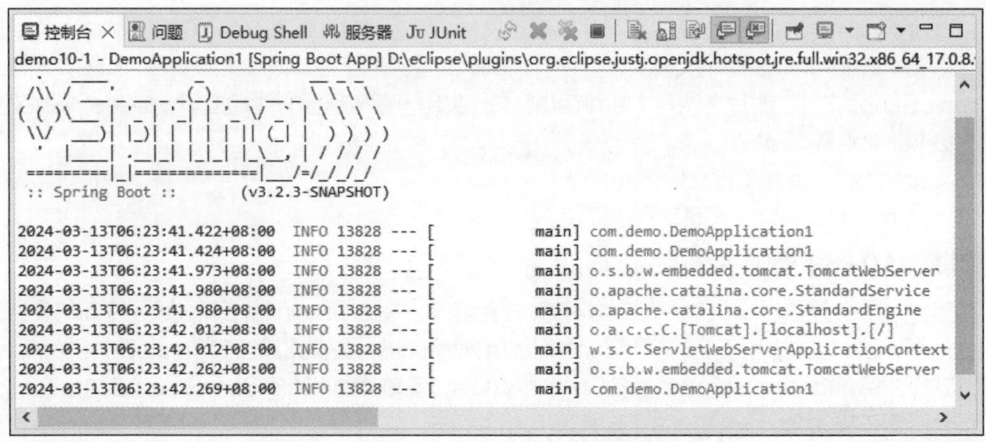

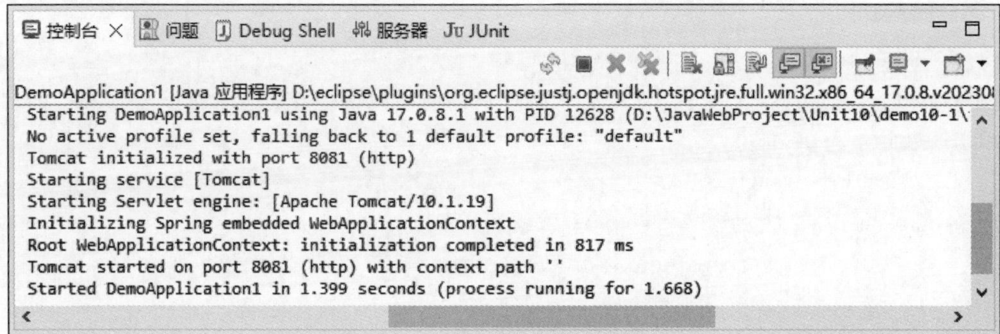

图 10-10 Spring Boot 启动类的运行结果

也可以选择“运行方式”→“Java 应用程序”命令，运行结果与选择“Spring Boot App”命令时相同。

实例探析

【实例 10-1】导入 Spring Boot 项目与实现输出文字内容功能

【操作要求】

使用 Spring Initializr 初始化一个 Spring Boot 项目 demo10-1，在 Eclipse IDE 主界面中导入该 Maven 项目，该项目主要用于在页面中输出文字内容，编写程序代码实现所需功能。

相关要求如下。

（1）在配置文件中配置 Web 应用程序启动接口。

（2）创建控制类 Controller1、Spring Boot 项目启动类 DemoApplication1。

（3）运行包含 main()方法的启动类。

电子活页 10-8

【实现过程】

扫描二维码，打开电子活页 10-8，在线浏览【实例 10-1】的相关代码。

【实例 10-1】的实现过程如表 10-4 所示。

表 10-4 【实例 10-1】的实现过程

序号	步骤名称	相关内容	对应代码或图片
1	新建 Java Web 项目	使用 Spring Initializr 初始化一个 Spring Boot 项目。 项目类型：Maven 项目。 项目名称：demo10-1	如【操作 10-1】所示
	导入 Maven 项目	在 Eclipse IDE 主界面中切换工作空间为 Unit10，导入 Maven 项目 demo10-1	如【操作 10-4】所示
2	创建包或文件夹	创建文件夹 java、resources，在 java 文件夹中创建子包 com.demo、com.demo.controller	—
3	引入所需的 JAR 包	通过配置文件 pom.xml 将项目所需的 JAR 包下载到项目指定文件夹中，导入相关依赖项	如【代码 1】所示
4	创建或完善配置文件	配置文件的位置：src/main/webapp/resources。 配置文件的名称：application.properties。 该文件只有一行代码：server.port=8081	—
5	创建模型层的类	—	—
6	创建控制器层的类	类位置：src/main/java/com/demo/controller。 类名称：Controller1	如【代码 2】所示
		Spring Boot 项目启动类：DemoApplication1	如【代码 3】所示
7	创建前端页面文件	—	—
8	运行 Maven 项目	运行包含 main()方法的启动类	—
		访问地址：http://localhost:8081/test	—
		运行结果：页面中输出“开始 Spring Boot 的学习之旅”文字内容	—

【实例 10-2】基于 Thymeleaf 模板创建 Spring Boot 应用程序

【操作要求】

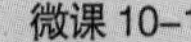

微课 10-1

使用 Spring Initializr 初始化一个 Spring Boot 项目 demo10-2，在 Eclipse IDE 主界面中导入该 Maven 项目，该项目主要基于 Thymeleaf 模板创建 Spring Boot 应用程序，编写程序代码实现所需功能。

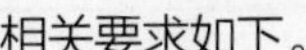

相关要求如下。

（1）在 pom.xml 配置文件中加入 Spring Boot 热部署依赖项、spring-boot-starter-thymeleaf 依赖项。

（2）在配置文件 application.properties 中配置 Web 应用程序启动端口、Web 上下文路径。

（3）在 YAML 配置文件中配置 Thymeleaf。

（4）创建控制类 Controller1。

（5）创建名为 user-data.html 的 Thymeleaf 模板文件。

（6）创建 student.html、user.html、user-data.html 这 3 个 HTML 文件。

电子活页 10-9

【实现过程】

扫描二维码，打开电子活页 10-9，在线浏览【实例 10-2】的相关代码。

【实例 10-2】的实现过程如表 10-5 所示。

表 10-5 【实例 10-2】的实现过程

序号	步骤名称	相关内容	对应代码或图片
1	新建 Java Web 项目	使用 Spring Initializr 初始化一个 Spring Boot 项目。 项目类型：Maven 项目。 项目名称：demo10-2	如【操作 10-1】所示
	导入 Maven 项目	在 Eclipse IDE 主界面中导入 Maven 项目 demo10-2	如【操作 10-4】所示
2	创建包或文件夹	创建文件夹 java、resources，在 java 文件夹中创建子包 com.demo、com.demo.controller、com.demo.entity，在 resources 文件夹中创建子文件夹 templates	—
3	引入所需的 JAR 包	通过配置文件 pom.xml 将项目所需的 JAR 包下载到项目指定文件夹中，导入相关依赖项	主要依赖项如【代码 1】所示
4	创建或完善配置文件	配置文件的位置：src/main/webapp/resources。 配置文件的名称：application.properties	如【代码 2】所示
		配置文件的名称：application.yml	如【代码 3】所示
5	创建模型层的类	实体类的位置：src/main/java/com/demo/entity。 实体类的名称：User	如【代码 4】所示
6	创建控制器层的类	类位置：src/main/java/com/demo/controller。 类名称：Controller1	如【代码 5】所示
		Spring Boot 项目启动类：Demo102Application1	如【代码 6】所示
7	创建前端页面文件	文件位置：src/main/resources/templates。 文件名称：student.html	如【代码 7】所示
		文件名称：user.html	如【代码 8】所示
		文件名称：user-data.html	如【代码 9】所示
8	运行 Maven 项目	运行包含 main()方法的启动类	—
		访问地址：http://localhost:8081/try/info	—
		运行结果：页面中输出“试用 Spring Boot!”文字内容	—
		访问地址：http://localhost:8081/try/student	—
		运行结果	如图 10-11 所示
		访问地址：http://localhost:8081/try/user	—
		运行结果	如图 10-12 所示

姓名：夏天
年龄：20
性别：男

图 10-11 HTML 页面 student.html 中的输出结果

用户名 admin
密 码 123456
提交

图 10-12 HTML 页面 user.html 中的输出结果

在 HTML 页面 user.html 中单击【提交】按钮，进入 user-data.html 页面，其输出结果如图 10-13 所示。

用户名: admin
密 码: 123456

图 10-13 HTML 页面 user-data.html 中的输出结果

【实例 10-3】使用 Spring Boot 开发 RESTful 接口风格的 Web 项目

【操作要求】

使用 Spring Initializr 初始化一个 Spring Boot 项目 demo10-3，在 Eclipse IDE 主界面中导入该 Maven 项目，该项目主要使用 Spring Boot 开发 RESTful 接口风格的 Web 项目，编写程序代码，针对商品数据实现 CURD 操作。

相关要求如下。

（1）根据需求开发 RESTful 风格的后端 API。

（2）使用 Postman 测试 API。

电子活页 10-10

【实现过程】

扫描二维码，打开电子活页 10-10，在线浏览【实例 10-3】的相关代码。

【实例 10-3】的实现过程如表 10-6 所示。

表 10-6 【实例 10-3】的实现过程

序号	步骤名称	相关内容	对应代码或图片
1	新建 Java Web 项目	使用 Spring Initializr 初始化一个 Spring Boot 项目。 项目类型：Maven 项目。 项目名称：demo10-3	如【操作 10-1】所示
	导入 Maven 项目	在 Eclipse IDE 主界面中导入 Maven 项目 demo10-3	如【操作 10-4】所示
2	创建包或文件夹	创建文件夹 java、resources，在 java 文件夹中创建子包 com.demo、com.demo.entity、com.demo.controller、com.demo.service，在 resources 文件夹中创建子文件夹 templates	—
3	引入所需的 JAR 包	通过配置文件 pom.xml 将项目所需的 JAR 包下载到项目指定文件夹中，导入相关依赖项	如【代码 1】所示
4	创建或完善配置文件	配置文件的位置：src/main/webapp/resources。 配置文件的名称：application.properties。 该文件中只有一行代码：server.port=8081	—
5	创建模型层的类	实体类的位置：src/main/java/com/demo/entity。 实体类的名称：Goods	如【代码 2】所示
		业务逻辑实现类的位置：src/main/java/com/example/service。 业务逻辑实现类的名称：GoodsService	如【代码 3】所示
		Spring Boot 项目启动类：Demo103Application1	如【代码 4】所示
6	创建控制器层的类	类位置：src/main/java/com/demo/controller。 类名称：GoodsController	如【代码 5】所示
7	创建前端页面文件	—	—
8-1	运行 Maven 项目	运行包含 main()方法的启动类	—
8-2	Postman 测试	请求名称：查询指定商品（id=1）信息。 命令类型：GET。 请求地址：http://localhost:8081/goods/1	—
		运行结果	如图 10-14 所示

续表

序号	步骤名称	相关内容	对应代码或图片
8-2	Postman 测试	请求名称：查询所有商品信息。 命令类型：GET。 请求地址：http://localhost:8081/goods	—
		运行结果	如图 10-15 所示

		请求名称：新增商品。
		命令类型：POST。
		请求地址：http://localhost:8081/goods。
		新增商品的 JSON 格式的数据如下。
		{
		"id"：3,
		"name"："梨子",
		"price"："8",
		"pic"："pear.jpg"
		}
			—

		运行结果	如图 10-16 所示
		请求名称：修改指定商品（id=3）信息。 命令类型：PUT。 请求地址：http://localhost:8081/goods/3	—
		运行结果	如图 10-17 所示
		请求名称：删除指定商品（id=3）信息。 命令类型：DELETE。 请求地址：http://localhost:8081/goods/3	—
		运行结果	如图 10-18 所示

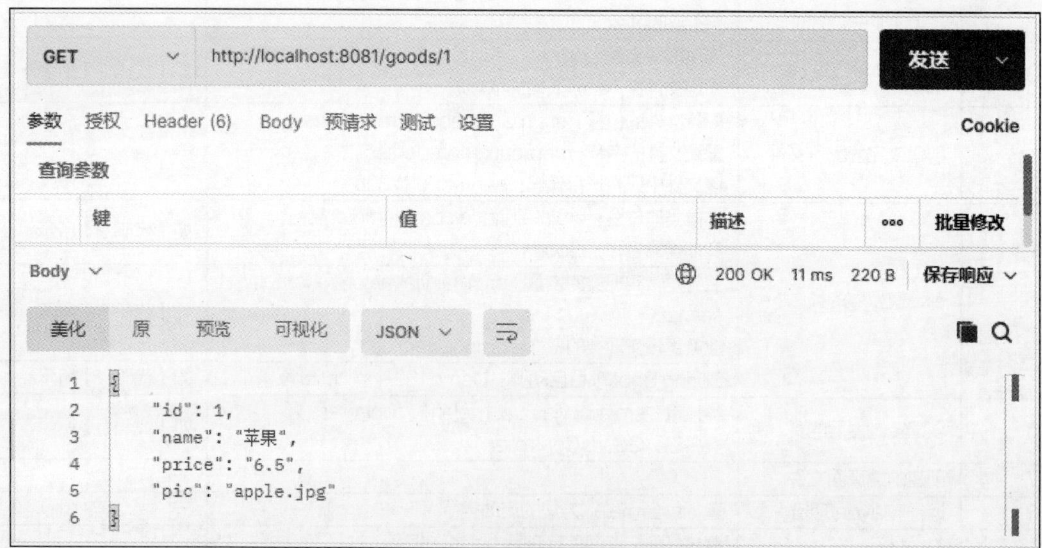

图 10-14 使用 Postman 测试查询指定商品信息的结果

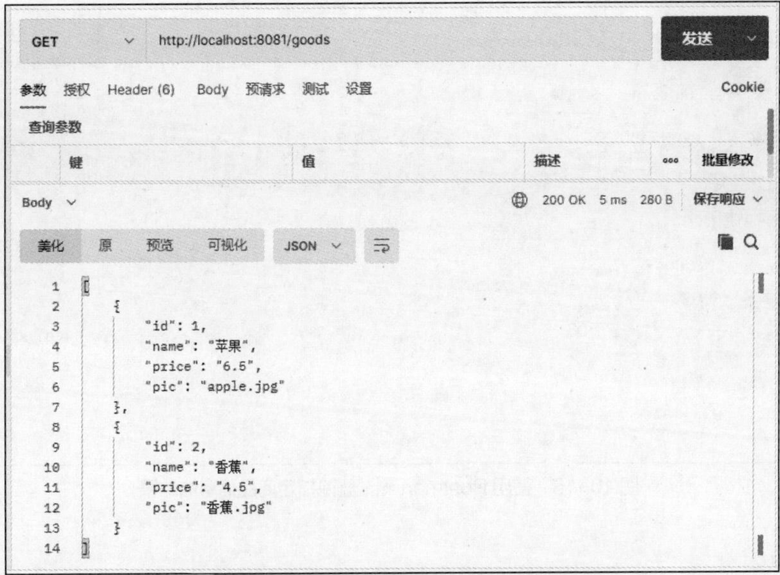

图 10-15 使用 Postman 测试查询所有商品信息的结果

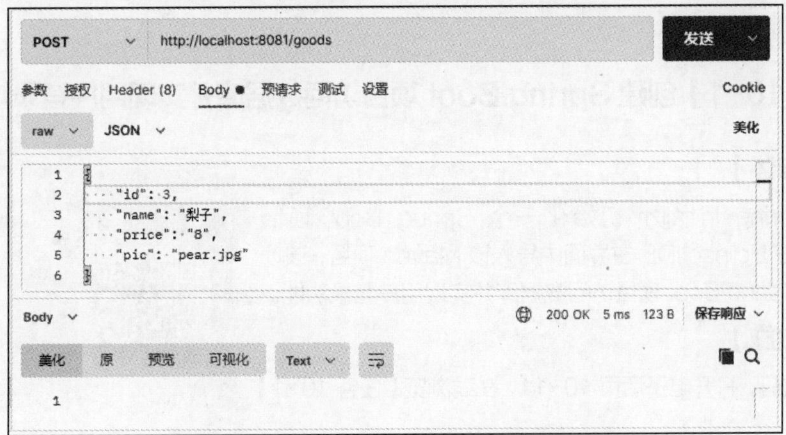

图 10-16 使用 Postman 测试新增商品的结果

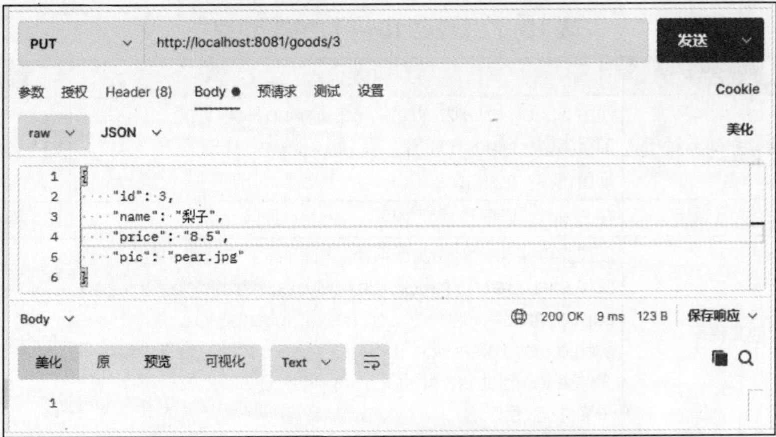

图 10-17 使用 Postman 测试修改指定商品信息的结果

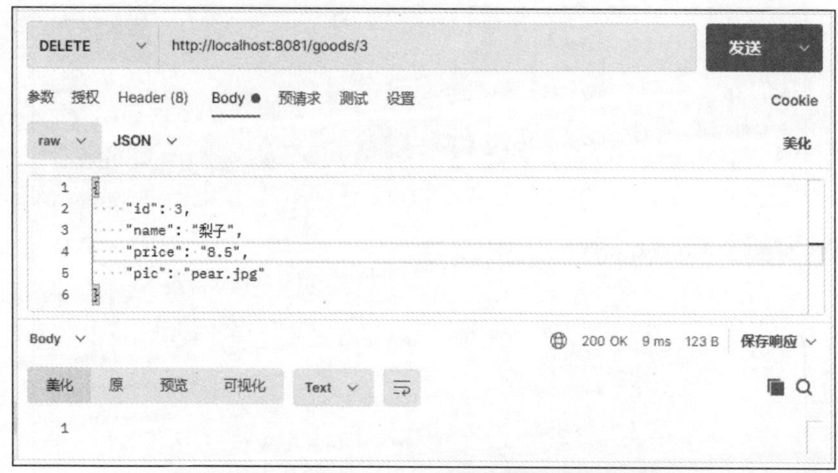

图 10-18 使用 Postman 测试删除指定商品信息的结果

典型应用

【任务 10-1】创建 Spring Boot 项目访问数据库并实现用户登录功能

【任务描述】

使用 Spring Initializr 初始化一个 Spring Boot 项目 task10-1，在 Eclipse IDE 主界面中导入该 Maven 项目，该项目主要创建 Spring Boot 项目访问数据库并实现用户登录功能。

微课 10-2

电子活页 10-11

【任务实施】

扫描二维码，打开电子活页 10-11，在线浏览【任务 10-1】的相关代码。

【任务 10-1】的实现过程如表 10-7 所示。

表 10-7 【任务 10-1】的实现过程

序号	步骤名称	相关内容	对应代码或图片
1	新建 Java Web 项目	使用 Spring Initializr 初始化一个 Spring Boot 项目。 项目类型：Maven 项目。 项目名称：task10-1	如【操作 10-1】所示
	导入 Maven 项目	在 Eclipse IDE 主界面中导入 Maven 项目 task10-1	如【操作 10-4】所示
2	创建包或文件夹	创建文件夹 java、resources，在 java 文件夹中创建子包 com.example、com.example.entity、com.example.controller、com.example.mapper、com.example.service、com.example.service.impl，在 resources 文件夹中创建子文件夹 templates、static、mapper，在 static 文件夹中创建子文件夹 css、js	—
3	引入所需的 JAR 包	通过配置文件 pom.xml 将项目所需的 JAR 包下载到项目指定文件夹中，导入相关依赖项	如【代码 1】所示

续表

序号	步骤名称	相关内容	对应代码或图片
4	创建或完善配置文件	配置文件的位置：src/main/webapp/resources。 配置文件的名称：application.yml	如【代码 2】所示
5	创建模型层的类	实体类的位置：src/main/java/com/example/entity。 实体类的名称：User	如【代码 3】所示
		数据映射类的位置：src/main/java/com/example/mapper。 数据映射类的名称：UserMapper	如【代码 4】所示
		数据映射文件的位置：src/main/resources/mapper。 数据映射文件的名称：UserMapper.xml	如【代码 5】所示
		业务逻辑接口的位置：src/main/java/com/example/service。 业务逻辑接口的名称：UserService	如【代码 6】所示
		业务逻辑实现类的位置：src/main/java/com/example/service/impl。 业务逻辑实现类的名称：UserServiceImpl	如【代码 7】所示
		Spring Boot 项目启动类：Task101Application	如【代码 8】所示
6	创建控制器层的类	类位置：src/main/java/com/example/controller。 类名称：LoginController	如【代码 9】所示
7	创建前端页面文件	文件位置：src/main/resources/templates。 文件名称：login.html	如【代码 10】所示
		文件位置：src/main/resources/templates。 文件名称：success.html	如【代码 11】所示
		文件位置：src/main/resources/templates。 文件名称：error.html	如【代码 12】所示
8	运行 Maven 项目	运行包含 main()方法的启动类	—
		访问地址：http://localhost:8081/login	—
		进入登录页面 login.html，在该页面中输入登录信息	如图 10-19 所示

用户名: admin

密码: ••••••

登录

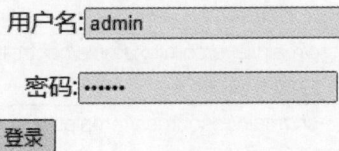

图 10-19　在登录页面中输入登录信息

在登录页面中输入登录信息并单击【登录】按钮，进入 success.html 页面，该页面中出现“欢迎您的到来!”提示信息。

微课 10-3

【任务 10-2】Spring Boot+Spring MVC+MyBatis 实现用户登录与注册功能

【任务描述】

使用 Spring Initializr 初始化一个 Spring Boot 项目 task10-2，在 Eclipse IDE 主界面中导入该

Maven 项目，该项目主要使用 Spring Boot+Spring MVC+MyBatis 实现用户登录与注册功能。

电子活页 10-12

【任务实施】

扫描二维码，打开电子活页 10-12，在线浏览【任务 10-2】的相关代码。

【任务 10-2】的实现过程如表 10-8 所示。

表 10-8 【任务 10-2】的实现过程

序号	步骤名称	相关内容	对应代码或图片
1	新建 Java Web 项目	使用 Spring Initializr 初始化一个 Spring Boot 项目。 项目类型：Maven 项目。 项目名称：task10-2	如【操作 10-1】所示
	导入 Maven 项目	在 Eclipse IDE 主界面中导入 Maven 项目 task10-2	如【操作 10-4】所示
2	创建包或文件夹	创建文件夹 java、resources，在 java 文件夹中创建子包 com.example、com.example.entity、com.example.controller、com.example.dao、com.example.service、com.example.service.impl，在 resources 文件夹中创建子文件夹 templates、static，在 static 中创建子文件夹 css、js	—
3	引入所需的 JAR 包	通过配置文件 pom.xml 将项目所需的 JAR 包下载到项目指定文件夹中，导入相关依赖项	—
4	创建或完善配置文件	配置文件的位置：src/main/webapp/resources。 配置文件的名称：application.yml	如【代码 1】所示
5	创建模型层的类	实体类的位置：src/main/java/com/example/entity。 实体类的名称：User	如【代码 2】所示
		数据访问类的位置：src/main/java/com/example/dao。 数据访问类的名称：UserDao	如【代码 3】所示
		业务逻辑接口的位置：src/main/java/com/example/service。 业务逻辑接口的名称：UserService	如【代码 4】所示
		业务逻辑实现类的位置：src/main/java/com/example/service/impl。 业务逻辑实现类的名称：UserServiceImpl	如【代码 5】所示
		Spring Boot 项目启动类：Task102Application	如【代码 6】所示
6	创建控制器层的类	类位置：src/main/java/com/example/controller。 类名称：LoginController	如【代码 7】所示
7	创建前端页面文件	文件位置：src/main/resources/templates。 文件名称：login.html	如【代码 8】所示
		文件位置：src/main/resources/templates。 文件名称：index.html	如【代码 9】所示
		CSS 文件的位置：src/main/resources/static/css。 CSS 文件的名称：login.css、style.css	—
		JavaScript 文件的位置：src/main/resources/static/js。 JavaScript 文件的名称：login.js	—
8	运行 Maven 项目	运行包含 main()方法的启动类	—
		访问地址：http://localhost:8081/	—
		运行结果	如图 10-20 所示

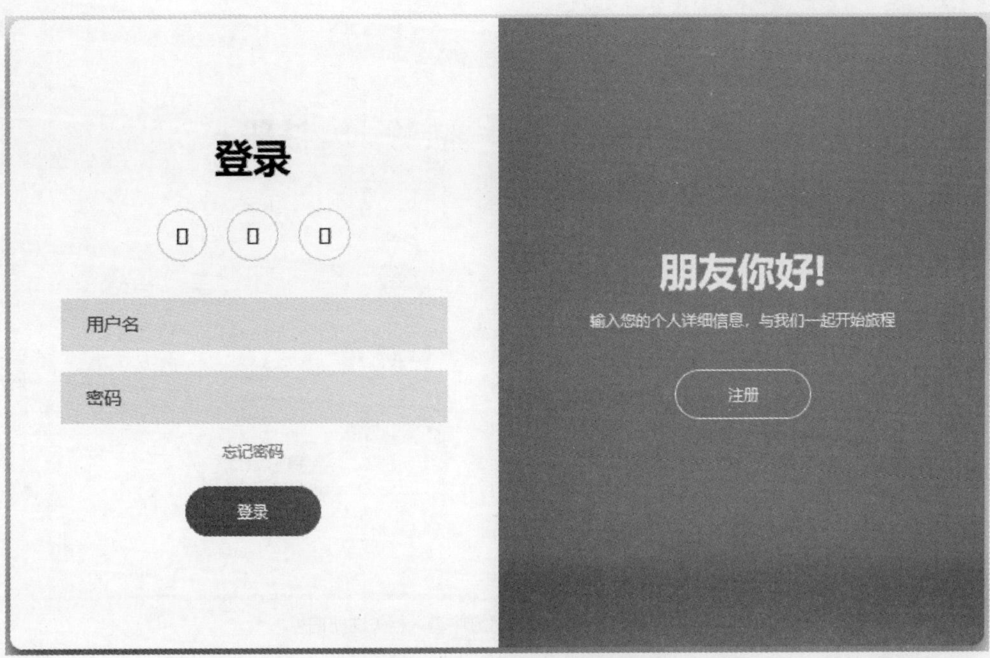

图 10-20　注册/登录页面的初始状态

在“登录”区域中输入正确的用户名和密码，如图 10-21 所示，单击【登录】按钮。如果登录成功，则会进入 index.html 页面，该页面中会显示“欢迎登录”提示信息。

图 10-21　在“登录”区域中输入正确的用户名和密码

在注册/登录页面中单击右侧的【注册】按钮，在“注册”区域中输入相关注册信息，如图 10-22 所示，单击【注册】按钮。如果注册成功，则会显示“注册成功”提示信息。

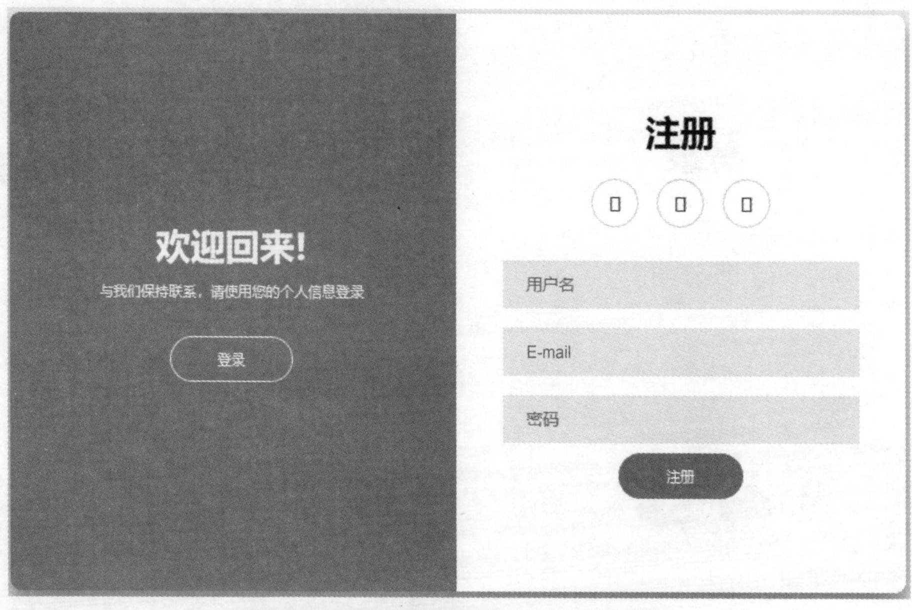

图 10-22　在“注册”区域中输入相关注册信息

【任务 10-3】Spring Boot 整合 MyBatis+HTML 实现用户登录与注册功能

【任务描述】

使用 Spring Initializr 初始化一个 Spring Boot 项目 task10-3，在 Eclipse IDE 主界面中导入该 Maven 项目，该项目主要使用 Spring Boot 整合 MyBatis+HTML 实现用户登录与注册功能。

微课 10-4

电子活页 10-13

【任务实施】

扫描二维码，打开电子活页 10-13，在线浏览【任务 10-3】的相关代码。

【任务 10-3】的实现过程如表 10-9 所示。

表 10-9 【任务 10-3】的实现过程

序号	步骤名称	相关内容	对应代码或图片
1	新建 Java Web 项目	使用 Spring Initializr 初始化一个 Spring Boot 项目。 项目类型：Maven 项目。 项目名称：task10-3	如【操作 10-1】所示
	导入 Maven 项目	在 Eclipse IDE 主界面中导入 Maven 项目 task10-3	如【操作 10-4】所示
2	创建包或文件夹	创建文件夹 java、resources，在 java 文件夹中创建子包 com.example、com.example.entity、com.example.controller、com.example.mapper、com.example.service、com.example.service.impl，在 resources 文件夹中创建子文件夹 templates、static，在 static 文件夹中创建子文件夹 css、js	—
3	引入所需的 JAR 包	通过配置文件 pom.xml 将项目所需的 JAR 包下载到项目指定文件夹中，导入相关依赖项	—

续表

序号	步骤名称	相关内容	对应代码或图片
4	创建或完善配置文件	配置文件的位置：src/main/webapp/resources。 配置文件的名称：application.properties	如【代码 1】所示
5	创建模型层的类	实体类的位置：src/main/java/com/example/entity。 实体类的名称：User	如【代码 2】所示
		数据映射类的位置：src/main/java/com/example/mapper。 数据映射类的名称：UserMapper	如【代码 3】所示
		数据映射文件的名称：UserMapper.xml	如【代码 4】所示
		业务逻辑接口的位置：src/main/java/com/example/service。 业务逻辑接口的名称：UserService	如【代码 5】所示
		业务逻辑实现类的位置：src/main/java/com/example/service/impl。 业务逻辑实现类的名称：UserServiceImpl	如【代码 6】所示
		Spring Boot 项目启动类：LoginApplication	如【代码 7】所示
6	创建控制器层的类	类位置：src/main/java/com/example/controller。 类名称：UserController	如【代码 8】所示
7	创建前端页面文件	文件位置：src/main/resources/templates。 文件名称：login.html	如【代码 9】所示
		文件位置：src/main/resources/templates。 文件名称：success.html	如【代码 10】所示
		CSS 文件的位置：src/main/resources/static/css。 CSS 文件的名称：layui.css、style.css	—
		JavaScript 文件的位置：src/main/resources/static/js。 JavaScript 文件的名称：login.js	如【代码 11】所示
8	运行 Maven 项目	运行包含 main()方法的启动类	—
		访问地址：http://localhost:8081/或者 http://localhost:8081/login	—
		运行结果	如图 10-23 所示

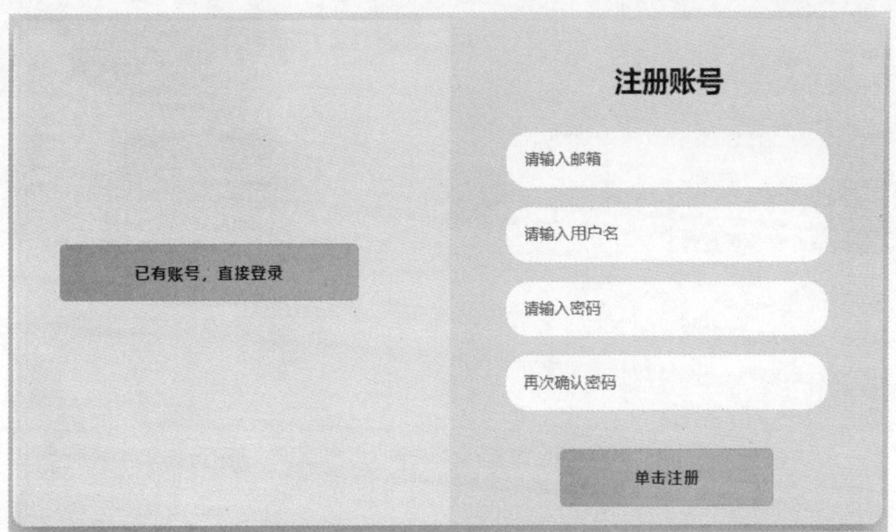

图 10-23　注册/登录页面的初始状态

在“注册账号”区域中输入相关注册信息，如图 10-24 所示，单击【单击注册】按钮。如果注册成功，则会显示“注册成功”提示信息。

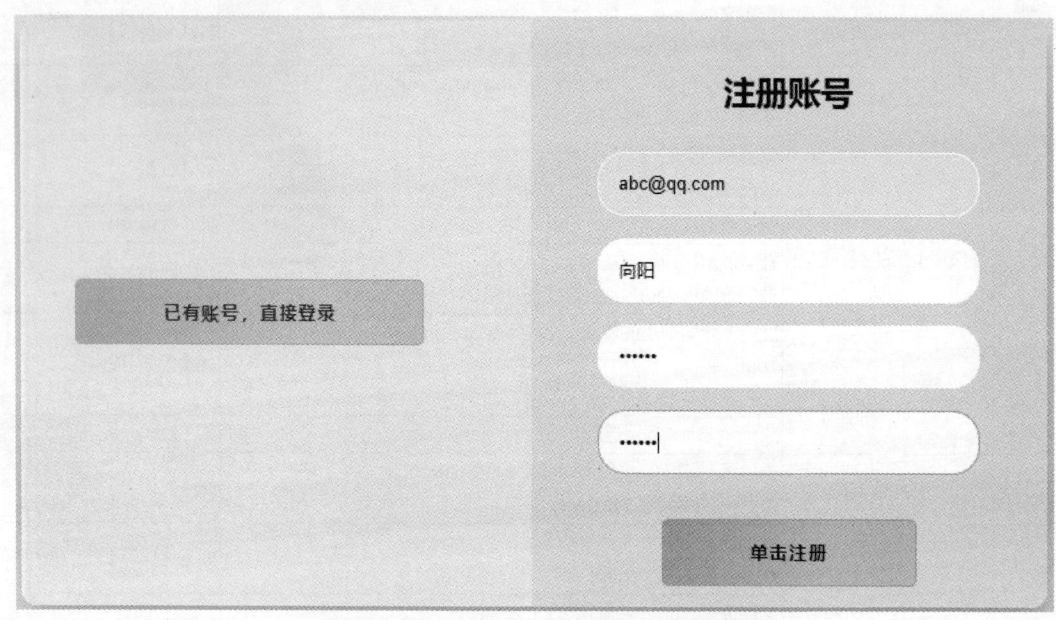

图 10-24 在“注册账号”区域中输入相关注册信息

单击【已有账号，直接登录】按钮，在“欢迎登录”区域中分别输入正确的用户名和密码，如图 10-25 所示，单击【登录】按钮。如果登录成功，则会进入 success.html 页面，该页面显示“欢迎 admin 登录”提示信息。

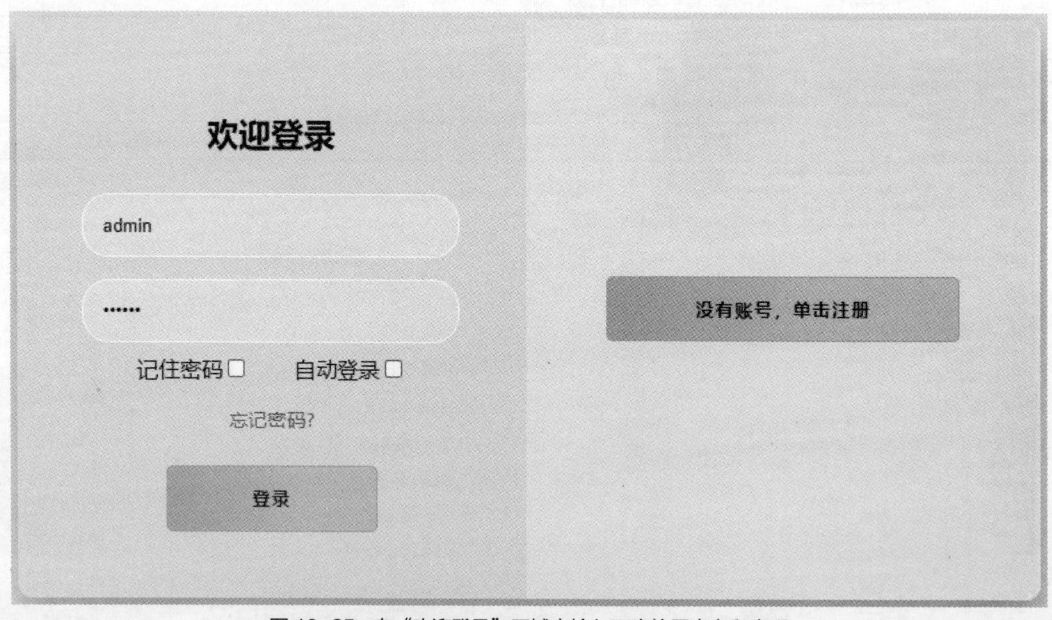

图 10-25 在“欢迎登录”区域中输入正确的用户名和密码

拓展应用

【任务 10-4】基于 Spring Boot+MyBatis 开发员工管理系统

【任务描述】

微课 10-5

使用 Spring Initializr 初始化一个 Spring Boot 项目 task10-4，在 Eclipse IDE 主界面中导入该 Maven 项目，该项目主要基于 Spring Boot+MyBatis 采用前后端分离的方式开发员工管理系统，应用 Spring Boot 框架、MyBatis 框架、Bootstrap 框架、Thymeleaf 风格、Lombok 插件等实现登录验证、国际化、CRUD 等操作。

员工管理系统的前端部分操作包括登录验证、页面布局、国际化、数据传值、注销等；后台实现主要采用 MyBatis 框架，使用 MyBatis 框架实现的数据库操作更加简单明了，数据层和业务层处理也更加简单。

编写实现 MyBatis 的几个关键文件，即 Mapper、XML、Service 和 Controller 文件，在 Mapper 文件中定义好方法的接口，在 XML 文件中写入相应操作的 SQL 语句，将其移交到 Service 类中进行数据处理，Controller 类直接调用 Service 类，最后通过请求执行 Controller 类即可。

业务层可以直接根据 MyBatis 的特性将对应的 Mapper 自动装配进去，并直接调用接口的方法实现执行 SQL 语句的操作。

电子活页 10-14

控制器层可以说是直接和前端页面进行连接的，在每一个方法上都会标注相应的请求类型，直接将数据请求匹配到对应的方法并执行即可。

【任务实施】

扫描二维码，打开电子活页 10-14，在线浏览【任务 10-4】的相关代码。

【任务 10-4】的实现过程如表 10-10 所示。

表 10-10 【任务 10-4】的实现过程

序号	步骤名称	相关内容	对应代码或图片
1	新建 Java Web 项目	使用 Spring Initializr 初始化一个 Spring Boot 项目。 项目类型：Maven 项目。 项目名称：task10-4	如【操作 10-1】所示
	导入 Maven 项目	在 Eclipse IDE 主界面中导入 Maven 项目 task10-4	如【操作 10-4】所示
2	创建包或文件夹	创建文件夹 java、resources，在 java 文件夹中创建子包 com.example、com.example.config、com.example.entity、com.example.controller、com.example.mapper、com.example.service，在 resources 文件夹中创建子文件夹 i18n、mybatis、public、static、templates，在 mybatis 文件夹中创建子文件夹 mapper，在 static 文件夹中创建子文件夹 css、img、js，在 templates 文件夹中创建子文件夹 commons、emp、error	—
3	引入所需的 JAR 包	通过配置文件 pom.xml 将项目所需的 JAR 包下载到项目指定文件夹中，导入相关依赖项	如【代码 1】所示

续表

序号	步骤名称	相关内容	对应代码或图片
4	创建或完善配置文件或配置类	配置文件的位置：src/main/webapp/resources。 配置文件的名称：application.properties	如【代码 2】所示
		国际化配置文件的位置：src/main/resources/i18n。 国际化配置文件的名称：login.properties	如【代码 3】所示
		国际化配置文件的名称：login_en_US.properties	如【代码 4】所示
		国际化配置文件的名称：login_zh_CN.properties	如【代码 5】所示
		登录判断配置类的位置：src/main/java/com/example/config。 登录判断配置类的名称：LoginHandlerInterceptor.java。	如【代码 6】所示
		国际化配置类的名称：MyLocaleResolver.java	如【代码 7】所示
		WebMvc 配置类的名称：MyMvcConfig.java	如【代码 8】所示
5	创建模型层的类	实体类的位置：src/main/java/com/example/entity。 实体类的名称：Employee	如【代码 9】所示
		实体类的名称：Department	如【代码 10】所示
		数据访问类的位置：src/main/java/com/example/mapper。 数据访问类的名称：EmployeeMapper	如【代码 11】所示
		数据访问类的名称：DepartmentMapper	如【代码 12】所示
		数据映射文件的位置：src/main/resources/mybatis/mapper。 数据映射文件的名称：EmployeeMapper.xml	如【代码 13】所示
		数据映射文件的名称：DepartmentMapper.xml	如【代码 14】所示
		业务逻辑实现类的位置：src/main/java/com/example/service。 业务逻辑实现类的名称：EmployeeService	如【代码 15】所示
		业务逻辑实现类的名称：DepartmentService	如【代码 16】所示
		Spring Boot 项目启动类：Task104Application	如【代码 17】所示
6	创建控制器层的类	类位置：src/main/java/com/example/controller。 类名称：LoginController	如【代码 18】所示
		类名称：EmployeeController	如【代码 19】所示
7	创建前端页面文件	文件位置：src/main/resources/templates。 文件名称：index.html	如【代码 20】所示
		文件名称：dashboard.html	如【代码 21】所示
		文件位置：src/main/resources/templates/commons。 文件名称：commons.html	如【代码 22】所示
		文件位置：src/main/resources/templates/emp。 文件名称：list.html	如【代码 23】所示
		文件名称：add.html	如【代码 24】所示
		文件名称：update.html	如【代码 25】所示
		CSS 文件的位置：src/main/resources/static/css。 CSS 文件的名称：signin.css、dashboard.css、bootstrap.min.css	—
8	运行 Maven 项目	运行包含 main()方法的启动类	—
		访问地址：http://localhost:8081/task10-4/user/login	—
		运行结果	如图 10-26 所示

图 10-26　登录页面的初始状态

在登录页面中输入正确的用户名和密码，如图 10-27 所示。

请登录
没有权限！请先登录！
admin
••••••
记住我
登录
© 2024-2028
中文 English

图 10-27　在登录页面中输入正确的用户名和密码

单击【登录】按钮，如果登录成功，则会进入“员工管理”页面，并在该页面顶部显示当前成功登录的用户，如 admin，如图 10-28 所示。

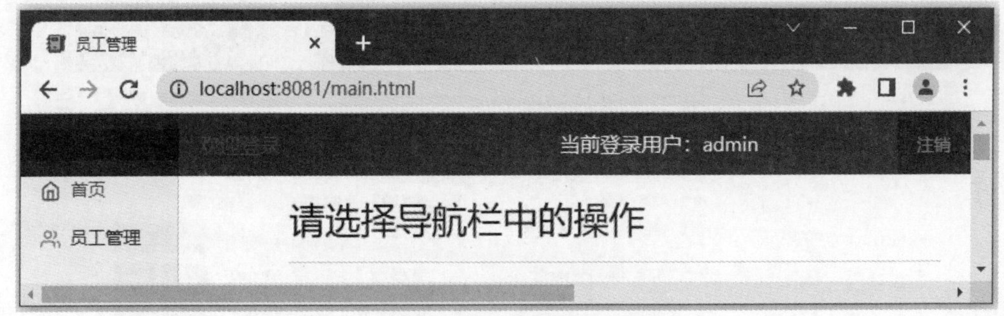

图 10-28　“员工管理”页面

在“员工管理”页面中单击左侧导航栏中的【首页】超链接，则会进入中文状态的登录页面，如图 10-29 所示。由于此时已处于登录状态，因此没有显示“没有权限！请先登录！”提示信息。

图 10-29 中文状态的登录页面

在中文状态的登录页面中，单击右下角的【English】超链接，进入英文状态的登录页面，如图 10-30 所示。

图 10-30 英文状态的登录页面

在英文状态的登录页面中单击【Login in】按钮，重新进入【员工管理】页面，此时单击左侧导航栏中的【员工管理】超链接，则在“员工管理”页面的右侧会显示员工数据，如图 10-31 所示。

图 10-31 在“员工管理”页面的右侧显示员工数据

在“员工管理”页面的“员工数据管理”区域中单击【添加员工】按钮，则会进入添加员工数据页面，如图 10-32 所示。输入新的员工数据，单击【提交】按钮，即可完成员工数据的添加操作。

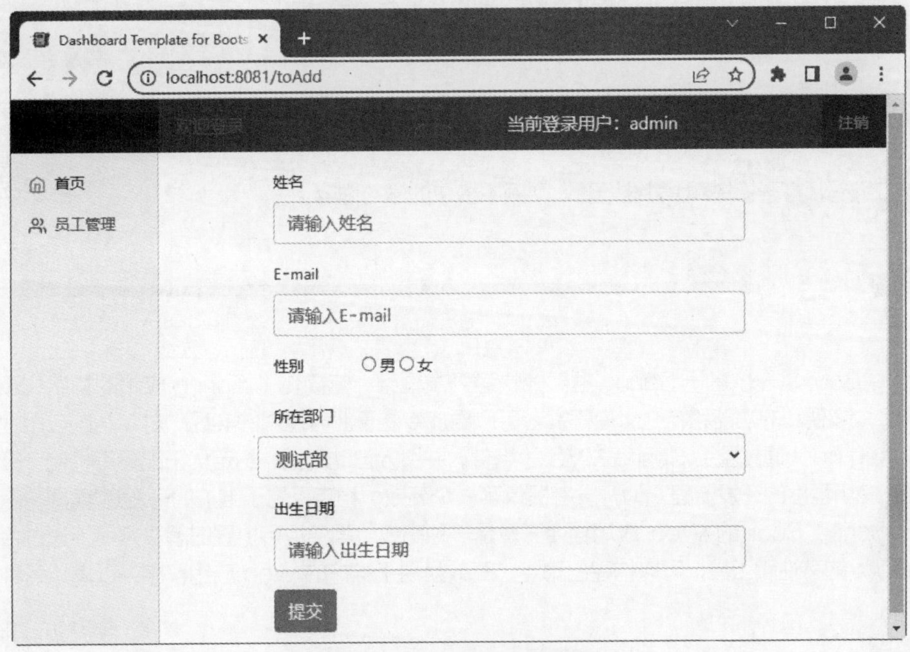

图 10-32　添加员工数据页面

在“员工管理”页面的“员工数据管理”区域中单击某一行数据右侧的【编辑】按钮，进入修改员工数据页面，如图 10-33 所示。对该员工的数据进行修改，单击【修改】按钮，即可完成员工数据的修改操作。

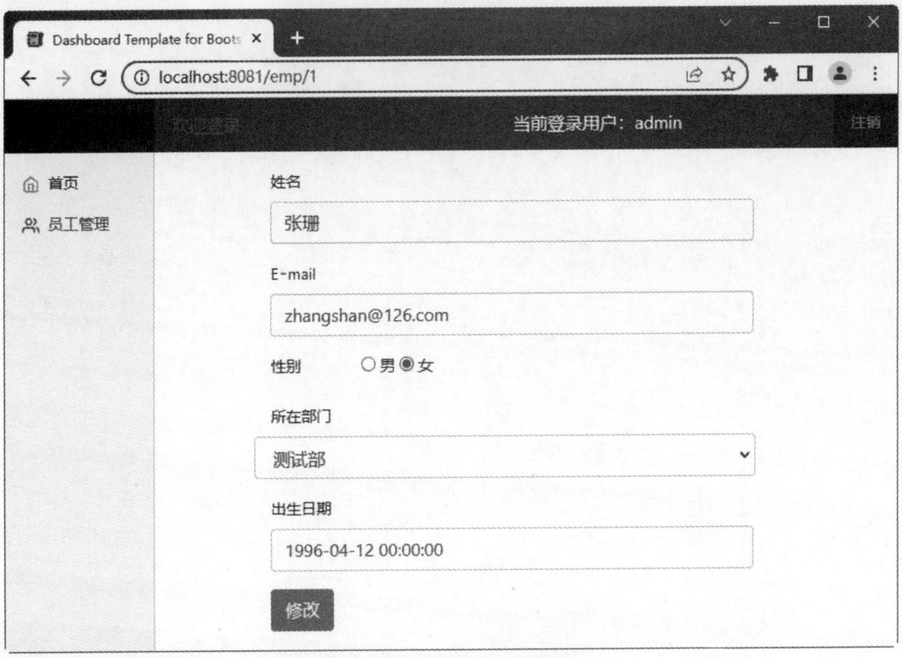

图 10-33　修改员工数据页面

在“员工管理”页面的“员工数据管理”区域中单击某一行数据右侧的【删除】按钮，即可删除该行的员工数据。

在“员工管理”页面中单击【注销】按钮，即可注销当前登录用户。

学习回顾

模块 10　思维导图

扫描二维码，打开模块 10 思维导图，回顾本模块的学习内容。

模块小结

Spring Boot 是一个基于 Spring 框架的快速开发框架，它简化了 Spring 应用的初始化和搭建过程，提供了众多便利的功能和特性，使开发者可以更加专注于业务逻辑的实现。对 Web 应用程序开发来说，Spring Boot 通过整合 Spring MVC 等组件，并引入自动配置、约定优于配置等机制，极大地简化了 Web 应用程序的开发流程，为开发者提供了一个高效、稳定且易于维护的开发环境。

基于 Spring Boot 的 Web 应用程序开发是一种高效、简便且可扩展的解决方案。通过合理利用 Spring Boot 的特性和工具，可以构建出稳定、高效且易于维护的 Web 应用程序，以满足各种复杂的业务需求。

模块习题

模块 10　在线测试

扫描二维码，完成模块 10 的在线测试，检验学习成效。

附录

附录 A　基础篇的基本操作

1. 规范化命名

① 通用名称规范化。
② 项目结构命名规范化。
③ 包命名与文件夹命名规范化。
④ 配置文件命名规范化。
⑤ 实体类命名规范化。
⑥ 模型层命名规范化。
⑦ 控制器类命名规范化。
⑧ 页面文件命名规范化。
⑨ 类方法命名规范化。
⑩ 数据库与数据表命名规范化。

电子活页附 A-1

扫描二维码，打开电子活页附 A-1，在线浏览规范化命名的相关内容。

2. 搭建 Java Web 开发环境

（1）快速搭建 Java Web 开发环境。

本书所有模块所使用的操作系统、Eclipse IDE、MySQL 的版本如下。

① 操作系统：Windows 10（64 位）。
② Eclipse IDE：Eclipse IDE 4.29.0。
③ MySQL：MySQL 8.0.32。

模块 1～模块 5 所使用的 JDK 和 Tomcat 服务器的版本如下。

① JDK：jdk-19。
② Tomcat 服务器：Apache Tomcat v10.1。

模块 6～模块 10 所使用的 JDK、Tomcat 服务器、MyBatis 的版本如下。

① JDK：jdk-17。
② Tomcat 服务器：Apache Tomcat v9.0。
③ MyBatis：MyBatis 3.5.14。

搭建 Java Web 开发环境的基本步骤如下。

① 下载开发 Java Web 应用程序所需的开发工具。
② 安装与配置 Java 开发工具包 JDK。
③ 安装与启动 Apache Tomcat。
④ 安装 Eclipse IDE。

⑤ 汉化 Eclipse IDE。
⑥ Eclipse IDE 中英文界面切换。
（2）正确配置 Eclipse IDE。
配置 Eclipse IDE 的基本步骤如下。
① 指定 Web 浏览器。
② 设置 JSP 程序的编码格式。
（3）在 Eclipse IDE 中正确创建与配置 Apache Tomcat v10.1。
其主要包括以下两个基本步骤。
① 创建与配置 Apache Tomcat v10.1。
② 在 Eclipse IDE 中启动 Apache Tomcat v10.1。
（4）在同一台台式计算机中安装与配置两个不同版本的 Apache Tomcat。
其基本步骤如下。
① 下载 apache-tomcat-9.0.84 安装包。
② 安装 apache-tomcat-9.0.84。
③ 配置环境变量。
④ 修改配置文件。
⑤ 修改文件 startup.ba 和 catalin l.2.bat。
（5）在 Eclipse IDE 中自定义名称为“My JSPFile（html5）”的 JSP 模板。
（6）在 Eclipse IDE 中自定义名称为“My HTMLFile（html5）”的 HTML 模板。

扫描二维码，打开电子活页附 A-2，在线浏览搭建 Java Web 开发环境的相关内容，学会搭建 Java Web 开发环境。

附录 B 进阶篇的基本操作

1. 学会安装与配置 Maven

扫描二维码，打开电子活页附 B-1，在线浏览安装与配置 Maven 的相关内容，学会安装与配置 Maven。

2. 练习在 Eclipse IDE 中创建动态 Web 项目的常见操作

启动 Eclipse IDE，打开 Eclipse IDE 主窗口，在 Eclipse IDE 主窗口中将工作空间切换为 Unit06，创建一个名称为“demo6-1”的 Java Web 项目，具体操作如下。

【操作 2-1】在 Eclipse IDE 中创建动态 Web 项目“demo6-1”

在创建动态 Web 项目之前，先参照“电子活页附 A-2”中介绍的创建与配置 Apache Tomcat 的操作方法，创建并配置服务器。

在 Eclipse IDE 主窗口中，在【文件】菜单中选择【新建】→【动态 Web 项目】命令，如附图 B-1 所示。

弹出【New Dynamic Web Project】对话框，在该对话框的“Project name”文本框中输入项目名称“demo6-1”，其他选项保持默认值，如附图 B-2 所示。

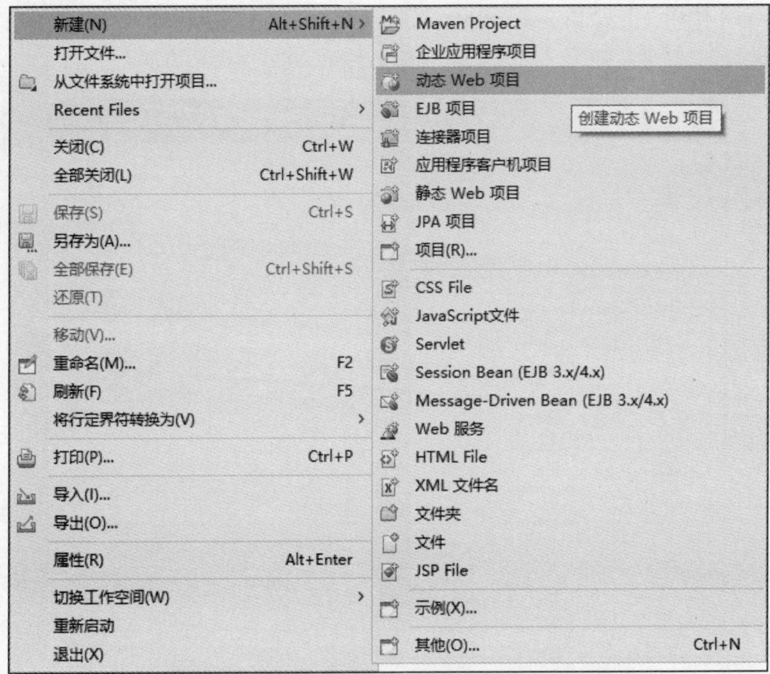

附图 B-1　选择【新建】→【动态 Web 项目】命令

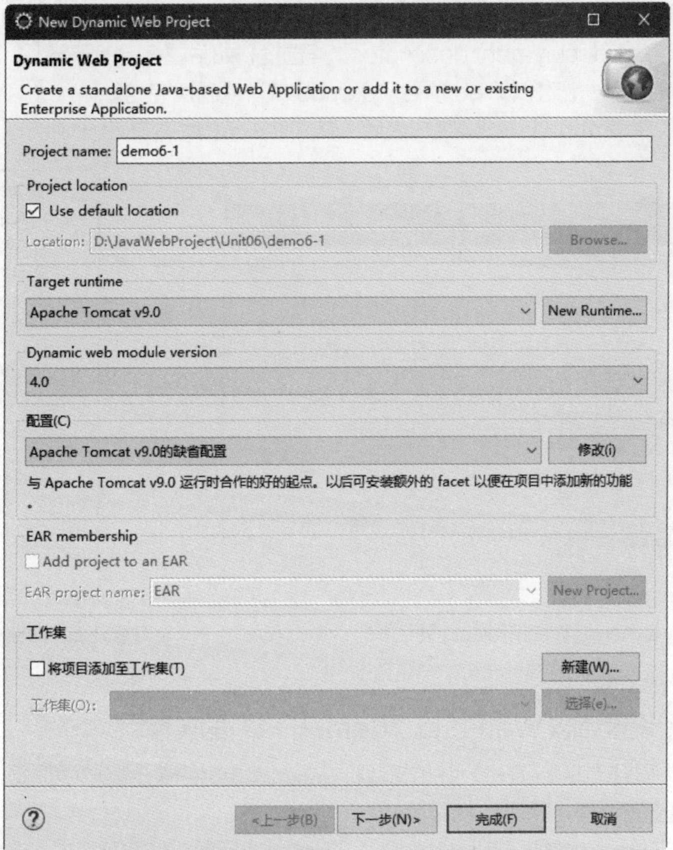

附图 B-2 【New Dynamic Web Project】对话框

单击【下一步】按钮，进入【New Dynamic Web Project】对话框的“Java”界面，如附图 B-3 所示。如果需要添加文件夹，则可以在该界面中进行添加，此处保持不添加。

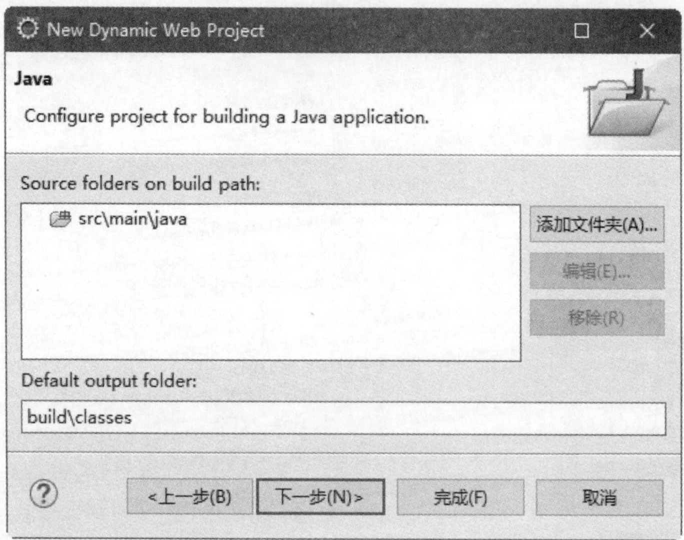

附图 B-3 【New Dynamic Web Project】对话框的“Java”界面

单击【下一步】按钮，进入【New Dynamic Web Project】对话框的“Web 模块”界面，在“Context root”文本框中输入“demo6-1”，在“Content directory”文本框中输入“src/main/webapp”，选中“Generate web.xml deployment descriptor”复选框，如附图 B-4 所示。

单击【完成】按钮，一个动态 Web 项目“demo6-1”便创建完成。

动态 Web 项目“demo6-1”创建完成之后，其文件夹结构如附图 B-5 所示。

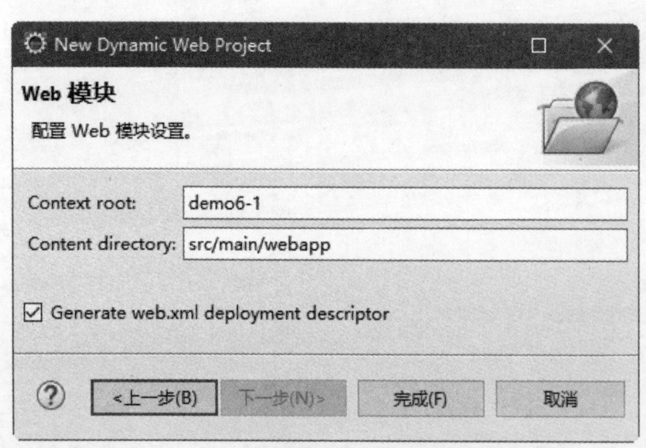

附图 B-4 【New Dynamic Web Project】对话框的“Web 模块”界面

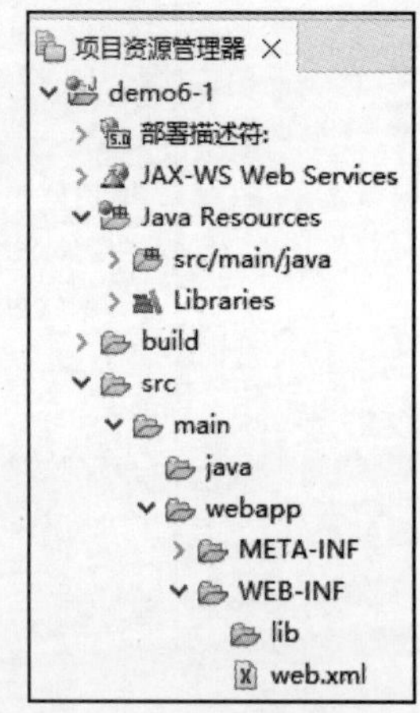

附图 B-5 动态 Web 项目“demo6-1”的文件夹结构

【操作 2-2】设置动态 Web 项目“demo6-1”的属性

选择动态 Web 项目“demo6-1”并单击鼠标右键，在弹出的快捷菜单中选择【属性】命令，弹出【demo6-1 的属性】对话框，完成以下设置。

（1）设置文本文件编码类型。在【demo6-1 的属性】对话框的左侧列表框中选择“资源”选项，进入“资源”设置界面，如附图 B-6 所示，在右侧的“文本文件编码”区域中选中“其他”单选按钮，在其右侧下拉列表中选择“UTF-8”选项。

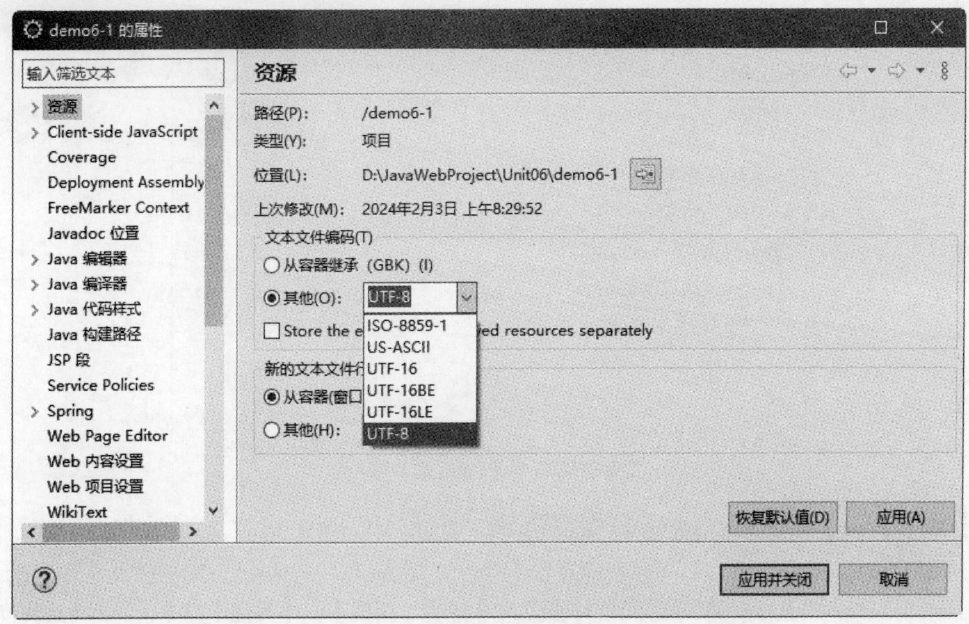

附图 B-6 【demo6-1 的属性】对话框的“资源”设置界面

（2）设置 Java 版本。在【demo6-1 的属性】对话框的左侧列表框中选择“项目构面”选项，进入“项目构面”设置界面，如附图 B-7 所示，在右侧的“项目构面”列表框中勾选“Dynamic Web Module”“Java”和“JavaScript”复选框，设置 Java 版本为 17。

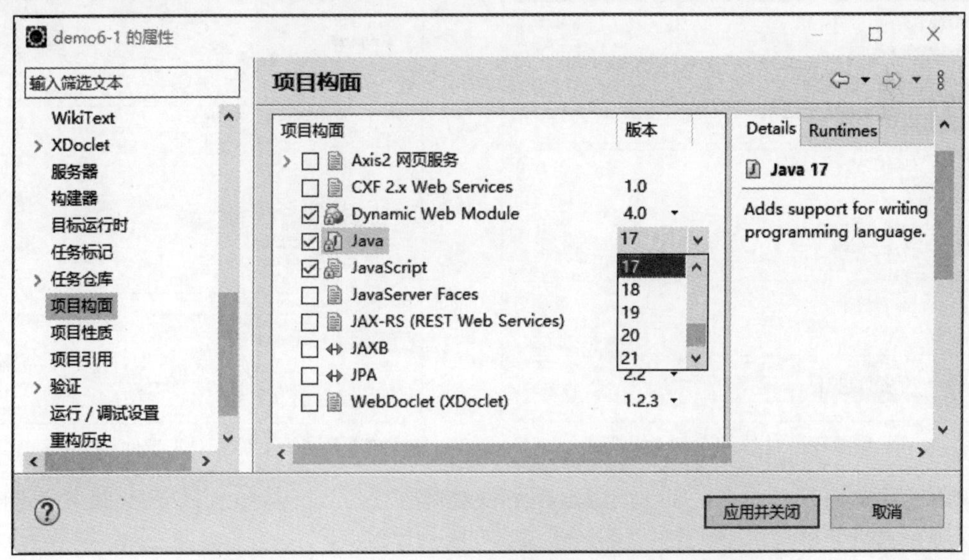

附图 B-7 【demo6-1 的属性】对话框的“项目构面”设置界面

【操作 2-3】在已创建的项目的文件夹中创建包 com.demo

在项目文件夹“demo6-1”下展开节点“Java Resources”，选择节点“src/main/java”并单击鼠标右键，在弹出的快捷菜单中选择【新建】→【包】命令，弹出【新建 Java 包】对话框，在该对话框的“名称”文本框中输入“com.demo”，如附图 B-8 所示。单击【完成】按钮，完成 Java 包的创建。

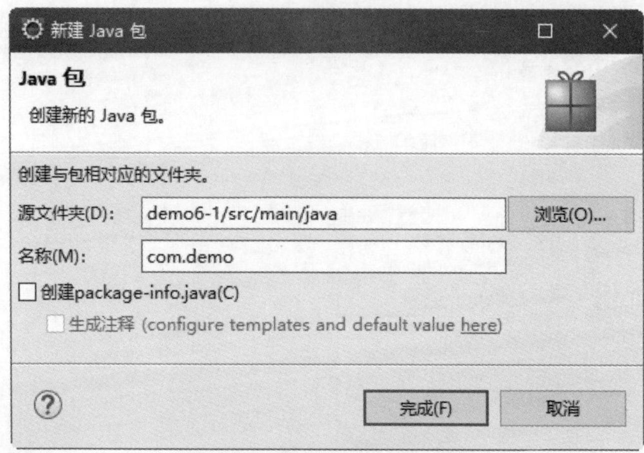

附图 B-8 【新建 Java 包】对话框

【操作 2-4】在 Eclipse IDE 中创建 SpringMVC-servlet.xml 文件

在项目文件夹“demo6-1”下依次展开节点“src”“main”“webapp”“WEB-INF”，选择节点“WEB-INF”并单击鼠标右键，在弹出的快捷菜单中选择【新建】→【其他】命令，弹出【选择向导】对话框，在该对话框中找到节点“XML”并展开，选择“XML 文件名”选项，如附图 B-9 所示。

单击【下一步】按钮，弹出【新建 XML 文件】对话框，在该对话框的“文件名”文本框中输入 XML 文件名称“SpringMVC-servlet.xml”，如附图 B-10 所示。

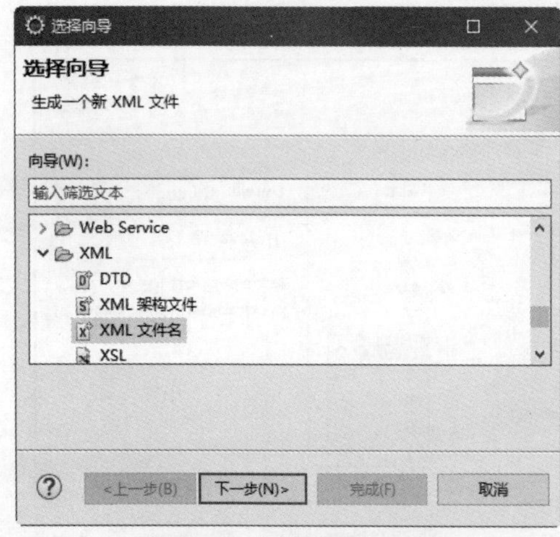

附图 B-9 【选择向导】对话框

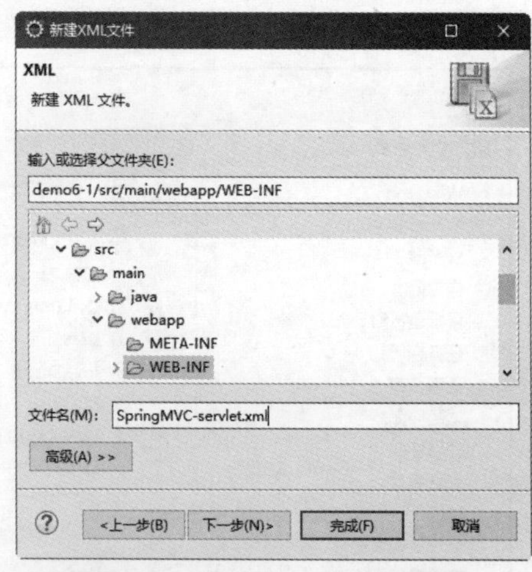

附图 B-10 【新建 XML 文件】对话框

单击【完成】按钮，成功在项目“demo6-1”的路径“src/main/webapp/WEB-INF”下创建了一个 SpringMVC-servlet.xml 文件，该 XML 文件的初始代码如下。

```
<?xml version="1.0" encoding="UTF-8"?>
```

【操作 2-5】在 Eclipse IDE 中创建控制类 TestController

在项目文件夹“demo6-1”下依次展开节点“Java Resources-src”“main”“java”，选择包节点“com.demo”并单击鼠标右键，在弹出的快捷菜单中选择【新建】→【类】命令，如附图 B-11 所示。

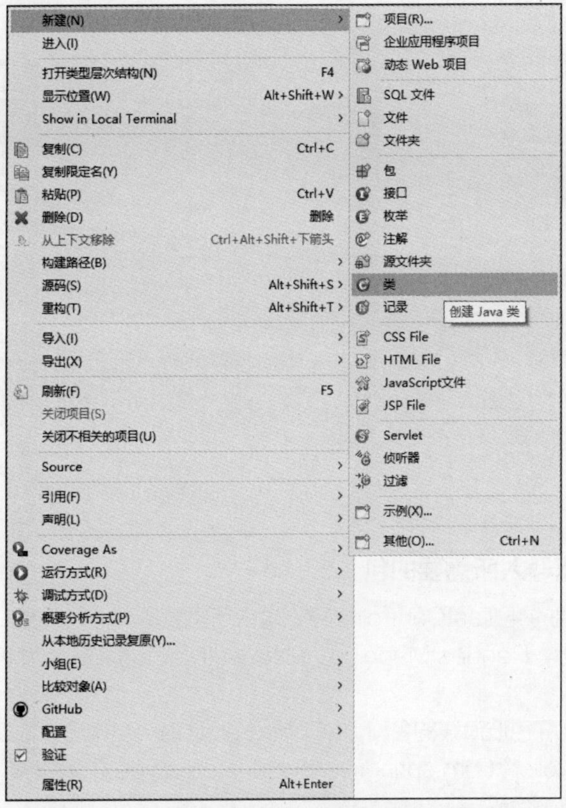

附图 B-11　在弹出的快捷菜单中选择【新建】→【类】命令

在弹出的【新建 Java 类】对话框的“名称”文本框中输入类名“TestController”，如附图 B-12 所示。

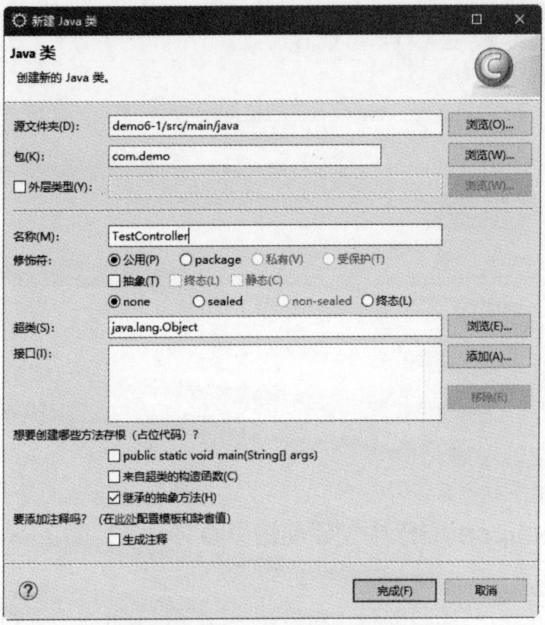

附图 B-12 【新建 Java 类】对话框

单击【完成】按钮，TestController 类创建完成，其初始代码如下。

```
package com.demo;
public class TestController {


}
```

编写以下程序代码。

```
@Controller
public class TestController {
    @RequestMapping(value = "/", method= RequestMethod.GET)
    public String test(Model model) {
        return "index";
    }
}
```

【操作 2-6】快速导入所需要的包

在【操作 2-5】创建的类 TestController 中，输入所需要的程序代码后，如果还没有导入所需的包，则会发现 Controller、RequestMapping、RequestMethod、Model 等名称下方会出现红色波浪线。

将鼠标指针指向出现红色波浪线的名称，如 Controller，此时会自动进入快速修正界面，如附图 B-13 所示。单击“导入"Controller"（org.springframework.stereotype）”超链接，自动导入对应包，在代码编辑区中会自动出现以下代码。

```
import org.springframework.stereotype.Controller;
```

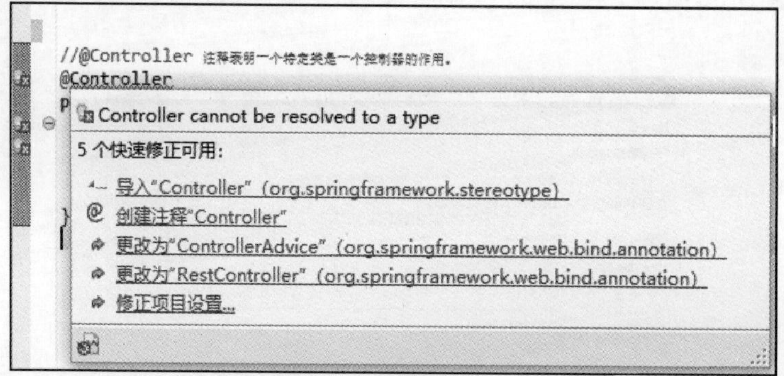

附图 B-13　快速修正界面

同样地，导入其他包，相关代码如下。

```
import org.springframework.ui.Model;
import org.springframework.web.bind.annotation.RequestMapping;
import org.springframework.web.bind.annotation.RequestMethod;
```

【操作 2-7】在 Eclipse IDE 中创建前端页面文件（视图）

在项目文件夹“demo6-1”下依次展开节点“src”“main”“webapp”，选择节点“webapp”，并单击鼠标右键，在弹出的快捷菜单中选择【新建】→【JSP File】命令，如附图 B-14 所示。

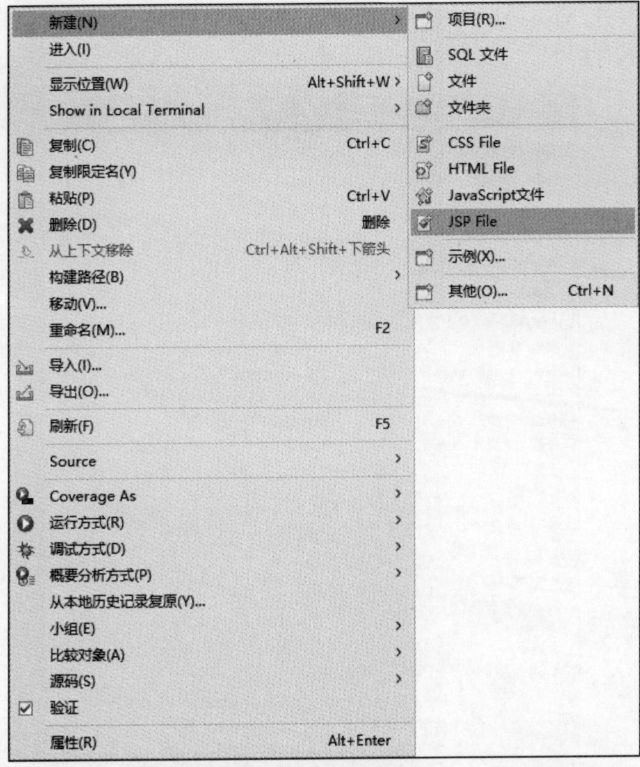

附图 B-14 在弹出的快捷菜单中选择【新建】→【JSP File】命令

弹出【New JSP File】对话框，进入“JSP”界面，在该对话框的“文件名”文本框中输入 JSP 文件名称“index.jsp”，如附图 B-15 所示。

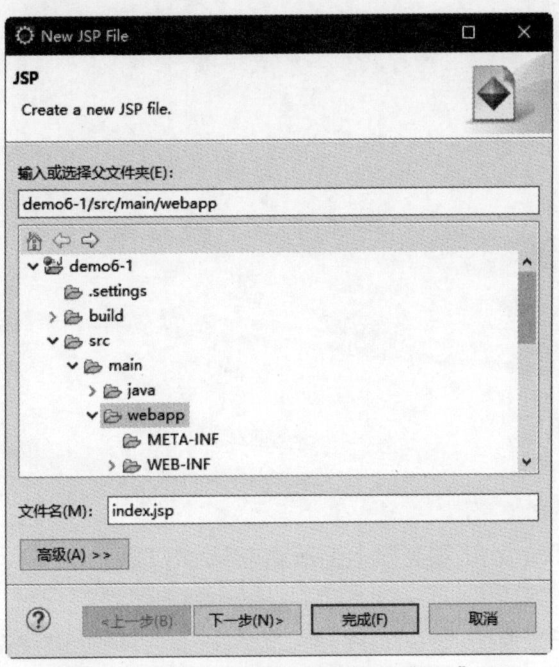

附图 B-15 【New JSP File】对话框的“JSP”界面

单击【下一步】按钮，进入【New JSP File】对话框的“选择 JSP 模板”界面，这里选择自定义的模板“My JSP File (html5)”，如附图 B-16 所示。

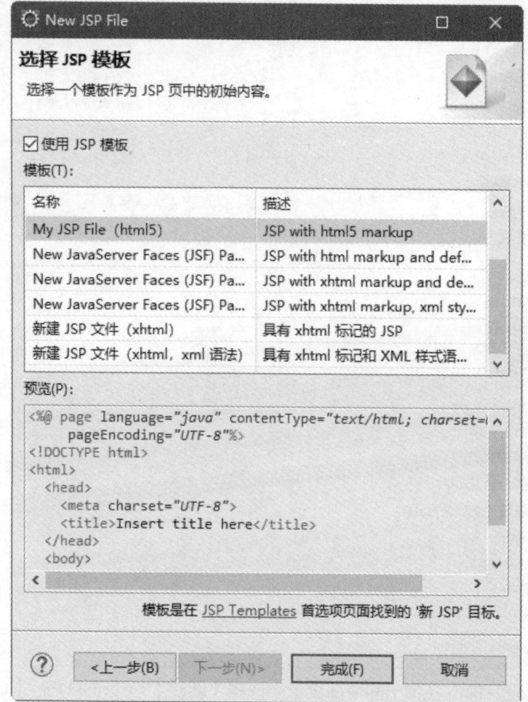

附图 B-16 【New JSP File】对话框的“选择 JSP 模板”界面

单击【完成】按钮，在项目 demo6-1 的路径“src/main/webapp”下成功创建 JSP 页面 index.jsp，该 JSP 页面的初始代码如下。

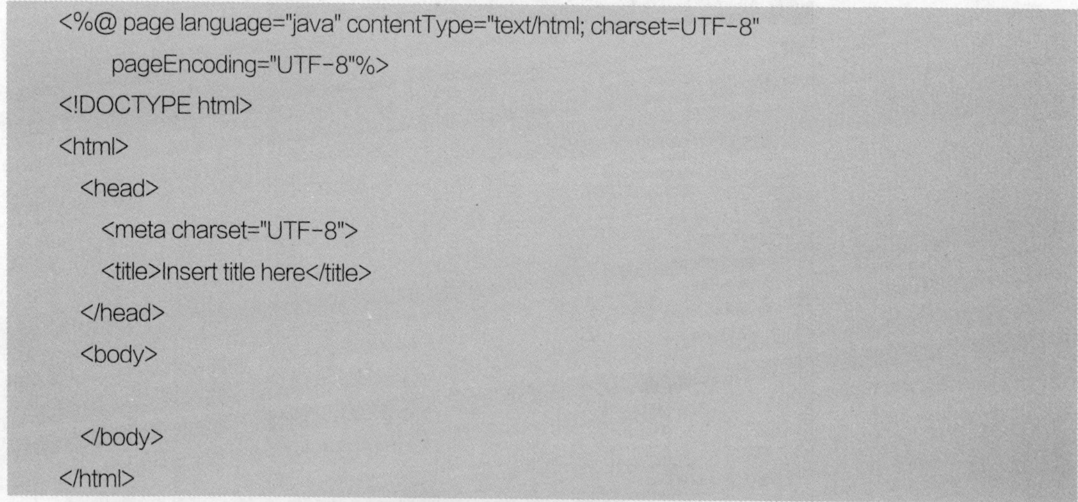

```
<%@ page language="java" contentType="text/html; charset=UTF-8"
    pageEncoding="UTF-8"%>
<!DOCTYPE html>
<html>
  <head>
    <meta charset="UTF-8">
    <title>Insert title here</title>
  </head>
  <body>

  </body>
</html>
```

【操作 2-8】在 Tomcat 服务器上运行动态 Web 项目

（1）启动 Tomcat 服务器 Tomcat v9.0 Server@localhost。

（2）在 Eclipse IDE 主窗口中选择 JSP 文件“index.jsp”并单击鼠标右键，在弹出的快捷菜单中选择【运行方式】→【在服务器上运行】命令，如附图 B-17 所示。

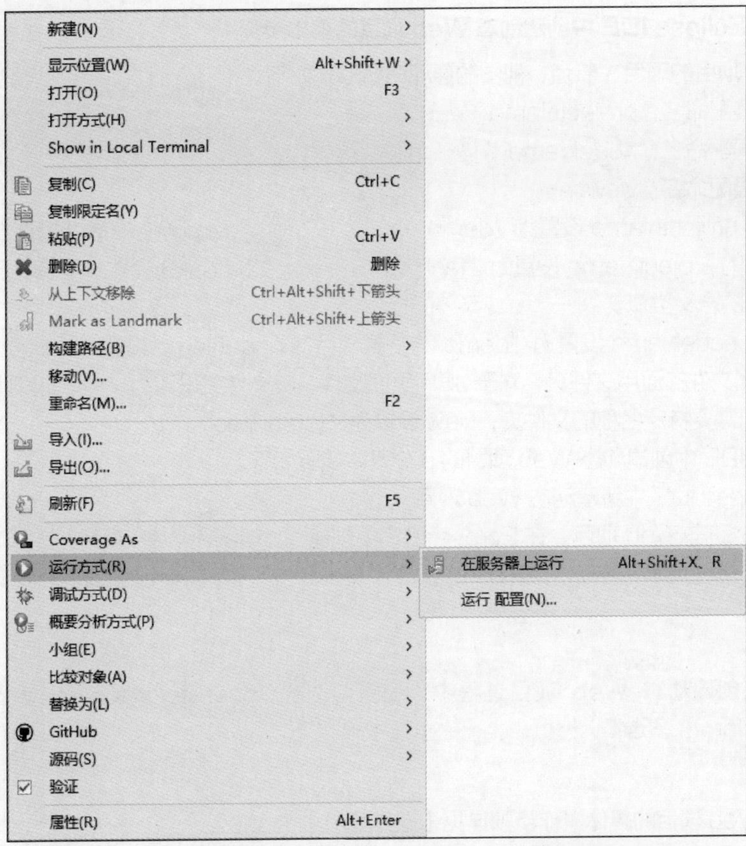

附图 B-17 在弹出的快捷菜单中选择【运行方式】→【在服务器上运行】命令

在弹出的【在服务器上运行】对话框中选择“Tomcat v9.0 Server @ localhost”选项，如附图 B-18 所示，单击【完成】按钮，即可进入对应的 JSP 页面。

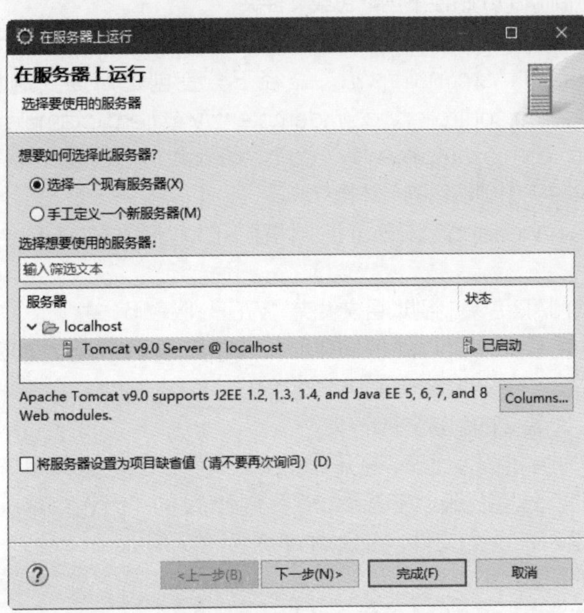

附图 B-18 在【在服务器上运行】对话框中选择“Tomcat v9.0 Server @ localhost”选项

3. 熟悉在 Eclipse IDE 中创建动态 Web 项目的基本步骤

Java Web 项目的项目、节点、视图的通配命名形式如下。

① 项目的通配命名：projectName。

② 节点的通配命名：nodeName。

③ 视图的通配命名：view。

实例项目的 projectName 设置为“demo××-××”，如“demo6-1”表示模块 6 的第 1 个实例项目；任务项目的 projectName 设置为“task××-××”，如“task6-1”表示模块 6 的第 1 个任务项目，其他命名的含义类似。

实例项目的 nodeName 设置为“demo”，任务项目的 nodeName 设置为“example”。

view 是视图文件的通用文件夹，对于 JSP 页面文件，其文件夹设置为“jsp”，HTML 页面文件设置为 html，对于需要特定名称的文件夹，view 设置为“templates”。

在 Eclipse IDE 中创建动态 Web 项目的 8 个基本步骤如下。

（1）在 Eclipse IDE 中新建动态 Web 项目

① 新建一个动态 Web 项目。在 Eclipse IDE 中创建 1 个 Java Web 项目，选择项目类型为动态 Web 项目，设置合适的项目名称，如“demo6-1”“task6-1”，将“Target runtime”设置为 Apache Tomcat v9.0。

> **注意** 在创建动态 Web 项目过程中，记得勾选“Generate web.xml deployment descriptor”复选框。

创建动态 Web 项目的具体操作步骤详见【操作 2-1】。

② 设置动态 Web 项目 projectName 的属性。将文本文件编码类型设置为 UTF-8，将 Java 版本设置为 17。

设置 Java Web 项目“demo6-1”属性的具体操作步骤详见【操作 2-2】。

（2）在项目的 src/main/java 路径下创建包或文件夹

① 在项目“src/main/java”路径下创建包。在项目文件夹 projectName 下展开节点“Java Resources”，在该节点的“src/main/java”路径下分别创建所需要的包，如 com.demo、com.demo.dao、com.demo.controller、com.demo.entity 或 com.example、com.example.dao、com.example.controller、com.example.entity、com.example.interceptor 等。

在已创建的项目的文件夹中创建包的具体操作步骤详见【操作 2-3】。

② 在项目“src/main/webapp/WEB-INF”路径下创建所需要的子文件夹，如 jsp、css、js、image 等。

（3）将项目所需要的 JAR 包复制到项目文件夹“WEB-INF/lib”中

将动态 Web 项目中所需要的 Spring 相关的 JAR 包和其他相关库复制到项目 projectName 的文件夹“WEB-INF/lib”中。

（4）创建或完善项目所需要的配置文件

① 完善 web.xml 文件中的配置代码。打开 web.xml 文件，在该文件中编写必要的配置代码。

② 创建配置文件与编写配置代码。在项目 projectName 的“src/main/webapp/WEB-INF”路径或其他指定路径下创建 XML 配置文件，如 SpringMVC-servlet.xml、springmvc.xml 等，打开对应的配置文件，编写必要的配置代码。

创建配置文件的具体操作步骤详见【操作 2-4】。

（5）创建项目模型层所需要的接口和类

① 创建实体类。在“src/main/java/com/nodeName/entity”路径下创建所需要的实体类，如User、Product、Student、Employee、Department 等，打开对应的类文件，编写程序代码。

② 创建数据访问接口和实现类。在“src/main/java/com/nodeName/dao”路径下创建所需要的数据访问接口和实现类，如 UserDao、ProductDao 等，打开对应的接口文件或类文件，编写程序代码。

③ 创建业务逻辑接口和业务逻辑实现类。在“src/main/java/com/nodeName/service”路径下创建所需要的业务逻辑接口，如 UserService、ProductService 等；在“src/main/java/com/nodeName/service/impl”路径下创建所需要的业务逻辑实现类，如 UserServiceImpl、ProductServiceImpl 等，打开对应的接口文件或类文件，编写程序代码。

④ 创建映射器接口和映射器实现类。在“src/main/java/com/nodeName/mapper”路径下创建所需要的映射器接口，在“src/main/java/com/nodeName/mapper/impl”路径下创建所需要的映射器实现类，打开对应的接口文件或类文件，编写程序代码。

⑤ 创建拦截器实现类。在“src/main/java/com/nodeName/interceptor”路径下创建所需要的拦截器实现类，如 LoginInterceptor 等，打开对应的类文件，编写程序代码。

（6）创建项目控制器层所需要的类

在项目 projectName 的“src/main/java/com/nodeName/controller”路径下创建所需要的控制类，如 TestController、LoginController、RegisterController、ProductController 等，打开对应的类文件，编写程序代码。

创建类的具体操作步骤详见【操作 2-5】。

（7）创建项目视图层所需要的前端页面文件

① 创建前端页面文件。在项目 projectName 的“src/main/webapp/WEB-INF/view”路径下创建前端页面，如 index.jsp、login.jsp、register.jsp、user.html、login.html、register.html 等，打开对应的前端页面文件，编写程序代码。

创建前端页面文件的具体操作步骤详见【操作 2-7】。

② 将项目视图层所需的资源复制到对应文件夹中。将项目视图层所需的 CSS 文件、JavaScript 文件、图片文件分别复制到 css、js、image 文件夹中。

（8）在 Tomcat 服务器上运行项目

在启动服务器之前，先参照“电子活页附 A-2 中所介绍的创建 Tomcat 服务器的操作方法，创建服务器 Tomcat v9.0 Server@localhost，并完成以下操作。

① 启动服务器 Tomcat v9.0 Server@localhost。

在 Tomcat 服务器上运行动态 Web 项目的操作步骤参考【操作 2-8】。

② 使用浏览器访问 http://localhost:8081/projectName/，如访问“http://localhost:8081/demo6-1/”，在浏览器中即可看到程序的运行结果。

4. 熟悉在 Eclipse IDE 中创建 Maven 项目的基本步骤

在 Eclipse IDE 中创建 Maven 项目的 8 个基本步骤如下。

（1）在 Eclipse IDE 中新建 Maven 项目

① 新建一个基于 Maven 的 Java Web 项目。项目类型为 Maven 项目，项目名称设置为 projectName，如“demo6-2”。

电子活页附 B-2

扫描二维码，打开电子活页附 B-2，在线浏览在“Eclipse IDE 中新建基于 Maven 的 Java Web 项目”的相关内容，学会在 Eclipse IDE 中新建基于 Maven 的 Java Web 项目。

② 设置 Maven 项目 projectName 的属性。将文本文件编码类型设置为 UTF-8，将 Java 版本设置为 17。

（2）在项目的 src/main 路径下创建包或文件夹

① 在项目的“src/main”路径下创建文件夹。在项目的“src/main”路径下分别创建文件夹“java”和“resources”。

② 在项目的“src/main/java”路径下创建包。在项目 projectName 的“src/main/java”路径下分别创建所需的包，如 com.example、com.example.entity、com.example.dao、com.example.service、com.example.mapper、com.example.controller、com.example.interceptor 等。

③ 在项目 projectName 的“src/main/resources”路径下创建所需要的包。

④ 在项目的“src/main/webapp/WEB-INF”路径下创建所需要的子文件夹。

（3）通过配置文件 pom.xml 将项目所需要的 JAR 包导入到项目指定文件夹中

在配置文件 pom.xml 中编写代码，将项目所需要的依赖项对应的 JAR 包自动下载到项目文件夹的“Java Resources/Libraries/Maven Dependencies”路径下，添加所需要的外部依赖。

（4）创建或完善项目所需的配置文件

① 完善 web.xml 文件中的配置代码。打开 web.xml 文件，在该文件中编写必要的配置代码。

② 创建配置文件与编写配置代码。在项目 projectName 的“src/main/webapp/WEB-INF”路径或其他指定路径下创建 XML 配置文件，如 SpringMVC-servlet.xml、springmvc.xml 等，打开对应的配置文件，编写必要的配置代码。

创建配置文件的具体操作步骤详见【操作 2-4】。

（5）创建项目模型层所需要的接口和类

① 创建实体类。在“src/main/java/com/nodeName/entity”路径下创建所需要的实体类，如 User、Product、Student、Employee、Department 等，打开对应的类文件，编写程序代码。

② 创建数据访问接口和实现类。在“src/main/java/com/nodeName/dao”路径下创建所需要的数据访问接口和实现类，如 UserDao.java、ProductDao.java 等，打开对应的接口文件或类文件，编写程序代码。

③ 创建业务逻辑接口和业务逻辑实现类。在“src/main/java/com/nodeName/service”路径下创建所需要的业务逻辑接口，在“src/main/java/com/nodeName/service/impl”路径下创建所需要的业务逻辑实现类，打开对应的接口文件或类文件，编写程序代码。

④ 创建映射器接口和映射器实现类。在“src/main/java/com/nodeName/mapper”或“src/main/resources/mapper”路径下创建所需要的映射器接口，在“src/main/java/com/nodeName/mapper/impl”路径下创建所需要的映射器实现类，打开对应的接口文件或类文件，编写程序代码。

⑤ 创建拦截器实现类。在“src/main/java/com/nodeName/interceptor”路径下创建所需要的拦截器实现类，打开对应的类文件，编写程序代码。

（6）创建项目控制器层所需的类

在项目 projectName 的“src/main/java/com/nodeName/controller”路径下创建所需要的控制类，打开该类文件，编写程序代码。

创建类的具体操作步骤详见【操作 2-5】。

（7）创建项目视图层所需的前端页面文件

① 创建前端页面文件。在项目 projectName 的“src/main/webapp/WEB-INF/view”路径下创建前端页面，打开该前端页面文件，编写程序代码。

创建前端页面文件的具体操作步骤详见【操作 2-7】。

② 将项目视图层所需的资源复制到对应文件夹中。将项目视图层所需的 CSS 文件、JavaScript 文件、图片文件分别复制到 css、js、image 文件夹中。

（8）在 Tomcat 服务器上运行项目

在启动服务器之前，先参照“电子活页附 A-2 中所介绍的创建 Tomcat 服务器的操作方法，创建服务器 Tomcat v9.0 Server@localhost。

① 启动服务器 Tomcat v9.0 Server@localhost。

② 使用浏览器访问 http://localhost:8081/projectName/,如访问“http://localhost:8081/demo6-2/”，在浏览器中即可看到程序的运行结果。

电子活页附 B-3

5. 熟悉 Java Web 项目的配置文件的定义

扫描二维码，打开电子活页附 B-3，在线浏览“定义与解读 Java Web 项目的配置文件”的相关内容，熟悉 Java Web 项目配置文件的定义。

电子活页附 B-4

电子活页附 B-5

6. 了解 Thymeleaf

扫描二维码，打开电子活页附 B-4，在线浏览“Thymeleaf 简介”的相关内容，了解 Thymeleaf。

7. 学会使用 Lombok

扫描二维码，打开电子活页附 B-5，在线浏览“Lombok 使用指南”的相关内容，学会使用 Lombok。

附录 C　Java Web 开发技术或模式常用的缩写

（1）HTTP：Hypertext Transfer Protocol（超文本传输协议）。

（2）HTML：Hypertext Markup Language（超文本标记语言）。

（3）CSS：Cascading Style Sheet（串联样式表）。

（4）JSP：Java Server Pages（Java 服务器页面）。

（5）ASP：Active Server Pages（活动服务器页面）。

（6）Java EE：Java Platform,Enterprise Edition（Java 平台企业版，适用于创建服务器应用程序和服务，这个版本以前称为 J2EE）。

（7）Java SE：Java Platform,Standard Edition（Java 平台标准版，适用于桌面系统的开发）。

（8）Java ME：Java Platform,Micro Edition（Java 平台微型版，适用于小型设备和智能卡的程序开发）。

（9）JDBC：Java Database Connectivity（Java 数据库互连）。

（10）API：Application Program Interface（应用程序接口）。

（11）MVC：Model（模型）、View（视图）、Controller（控制器）的缩写。

（12）EJB：Enterprise JavaBean（企业级 JavaBean）。

（13）OGNL：Object-Graph Navigation Language（对象图导航语言）。

（14）EL：Expression Language（表达式语言）。

（15）JSTL：JSP Standard Tag Library（JSP 标准标签库）。

（16）XML：Extensible Markup Language（可扩展标记语言）。

（17）AJAX：Asynchronous JavaScript + XML（异步 JavaScript 和 XML）。

（18）DAO：Data Access Object（数据访问对象）。

（19）POJO：Plain Old Java Object（普通的 Java 对象）。

（20）HQL：Hibernate Query Language（Hibernate 查询语言）。

（21）SQL：Structured Query Language（结构化查询语言）。

（22）SOA：Service-Oriented Architecture（面向服务的体系结构）。

（23）ORM：Object Relational Mapping（对象关系映射）。
（24）IoC：Inversion of Control（控制反转）。
（25）AOP：Aspect-Oriented Programming（面向方面的程序设计）。
（26）OOP：Object-Oriented Programming（面向对象程序设计）。
（27）PO：Persistence Object（持久化对象）。
（28）DMBO：Domain Model Business Object（域模型的业务对象）。
（29）SSH：Struts +Spring+Hibernate 的集成。
（30）SSM：Spring + Spring MVC + MyBatis 的组合。
（31）JNDI：Java Naming and Directory Interface（Java 命名和目录接口）。
（32）DOM：Document Object Model（文档对象模型）。
（33）JSF：JavaServer Faces（新一代的 Java Web 应用技术标准）。

附录 D　任务考核情况评分表

<table>
<tr><td>姓名</td><td colspan="2"></td><td>学号</td><td colspan="2"></td></tr>
<tr><td>任务名称</td><td colspan="2"></td><td>班级</td><td colspan="2"></td></tr>
<tr><td rowspan="2">评价项目</td><td>任务理论背景
（15 分）</td><td>任务实施准备
（15 分）</td><td colspan="3">任务实施过程及效果
（70 分）</td></tr>
<tr><td>清楚任务要求，解决方案清晰</td><td>任务所需软件、素材完备</td><td>个人操作步骤清楚无误（20 分）</td><td>团队精神和合作意识（20 分）</td><td>完成结果（30 分）</td></tr>
<tr><td>组内自评
（30%）</td><td></td><td></td><td></td><td></td><td></td></tr>
<tr><td>组间互评
（30%）</td><td></td><td></td><td></td><td></td><td></td></tr>
<tr><td>教师评价
（40%）</td><td></td><td></td><td></td><td></td><td></td></tr>
<tr><td>合计</td><td></td><td></td><td></td><td></td><td></td></tr>
<tr><td>教师评语</td><td colspan="5"></td></tr>
<tr><td>总成绩</td><td colspan="3"></td><td>教师签名</td><td></td></tr>
<tr><td>日期</td><td colspan="5"></td></tr>
</table>